山东海盐遗址与旅游资源的调查开发

王俊芳　秦瑞鸿　著

中国社会科学出版社

图书在版编目（CIP）数据

山东海盐遗址与旅游资源的调查开发 / 王俊芳，秦瑞鸿著.
—北京：中国社会科学出版社，2016.7
ISBN 978 – 7 – 5161 – 8798 – 2

Ⅰ.①山⋯　Ⅱ.①王⋯②秦⋯　Ⅲ.①海盐—盐田—文化遗产—
介绍—山东②制盐工业—非物质文化遗产—旅游资源开发—山东
Ⅳ.①TS341②F592.752

中国版本图书馆 CIP 数据核字（2016）第 196865 号

出 版 人	赵剑英
责任编辑	刘志兵
特约编辑	张翠萍等
责任校对	闫　萃
责任印制	李寡寡

出　　　版	中国社会科学出版社
社　　　址	北京鼓楼西大街甲 158 号
邮　　　编	100720
网　　　址	http://www.csspw.cn
发 行 部	010 – 84083685
门 市 部	010 – 84029450
经　　　销	新华书店及其他书店

印　　　刷	北京君升印刷有限公司
装　　　订	廊坊市广阳区广增装订厂
版　　　次	2016 年 7 月第 1 版
印　　　次	2016 年 7 月第 1 次印刷

开　　　本	710×1000　1/16
印　　　张	17.5
插　　　页	2
字　　　数	245 千字
定　　　价	65.00 元

凡购买中国社会科学出版社图书，如有质量问题请与本社营销中心联系调换
电话：010 – 84083683

序

　　王俊芳的《山东海盐遗址与旅游资源的调查开发》是她的省社科规划课题的成果之一，即将付梓，向我索序。尽管工作繁忙，但我还是高兴地应承下来。

　　从学科分类上说，《山东海盐遗址与旅游资源的调查开发》（以下简称《调查开发》）属于交叉学科。相对于传统学科来说，交叉学科的研究具有更强的挑战性。为了更好地说明问题，《调查开发》采用旅游学、文化学、历史学、社会学、地理学、人类学等多学科交叉的前沿理论，把握最新的研究成果与研究动态，以实地考察为基础，结合大量的文献分析，充分运用文献分析法、田野调查法、个案研究法、系统研究法、计量分析法等方法，对山东的盐业遗址及海盐其他旅游资源进行了尽可能深入地调查、整理、分析及研究，并以潍坊为例，对海盐旅游资源的开发提出了可行性策略。这值得祝贺。

　　从选题上看，《调查开发》不管从现实层面还是理论层面都具有明显的意义和价值。正如作者在文本中提到的，盐不仅是人类生产和生活不可或缺的必需品，从更广阔意义上考察，它是战略资源；当我们超越物质层面而从精神文化视角审视之时，其意义更是无须赘言；尤其是在今天，文化的重要性似乎怎么强调也不过分，作为沿海大省的山东，海盐是颇具特色的文化旅游资源，如何发掘、整理、保护利用好颇具特色的盐业遗产和盐文化旅游资源，实现海盐遗产保护、利用和山东区域发展的良性互动，是目前亟待解决的课题。从理论上来看，国外关于盐的研究已有不少，但主要是工业领域的；国内对盐的研究从 20 世纪 90 年代以来蓬勃发展，但更多是针对井盐、池盐的，海盐的研究相对薄弱。而对海盐的研究中，又主要是对江浙一带和辽东半岛地区的海盐进行研究，关于山东海盐遗址的保护，尤其是海盐文化旅游的作品相当少。能够看出，作者有意增补这方面研究的极度缺乏。

从内容和框架上看，《调查开发》也表现出作者在此方面较为深厚的素养和识见。整体而言，该书调查了山东盐业（海盐）遗址及海盐文化旅游资源，并对盐业遗址进行了较为深入的说明和思考，并在深入分析盐业遗址等物质文化旅游资源和海盐非物质文化旅游资源的保护、利用现状的基础上，对其开发提出了切合实际的、操作性强的建议。

该书的五大部分中，"绪论"介绍了研究缘起、意义，国内外研究现状、研究方法和理论等。"山东的主要盐业遗址群"则从行政区划的视角入手，对山东潍坊（如双王城、大荒北央、王家庄、单家庄、滨海经济技术开发区央子遗址群、东利渔、唐央与廒里等）、东营（如南河崖、东马楼、东北坞以及黄河三角洲的其他遗址）、滨州（如杨家窑、阳信李屋、滨城区遗址）的代表性遗址群进行了介绍。而接下来的"山东盐业遗址的说明和思考"则起着承上启下的作用，一方面承接上章对盐业遗址的重要方面进行了深入阐析，另一方面意在说明，盐业遗址也是重要的旅游资源，为下章的开启和论述做下铺垫。

《调查开发》的第四部分是对山东海盐旅游资源进行分门别类的介绍并对这些资源的保护、利用提出见解。该部分主要是从旅游的角度入手展开阐释的。海盐旅游资源包括物质形态的海盐旅游资源（遗址、盐村和盐场等），也包括非物质形态的海盐文化旅游资源，如盐信仰和生产生活、节庆等盐习俗。作者以潍坊为突破点，实地走访了能够调查到的盐村和盐场的昨天和今天，这些盐村和盐场的调查和整理，尤其是生产、生活习俗方面的整理和记述，在学术界应该是首次。除此，该部分还从海盐遗址、盐村和盐场、饮食文化、节庆习俗等不同的侧面论述了山东海盐旅游资源的保护和利用。特别是以烽台盐业遗址为例，具体地论述了遗址的保护和利用方略。

《调查开发》的最后部分是"潍坊海盐旅游资源的开发策略"，这可以看作全书的落脚点。它以潍坊为例，全面地论述了山东海盐旅游资源的开发：因为地处莱州湾沿岸的潍坊，在山东海盐文化旅游资源的开发中颇具代表性。本部分首先分析了潍坊开发海盐旅游资源的积淀和条件，如历史悠久、流传甚广的神话传说，言之凿凿的海盐文化"符号"，持久、发达的盐业等；其次对潍坊开发海盐旅游资源的必要性与意义进行了阐述；再次实事求是地论述了潍坊海盐旅游资源的利用、开发现状，尤其是海盐文化旅游资源的保护和开发程度均较低、旅游产品急需创新、受"公地困局"现象和体制落后的制约、产业化开发难度大、文化旅游人才缺乏等。在分析了开发条件、必要性和现状后，《调查开发》提出了海盐旅游资源的开发原则和规划，并沿着上章的思路从物质旅游资源和非物质旅游资源两大方面提出了海盐旅游资源的开发策略。如对遗址等物质文化资源的开发，可以从海盐博物馆的盐业遗址公园的建设、海盐文化保护区的建设、特色饮食和多品种盐的开发等方面展开；非物质文化旅游资源的开发则利用个案分析法提出了较为实际的、可行的策略。可以看出，作者的最深期待，就是希望这些海盐旅游资源能够得到尽可能多的保护、利用和开发，让其文化内涵在今天、在明天都能够得以光彩展示。

除此，《调查开发》在展现作者对山东海盐遗址及其他旅游资源的浓厚兴趣和深深思考的同时，还向读者传达了以下重要信息：山东沿海，尤其是潍坊滨海是海盐文化的发祥地，海盐物质文化资源和非物质文化资源都非常丰富。根据最新的盐业考古资料和实地调研，该书指出，山东盐业历史悠久，而在山东盐业的悠久发展中，潍坊可以看作代表。"宿沙氏煮海为盐"是中国海盐制作最早的记载，而尊为"海盐之神"的宿沙氏的领土即在潍坊的寿光境内。《尚书·禹贡》的记载说明，夏朝这里的盐业已经初具规模，商代的多个都城都离产盐地青州不远。西周时山东的海盐仍然是贡品，春秋时期的齐国依靠盐利迅速走上了富强之路，成为五霸之首。此后历朝历代都仍然重视和发展盐业，直到今天，潍坊亦正努力打造"海盐之都"，也是很好的明证。

以潍坊为代表的山东海盐文化不仅历史悠久，而且资源极为丰富，尤其是以盐业遗址为代表的物质文化资源不仅极为丰富，而且品级较高、分布集中。2003 年夏，寿光双王城盐业遗址群得以发现。该盐业遗址面积之广、规模之大、数量之多、分布之密集、保存之完好，在全国乃至全球都是非常罕见的。2009 年在潍坊滨海经济技术开发区又发现了 4 处由 109 个古代盐业遗址组成的大规模盐业遗址群，央子盐业遗址群作为"黄河三角洲"盐业遗址群的主要部分已入选山东省第三次文物普查"十二大新发现"。如此高等级的盐业资源密集的发现，更进一步证明了潍坊盐业文化的地位，为以潍坊为代表的山东海盐文化旅游的开发提供了良好的积淀和不可多得的现实条件。

当然，任何一部作品都不可能尽善尽美，更何况这还是一部跨学科的著作。《调查开发》对遗址等海盐物质文化旅游资源的调查、整理和分析可谓深入、明晰，而对海盐非物质文化旅游的阐释则相对不足。希望作者在日后的研究中弥补这方面的不足。当然，这在很大程度上是由于该方面文献资料的匮乏和实地调研的困难造成的。

最后，我殷殷期望，俊芳的《调查开发》能够为山东海盐遗址的进一步发掘、整理，为山东省海盐旅游资源的发掘、整理、保护和利用提供智力支持的同时，填补山东海盐文化旅游研究的明显不足，并祝愿她在海盐文化旅游方面拿出更丰硕的研究成果。

2016 年 4 月

山东大学

目　　录

山东海盐遗址与旅游资源的调查开发

前　言

　　本书是山东省社科规划课题的成果之一，"中国盐业看山东，山东盐业看潍坊"，这句耳熟能详的话语回荡在心头已有多年，随着山东盐业遗址，特别是潍坊盐业遗址群在近些年的不断发掘和滨海海盐旅游的发展，我们觉得有责任承担这方面课题的研究，为家乡建设提供尽可能大的智力支持。同时，这一课题，也正好响应了"山东海疆历史文化廊道"建设和"海上丝绸之路"保护的申遗工作。

　　盐的重要性似乎没有必要赘述，但出于需要还是不得不提及几句。从世俗的角度看，盐是人们生活中不可或缺的必需品。"十口之家，十人食盐。百口之家，百人食盐。"①《三国志·卫凯传》中已经明确指出，"夫盐，国之大宝也"。可以说，中国的历朝历代都对盐相当重视，盐不仅是生产、生活所必需，在更深层的意义上来说，它是国家的战略资源，能在一定程度上决定国运的兴衰，春秋时期的齐国正是依此来实现霸业的。今天，盐的重要性仍不可小视。

　　超越世俗的层面，从精神的层面上看，盐是一种重要的文化事象。文化，"从广义来说，指人类社会历史实践过程中所创造的物质财富和精神财富的总和"②《现代汉语词典》的界定中也几近相同。按照这一界定，盐文化则泛指在社会发展进程中创造的与盐有关的一切物质文明与精神文明的总和。盐文化包含的内容极为广泛，大凡与其有关的遗址、体制、风俗、技艺、人物等，都属于这

---

　　① 《管子·海王第七十二》。
　　② 《辞海》，上海辞书出版社1985年版，第1533页。

个范畴。在盐文化的大范畴内，我们着力调研的是山东海盐遗址及盐旅游资源，并对其开发提出合理性建议和策略。在调研过程中，海盐遗址与盐旅游资源的调查与开发当然是我们考察和考虑的重点。也就是说，本书主要是从盐文化资源的一个重要方面——盐遗址——入手，调查盐遗址（更确切来说是"遗址群"，也就是以"群"出现的盐遗址）及其他盐旅游资源，阐述其保护或开发情况，尤其是从旅游的视角来审视。我们对盐文化旅游资源的调研，分成了两个大的方面：一方面是物质形态的（如盐遗址、盐村和盐场、盐业工具等）；另一方面是非物质形态的（如海盐传统加工技艺、海盐生产、生活习俗、盐神崇拜等），这两种形态的海盐旅游资源的现状、保护及开发都需要介绍和分析。

特别值得提及的是，这些资源，不少都是山东"海上丝绸之路"的重要遗产，因为潍坊、滨州、东营都处于这一丝绸之路上的关键地域，尤其是潍坊，被誉为"海隅之咽喉"，文献与考古证明，潍坊区域尤其是青州及其周边，是古代东方海上丝绸之路与陆上丝绸之路交汇的枢纽。今天，在落实国家"一带一路"和山东蓝黄经济区发展战略、有效开展山东"海上丝绸之路"保护申遗工作中，这些地域都发挥着重要作用。例如，山东省在"十三五"期间为了有效开展山东"海上丝绸之路"保护申遗工作而规划建设的"山东海疆历史文化廊道"（该廊道主要是山东沿海和近海区域，包括东营、滨州、潍坊、烟台、威海、青岛、日照 7 个地市的沿海地带），已经纳入国家文物局文物事业发展"十三五"规划框架。在此廊道中，黄河三角洲地区盐业遗产、寿光双王城盐业遗址群等都被列入其中。

从地域范围上来看，本书所涉及的区域是山东沿海，也就是渤海湾和莱州湾沿岸，特别是潍坊所在的莱州湾南岸。在盐业遗址及其他旅游资源的利用和开发方面，本书主要以潍坊滨海为例。正如前面提及的，我们申请规划课题的初衷即在服务本地的经济社会文化——调查滨海盐文化资源并对其开发提出合理化建议，为以潍坊为代表的山东盐文化的整理、利用和盐文化旅游资源的调查、开发提供智力支持。

绪　　论

2005 年夏季，美国总统布什在五周的休假中共带三本书，其中之一即是美国的马克·科尔兰斯基（Mark Kurlansky）在三年前写成的《盐的历史》。对于这本著作，《纽约时报》曾将其评论为"出色的、可读性很强，是扫描世界历史的一种新工具"。① 这一评论的出现，究其原因，是因为在很多人视若无睹的"盐"里，有文化、有科学，还有人类文明前行的明晰脉络。

在中文里的"盐"，繁体字为"鹽"，从造字法上来说，它是象形字和会意字的结合。如果将这个繁体的"鹽"的结构剖开，便可以清晰地看到"臣""人""卤""皿"四个部分，"臣"和"人"的含义很明显：盐是通过人监视着卤水煎熬而成；"卤"便是卤水，"皿"则是用来煮盐的被称作"鬲"的陶罐。

自古以来，山东就是一个盛产海盐的地区，晚清王崧翰在《胶东赋》中强调山东制盐的历代功效与兴盛程度，亦曾写出誉美文字，赋中有云："制则煮海熬波，斥卤所生，其色如雪，其积如京。贩鬻他乡，车载舟行。乃有盐官，富利是征。"诸多人士都通过海盐产、运、销来捕捉其文化内涵。而诗家就此歌咏者更是络绎相继。② 且看《利津县志》（程士范编撰于 1770 年，即乾隆三十五年）中艺文篇所载诗歌：

---

① 王仁湘：《"咸盐"碎语》，《中华文化画报》2010 年第 8 期，第 112 页。
② 王赛时：《山东海疆文化研究》，齐鲁书社 2006 年版，第 198 页。

　　诗歌（一）盐滩四百冠山东，棋布星罗广斥中。煮海熬波笑多事，今人真比古人工。

　　诗歌（二）渠展盐地尚有无？阴王故国莽榛芜。齐桓一去三千载，谁向寒潮问霸图？

　　诗歌（三）熬波煮海令全删，赤日滩夫不放闲。今夕方池成雪海，明朝平地起冰山。

　　诗歌（四）劝郎莫离灶户家，长依灶户即生涯。挑沟得钱侬换袄，晒盐得钱侬戴花。

　　从此类诗歌中，可以看到海盐、盐业在山东人，尤其是盐民生活中的重要性。

　　从全国范围看，除了海盐，盐的种类还包括井盐、池盐（包括湖盐）、岩盐等。每一个盐类品种都对人们的生产、生活，对政府、国家、社会产生重要的影响。相比而言，自古以来，海盐生产在中国占重要地位，即使在盐供应极为分散的清代，海盐产量也占到所有盐产量的4/5。[①] 而在海盐产区，山东的地位又是举足轻重。特殊的自然环境和丰富的卤水资源，使山东沿海自古至今都是理想的产盐区。从目前调查研究的情况看，山东境内盐业遗产主要分布在渤海南岸地区，尤其是莱州湾南岸地区，既有古遗址、古墓葬、碑刻等物质文化遗产，也有传统技艺、神话传说、民俗风情等非物质文化遗产；其时代从新石器龙山文化时期、商周，直至清代、民国。山东盐业遗址历史跨度大、遗迹丰富、数量多、保存状况相对较好，完整地反映了中国史前、商周至明清时期中国海盐发展历程，提供了中国海盐生产工艺流程、科学发明与技术成就的实物证据。山东其他盐文化遗产，如盐业民俗、信仰、传统制盐工艺等，为研究中国古代信仰、风俗习惯、社会制度等留下了丰富的实物证

---

　　① Tao-chang, "The Production of Salt in China, 1644–1911", *Annals of the Association of American Geographers*, Vol. 66, No. 4, December, 1976, p.516.

据或非物质文化载体，价值突出。在城镇化、工业化高速发展时期，新农村建设加快推进的背景下，如何保护、利用好盐文化遗产，是当前亟待解决的重要课题和迫切任务。

一 研究缘起和意义

任何一个课题的始终，都有主、客观诸多因素的促成。尤其是其间一定满含研究者的希冀和研究价值。

（一）研究缘起

有句俗话说得好，靠山吃山，靠海吃海。作为沿海大省的山东，海文化和盐文化是颇具特色的文化资源。尤其是海盐，是山东取之不尽、用之不竭的自然资源，也是山东丰富的旅游文化资源。

今天，文化的重要性似乎怎么强调也不过分。它是一个地区、一个民族、一个国家优秀文化的重要组成部分，也是其区别他者、立足于世的基础。在文化大范畴中，那些具有地域特色的遗址等文化遗产则是其重要代表，是一个地区、一个民族、一个国家若干年长期积累形成的结晶。这些遗址等遗产既是历史文化的深沉记忆，一定意义上也是其未来发展的动力和源泉。遗憾的是，在全球化浪潮的冲击下，这些文化遗产正遭受各种碰撞和冲击，这样的时代背景就需要对文化遗产给予尽可能充分的保护。发达国家在这方面已经行走了较长的路程，并且积攒了较为成熟的经验。近些年，中国各地纷纷响起了保护的呼声，力求找寻和审视具有特色的那些反映和体现文化根脉的有形与无形的东西，试图唤起国人对物质文化遗产和非物质文化遗产的认识与重视。比如，山东潍水文化生态保护区就是这一时代潮流的产物。

山东的特殊自然环境和丰富卤水资源，使之自古以来就是理想的产盐区。历经数千年的开发，山东境内保存了丰厚的盐业遗产。在全球化和碎裂化齐头并进，尤其是碎裂化日益引起重视的今天，特色，尤其是区域特色引起人们的广泛重视。城镇化高速发展，新农村建设日益推进，在这样的大背景下，如何发掘、整理、保护利用好颇具特色的盐业遗产和盐文化旅游资源，实现海盐遗产保护、利用和山东区域发展的良性互动，是目前山东省亟待解决的课题和迫切任务，所以本书的重要指向就是为以潍坊海盐为代表的山东海盐文化旅游资源的开发和利用提供可能的智力支持。

从全世界的发展状况来看，盐等文化遗产生态保护建设已经提上日程。早在20世纪70年代，西方部分学者就已展开了有关文化遗产生态保护的研究，而我国20世纪末才开始对文化遗产生态保护的理论和实践进行探索。我国对文化遗产生态保护最早的探索始于博物馆学界关于"生态博物馆"理论的引入及其在四川的实践。虽然我国文化遗产生态保护做得较晚，但随着学者的呼吁越来越高，文化生态保护区（如海盐文化生态保护区）的建设逐渐受到社会各界的关注，并且已经走出初步探索阶段。

山东是著名的海盐产区，海盐历史悠久、丰厚，而对海盐文化资源的利用却处于初级阶段。以潍坊为代表的山东海盐遗址等文化资源，尤其是旅游资源的整理、挖掘已经提上日程，受到政府和社会相当程度的重视，本书就是在这样的背景下构思和展开的。但是，山东海盐遗址到底是一种怎样的情况？其整体发掘和保护现状是怎样的？遗址等海盐文化旅游资源中，哪些是具有特色的物质文化资源？哪些是非物质文化资源？它们的保护、利用又处于一种怎样的状态？如何利用和开发才是可持续的？带着一系列此类的问题，我们开始了资料的收集、分析以及实地的走访、调研和撰写。

（二）研究意义

从理论上来看，本书意在进一步发掘、保护山东海盐遗址，深化山东海盐文化旅游资源的开发。国外这方面的研究已有不少，而国内的研究则相对薄弱，特别是关于山东海盐遗址的保护、海盐民俗和海盐文化旅游的作品还相当少。除了服务地方经济文化建设，本书的另一意向在填补这方面的研究空白。

从现实层面看，不仅山东海盐遗址的保护迫在眉睫，而且作为颇具区域特色和丰富历史文化内涵的海盐旅游资源的挖掘、整理、创新也是很有必要的。在山东旅游资源中，自然景观和人文景观都不少，但盐文化旅游资源的景观和景点、景区都太少。在龙震集团等文化创意企业和有关各方的努力下，潍坊的海盐文化旅游已经初具规模，但如何在保护海盐遗址的前提下深度开发海盐文化旅游资源，如何使海盐旅游全方位"开花"，如何将海盐旅游打造为观光（观盐场、赏遗址）、休闲（以盐为媒介，将沿海地区发展为现代休闲中心）、康乐（发挥海盐独特的健身等作用）、体验和参与（凸显现代旅游的体验性，并让当地居民和游客都参与其中）于一体的现代旅游，是目前山东省乃至潍坊市急需解决的问题。

基于此，本书着力于为山东海盐遗址的发掘、保护和海盐文化旅游资源的开发提供智力支持，为以潍坊为个案的山东海盐旅游的深度开发和海盐旅游资源的进一步整合提供针对性的指导，以期从认识、资金投入、海盐旅游产品的创新、旅游线路的打造等方面加大海盐遗址的发掘、保护和海盐文化旅游资源的开发，并以此为契机，推进山东区域旅游和文化产业的发展。同时，课题对山东蓝色经济区和环渤海经济圈的建设也具有一定的参考价值。

二 国内外研究现状

整体来看，对盐的研究，国外的研究相对国内要深入得多，波兰的维利奇卡盐雕艺术博物馆就是很好的注脚。那些较早建立民族国家的蓝色文明国度依据自己的天然优势，对盐遗址的保护和盐文化旅游资源的开发已有深入的见地。而在国内学术界，盐，特别是海盐的研究要薄弱得多，而海盐中，尤以山东海盐的研究力度最弱。

首先对国内社科领域内盐文化研究的进程作一简单介绍。有关盐的研究兴起得较晚。李敏在《20世纪90年代以来中国盐文化研究综述》（《盐业史研究》2013年第2期）中对此有实事求是的阐述。该文思路清晰，脉络分明。它整体性地概括了20世纪90年代以来中国盐文化研究的进展和历程，涉及研究文献种类丰富，描述了20多年来专家学者对盐文化的探索，并按其发展规律划分为三个阶段，即盐文化研究的萌芽阶段、盐文化研究的初探阶段、盐文化研究的繁荣阶段。第一阶段是盐文化研究的萌芽阶段（1990年以前）。1990年10月在四川自贡召开的首次中国盐业史国际关系学术讨论会上，宋良曦的《盐业历史中的文化踪迹》指出，盐文化研究应当成为盐业史研究的重要组成部分。陈然、曾凡英的《盐，一种文化现象——中国盐文化论纲》提出，将盐作为一种文化现象开始研究。从此揭开了盐文化研究的一个序幕。自此以后，有关盐文化研究的著作才陆陆续续产生，因此将这一阶段称为萌芽探索阶段。第二阶段是盐文化研究的初探阶段（1990—2005年）。这一阶段中，盐文化研究取得了较大的发展，明显的特征是研究文献数量明显增多，涵盖范围较为广泛，总体说来处于不断探索阶段。第三阶段是盐文化研究的繁荣阶段（2005年至今）。2005年以后，盐文化研究方面，研究机构陆续成立，学术研讨会定期召开，相关著作也不断大量涌现。2005年，中国盐文化研究中心在自贡成立，是我国第一所盐文化研究机构，自此盐文化研究开始沿着稳定的方向繁荣发展。

　　在了解了国内对盐研究的整体进程之后，我们对盐研究的主要问题进行回顾。对盐研究的追溯，可以从遗址遗迹的研究、民俗节庆文化两个大的方面入手。前者包括遗址遗迹的考古发掘、整理、保护及研究等情况。遗址发掘主要集中在20世纪七八十年代至今，在这一段时期内无论是盐遗址遗迹的发现还是相关文献的发表都是繁荣发展的。主要原因是这一时期经济得到一定的发展，这也从另外一个角度说明经济发展带动促进其他文化领域的发展。在已发掘的盐遗址上有些可以追溯到商代及以前，这也说明了中国古代制盐历史的悠久。如"山东阳信县李屋遗址商代遗存发掘简报"中详细介绍了遗址发掘情况：从遗址堆积情况、商代主要遗迹、出土遗物、对其相应的历史所属分期、对其当时历史文化背景的推测等方面都作了尽可能详尽的描述。

对各种遗址遗迹发掘之后下一步就需要保护，并且在保护的基础上进行利用及研究。关于对海盐文化遗址遗迹保护，我国考古界对其也是相当重视，相关文献有程诚、程可石的《浅谈东台草煎盐文化遗存的保护和利用》，黄春宇等的《保护资源　活化资源——300 名专家论盐文化遗产的开发与保护》，黄健的《关于建设中国盐文化博物馆的一些设想》（盐文化研究论丛第二辑），等等。这些文献从不同的角度反映出作者对于盐文化遗址遗迹保护的方式、方法以及重要性等问题的见解，如赵丽丽、南剑飞的《自贡盐文化遗产保护现状、问题及对策研究》以自贡为例，从保护盐文化遗址遗迹的重要性、必要性以及遗址遗迹的特性等方面入手，论述了我国现阶段在文物遗址遗迹发掘等方面存在的问题，并提出了针对性的策略，它虽然主要是针对自贡的研究，但很多建议适用于绝大多数遗址遗迹，具有宝贵的借鉴意义。张俊洋、殷英梅的《潍坊海盐文化遗产旅游开发研究》则是对如何利用和开发潍坊海盐旅游资源的较近的、具有说服力的论述。

除了遗址遗迹等盐物质文化资源的研究，近些年对民俗节庆等盐的非物质文化资源的研究也很兴盛。这方面，尤其是对盐信仰、生产生活习俗、节庆的研究，颇为繁荣。例如，叶涛的《海神、海神信仰与祭祀仪式——山东沿海渔民的海神信仰与祭祀仪式调查》（《季刊》2002 年第 3 期）；王赛时的《古代山东的海神崇拜与海神祭祀》（《中华文化论坛》2005 年第 3 期），薛卫荣的《运城盐业生产的池神崇拜》（《运城学院学报》2010 年第 1 期）；孙玥的《中国民间信仰中的盐崇拜》（《温州师范学院学报·哲学社会科学版》2006 年第 6 期）；宋良曦的《中国盐业的行业偶象与神祇》（《盐业史研究》1998 年第 2 期）；程龙刚的《自贡盐文化遗产保护与利用研究》（《中国名城》2011 年第 8 期）等都是这方面的代表作。

上述对盐的诸多研究，如果从种类（分为井盐、池盐、岩盐、海盐等）上来看，主要是关于井盐、池盐的。其中，井盐的研究是最为丰富的，如从宋良曦的《盐史论集》中，可以看出，井盐的开采、民俗、科技发展、盐神等多方面都已经有了较为深入的探讨，吴晓东的"自贡盐文化旅游发展策略"则对井盐旅游提出了针对性建议。对池盐的研究，也出现了不少有力度的、系统性的作品，例如，吉成名对唐宋明清池盐产地的研究，马洪远的"阿拉善盟池盐产地分布和变迁""内蒙古食盐产地分布和变迁研究"都是很有分量的。拿研究相对薄弱的海盐来说，作为四大海盐产区之一的淮盐的研究颇受学者的关注。对此，学者们从史学、经济学等多角度对盐商、盐政盐务、盐业经济、盐官、盐民等进行了分析，如吴海波的《明清两淮盐商的资本来源、增值及其特点》、汪崇篔的《明清徽商经营淮盐考略》《中国与西欧商品经济社会萌芽的比较——以"明清淮盐经营与徽商"为典型进行探讨》则是对盐商研究的有力作品；李伟的《东台市盐文化旅游资源调研及其思考》，李加林、龚小虹的《盐城湿地生态旅游资源特征及其开发策划》等则是对从旅游角度研究淮盐的较有影响力的作品。

知晓了盐研究的进程、主要问题之后，就要对海盐，特别是山东海盐进行较为专门性的阐述了。和井盐、池盐相比，海盐的研究相对较弱。而海盐的研究若从地域上来讲，江浙一带的研究要远远地丰富于山东。虽然山东是全国著名的海盐产区，盐文化异常丰厚。寿光大荒北央遗址、东营南河崖遗址及寿光双王城遗址都是西周前期的大型煮盐作坊遗址，2003—2008 年在寿光双王城发掘商周宋元盐业考古遗址 700 多处，2012 年寿光田柳镇刘家桥村"瓦子铺"盐业遗址群煮盐盔形器的生产作坊遗址的发现又填补了双王城盐业遗址群这方面的空白，是对寿光市荣膺"中国海盐之都"的又一有力证明。但必须承认的是，相对于上文所述的井盐、淮盐等的研究，山东海盐研究力度则弱得多，海盐遗址和旅游资源的调查、开发、研究更是付之阙如。

沿着上文的思路，海盐的研究仍从遗址遗迹和文化旅游两大方面去阐述。先看海盐遗址遗迹的研究。国内海盐遗址的研究，主要是从考古学角度入手，且多数是有关盐考古、制作、盐化工等方面的。例如，方辉的《商周时期鲁北地区海盐业的考古学研究》

（《考古》2004 年第 4 期），寿光市博物馆的《山东寿光市大荒北央西周遗址的发掘》（《考古》2005 年第 12 期，第 41—47 页），李靖莉、赵惠民的《黄河三角洲古代盐业考论》（《山东社会科学》2007 年第 9 期），李慧冬、赵光国的《从南河崖看鲁北商周海盐考古现状》（《管子学刊》2010 年第 2 期），王青和朱继平的《山东北部商周时期海盐生产的几个问题》（《文物》2006 年第 4 期，第 84—89 页），王青的《〈管子〉所载海盐生产的考古学新证》（《东岳论丛》2005 年第 6 期）、《山东盐业考古的回顾与展望》（《华夏考古》2012 年第 4 期）等。在《山东盐业考古的回顾与展望》中，王青全面回顾了山东古代制盐遗存的研究历程，并将目前已经探讨的盐业考古问题总结为制盐工具、制盐技术流程、聚落形态及生产关系、沿海与内陆的资源互动和制盐历史的源流五个方面，对山东盐业考古的已有成果及不足之处作了系统梳理与评述，是盐业考古方面的精品之作。燕生东的《山东阳信李屋商代遗存考古发掘及其意义》（《古代文明研究通讯》总第 20 期，2004 年，第 9—15 页）、《山东寿光双王城西周早期盐业遗址群的发现与意义》（《古代文明研究通讯》总第 24 期，2005 年，第 30—38 页）、《渤海南岸商周时期盐业考古的新进展》（《2006 全国博士生学术论坛——考古学分论坛论文集》，吉林大学，2006 年）以及燕生东、兰玉富的《2007 年鲁北沿海地区先秦盐业考古工作的主要收获》（《古代文明研究通讯》总第 36 期，2008 年，第 43—56 页）都在盐业考古方面占有重要地位。燕生东先生在盐业考古和研究方面努力耕耘十余年，成果丰硕。其《渤海南岸地区商周时期盐业考古发现与研究》可以称得上是对渤海南岸地区盐业考古的一大力作。作品详细介绍了商周时期盐业遗址的考古发现和相关研究情况。重点说明了田野考古工作方法和近年来的田野重要发现、主要认识，并提出了下一步的研究思路和主要研究内容。该文引起了强烈的反响。而燕生东的《商周时期渤海南岸地区的盐业》（文物出版社 2013 年版）则更是其十多年来研究的结晶。该著作运用聚落形态考古研究的理论和方法对渤海南岸地区殷墟至西周早期盐业生产状况进行了系统研究，详细分析了这个时期聚落群的年代、分布特点、制盐工艺流程以及盐业生产组织、生产规模、生产性质，并指出，殷墟时期，渤海南岸地区属于商王朝的盐业生产中心，并出现了中国早期盐业官营的雏形。

除此，邓华等主编的《海盐之都：潍坊盐文化史》对潍坊海盐的历史、制盐工艺、海盐工业及产品等进行了较系统的论述，而《山东省盐业志》主要从产业角度来概述山东盐业的机构设置、环境资源、盐务盐政、盐区企业等。于云洪的《论潍坊盐业的起源和发展》（《潍坊学院学报》2009 年第 5 期）、《论古代潍坊的盐政管理》（《潍坊学院学报》2012 年第 1 期）两文，分别探讨了潍坊盐业的起源和发展、制盐体制和技术、经营管理等，潍坊盐政机构的设置演变、盐税管理、缉私等方面的问题，基本勾勒出山东潍坊自古以来盐业的发展史。

从旅游的视角研究盐业遗址和其他文化资源的作品，国内更多的是围绕井盐、池盐展开的。尤其是山东海盐旅游这方面的研究，更是凤毛麟角。其间较有代表性的有：田永德的《山东盐业遗产价值评估及保护》（《中国文物报》2012 年 5 月 11 日第 7 版），该文对山东境内关于盐的物质形态和非物质形态的遗产进行了总括性的介绍，并对其利用和保护方式提出了建设性的思路（如构建专题博物馆、遗址博物馆、"活态遗产"保护区、主题景区等）；张俊洋、殷英梅的《潍坊海盐文化遗产旅游开发研究》（《盐业史研究》2011 年第 3 期）指出，潍坊海盐文化历史悠久、遗产丰厚。可以通过人文景观构造、特色购物、节庆活动等形式将这些丰富的海盐资源转化为现实的旅游产品，让海盐文化为地方经济发展服务。殷英梅在《潍坊海盐文化遗产旅游开发研究》（《城市旅游研究》2012 年 9 月下半月刊）中指出，随着旅游业的发展和城市化进程的加快，潍坊市应该通过打造中国海盐之都的旅游城市品牌，塑造城市形象，提升核心竞争力。在文中，作者还提出了具体的打造策略，如盐文化品牌的形象设计、盐精品线路的设计和打造、盐文化产业集团的建设等。可喜的是，潍坊、东营等沿海地区也都加快了海盐文化产业研究和开发的步伐。如潍坊的滨海、寒亭、寿光、昌邑也都在致力于海盐遗址的发掘、保护和海盐旅游的开发，寒亭侧重于盐浴，寿光的民间舞蹈《闹海》已被列为省级非物质文化遗产保护项目，滨海的"鱼盐文化节"更是搞得有声有色。

三　研究方法和手段

本书采用旅游学、文化学、历史学、社会学、地理学等多学科交叉的前沿理论，把握最新的研究成果与研究动态，以实地考察为基础，结合大量的文献分析，充分运用文献资料法、田野调查法、个案研究法、系统研究法等方法，以潍坊沿海为例，深入分析山东海盐文化，特别是文化旅游的现状、开发价值及开发策略。

（一）文献资料法

文献资料法是进行科学研究不可绕开的方法，尤其是社会科学的研究。对盐文化盐遗址、盐旅游资源等文献的挖掘、梳理和利用是本书首先使用的方法，也是一直贯穿该课题的方法。尤其是对海盐遗址及旅游资源方面的文献的穷尽式挖掘和利用，是本书值得称道的方面之一。

（二）田野调查法

调研专项当然离不开田野调查，而实地的田野调查更是我们这一课题的生命线。客观来说，山东滨海的海盐遗址的调查仍在进行之中，2014年4月公布的滨州秦皇台古盐业遗址的发现就是很好的明证。山东滨海的盐业考古近十多年来取得了巨大成绩，但并不是没有了开拓空间。本书正是在以上认识的基础上，进行了多次的田野调查，并获得了不少令人惊喜的第一手资料。

（三）个案研究法

个案研究法也是本书研究的一大特色。山东海盐遗址多，我们选取了颇有代表性的莱州湾南岸地区，特别是潍坊滨海的盐遗址及旅游资源的开发利用作为典型个案，对山东滨海海盐遗址与旅游资源进行系统调研。

（四）系统研究法

本书还特别注意系统研究法的使用。不仅仅因为山东海盐自生产以来已经形成一个复杂的系统，其间的盐业生产、管理、运销体系，盐民的生产和生活，海地关系的变迁等都是子系统。我们对海盐遗址及旅游资源的调研必须将这些子系统进行剥离、整理并分析其间的互动关系。所以，系统研究法不仅不可或缺，还是我们课题的特色之一。

四　研究理论

该书显然属于交叉学科的范畴，历史学、地理学、旅游学、文化学、社会学、民俗学等理论都涵盖其间。例如，文化社会学认为，"任何一种文化现象都有满足人类实际生活需要的作用，即都有一定的功能，它们中的每一个和其他文化现象都互相关联、相互作用，都是整体中不可分的一部分"。[①] 海盐文化资源及其事象当然也不例外。因此，在调查研究山东海盐遗址和其他旅游资源时，对那些代表性盐业生产遗址、海盐生产单位（盐村、盐场）、盐业人员（盐民、盐商、盐业技术专家、经理厂长）、海盐文化旅游资源，以及神话、传说、故事等，我们必须借助文化社会学理论进行探讨，注意海盐文化事象的缘由及意义，并加深它们与其他文化事象的关系的探讨，以期更好地理解和把握。该书同样离不开民俗学等学科的理论指导。例如，民俗学认为，"民俗是民间文化中带有集体性、传承性、模式性的现象"[②]，山东海盐文化资源中的盐业

---

① 黄淑聘、龚佩华：《文化人类学理论与方法研究》，广东高等教育出版社 1998 年版，第 123 页。

② 钟敬文编：《民俗学概论》，上海文艺出版社 1998 年版，第 4 页。

生产生活习俗、社会生活习俗、与盐相关的精神生活民俗等海盐文化事象，都是一定民众的长时期的具有模式性的民间文化现象，这些显然都离不开民俗文化学的理论支撑。利用民俗学理论，对它们的产生、发展进行梳理，以期能解释潍坊海盐文化资源在山东、在全国，乃至世界盐文化资源中所扮演的角色及对于人类、社会的重要意义。所以，该课题是一个交叉学科的课题，尤其是文化生态保护理论和可持续发展理论需要特别提及，一定意义上说，它们是本课题研究的具体指南。

文化生态保护理论是本课题立项时的主要凭借依据之一，也是贯穿该书的重要理论。文化生态学理论和文化生态保护理念也逐渐为中国学术界和文化遗产保护领域所认同并积极实践。1998 年，中国艺术研究院研究员方李莉女士提出了文化生态失衡的问题，并于 2001 年发表论文《文化生态失衡问题的提出》，从美国文化生态学派的文化生态含义出发，阐发了"文化生态"的意义。随后，出现了孙兆刚《论文化生态系统》《文化生态系统演化及其启示》，邓先瑞《试论文化生态及其研究意义》，王玉德《文化生态与生态文化》，骆建建、马海逮《斯图尔德及其文化生态学理论》等关于探讨文化生态的学术论文。2002 年，贵州省政府公布了首批 20 个重点建设的民族保护村镇，涉及苗、侗、布依、彝、水、瑶、仡佬等少数民族村镇。这些文化生态保护村（寨）将现实存在的活文化与孕育此文化的生态环境相结合，实现民族民间文化的原地保护。[①]文化生态保护不仅仅限于保护仍然存在（鲜活）的文化生态，更要保护那些曾经在人类文化中扮演重要角色的文化。山东海盐文化生态的保护就属于后者，当然其中仍有不少鲜活的存在，如传统制盐工艺流程等。

可持续发展理论所涉及的学科面很广，包括生态学、环境学、经济学等方面。就文化旅游方面的可持续发展而言，1990 年在加

---

① 参见王欣《非物质文化遗产保护的文化生态论》，《民间文化论坛》2011 年第 1 期。

拿大召开的 Globe'90 国际大会对旅游可持续发展目标进行了较全面的阐述,核心就是要保证在从事旅游开发的同时不损害后代为满足其旅游需要而进行旅游开发的可能性。1995 年,联合国教科文组织通过了《旅游可持续发展宪章》和《旅游可持续发展行动计划》,为旅游可持续发展的推广和实施提供了一套行为准则。旅游可持续发展也日益在全世界成为一种指导旅游业的"哲学思想"。

近几年,旅游业开始认识到可持续发展的重要性,并将这一理论融入对旅游资源的开发规划中。尤其是在盐业遗址遗迹的保护、盐旅游资源的利用中,一定不能离开可持续发展的指导。在这一理论的指导下,对于盐文化资源和遗址遗迹,就绝不随意破坏,始终把保护放在旅游开发的前面。在开发过程中,也尽量保存原貌,尊重历史;并且,始终牢记将经济效益、社会效益和生态效益统一考虑,不因实现经济利益而付出巨大的代价。自贡在这个方面就做得很好,该市因盐业而兴,因盐闻名遐迩,盐业经济是其支柱经济,盐业也塑造了这个城市的历史和文化,悠久的盐业历史给自贡这个城市留下了丰厚的物质、非物质遗产。自贡在利用这些遗产时,注重可持续发展理念的渗入,将该市打造为名副其实的"千年盐都"。我们的研究同样离不开这一理论的指导,尤其是在海盐文化旅游资源开发对策的制定方面上,我们更是将这一理论作为首要的指南。

第一章　山东主要盐业遗址群(一)

盐的种类繁多，分布区域也较为广阔。海盐主要分布于山东、辽宁、两淮、长芦等地，池盐中，山西解池、青海茶卡、甘肃吉兰泰都是著名产地，青海的湖盐也可以算作此列。井盐以已有悠久历史的四川自贡最有名。岩盐则可以在四川、云南、湖南、新疆、青海等地找到其影子。

自古以来，山东即是著名的海盐产地，故有"古代盐产之富，莫盛于山东"的说法。在《中国盐政史》中，曾仰丰这样写道："论者谓古代盐产之富，莫盛于山东；盐法之兴，莫先于山东，其信然欤。"[①] 山东靠近沿海，气候适宜，盐业资源向来丰富。当年春秋时期的齐国之所以能够实现首霸大业，与海盐是有直接关系的。管仲曾对齐桓公这样进言："阴王之国有三，而齐与在焉。……楚有汝汉之黄金，而齐有渠展之盐，燕有辽东之煮，此阴王之国也。"[②]

迄今为止的盐考古资料表明，山东的确是最早的海盐产区，山东的海盐遗址不仅数量多，而且不少呈群状分布，颇具典型性。从目前考古和调查研究的情况看，山东的海盐遗址等遗产分布在莱州湾沿岸和黄河三角洲，尤其是前者。莱州湾的产盐区，开始甚早。学者大都认为宿沙氏（又写作"夙沙氏"）煮盐就是在莱州湾地区。王赛时在其文章《先秦时期山东地区盐产业的开发》（《盐业

---

① 曾仰丰：《中国盐政史》，上海书店 1984 年版（据商务印书馆 1937 年版复印），第 66 页。

② 《管子·轻重甲》。

史研究》2006 年第 6 期）中也指出，先秦时期山东地区的盐业生产中心在莱州湾和今黄河三角洲一带。[①] 结合山东省的行政区划，山东的产盐区大体涵盖了山东省的潍坊、东营、滨州、淄博、德州、青岛等市及河北省的沧州东南部等相关县市。

从资源的角度看，山东的海盐文化资源既有古遗址、碑刻、古墓葬等物质文化遗产资源，也有神话传说、传统技艺、民俗风情等非物质文化遗产资源。所处时代从新石器龙山文化时期、商周，直至清代、民国。最具突出的应当归属于近些年新发现的大规模盐业遗址群。尤其是潍坊的大荒北央、双王城，东营的南河崖、东北坞，滨州的李屋、杨家窑等（这些都是很有代表性的遗址群）。正如前言中提及的，这些资源不少都是"山东海疆历史文化廊道"和"海上丝绸之路"上的重要遗产，黄河三角洲地区盐业遗产、寿光双王城盐业遗址群等都被列入其中。

需要说明的是，局限于方方面面的条件，本书的遗址调研主要是针对这些遗址群的。当然，除了本书提及的遗址，山东还有一些影响力较小或者不具有典型性的遗址，在这里没有也不可能一一提及。特此说明。为了叙述方便，我们从行政区划的角度对山东主要的海盐遗址进行分析和说明，本章主要介绍潍坊的盐业遗址群。

第一节　寿光的遗址群

随着近些年考古工作的深入，潍坊地区的大量盐业遗址不断呈现。潍坊所在的莱州湾南岸地区是古代重要盐业中心的论断获得了越来越多的考古依据。

一　双王城

双王城盐业遗址群是环渤海沿岸最大的商周盐业遗址群，位于

---

① 参见祁培《先秦齐地盐业的形成与演变》，硕士学位论文，华中师范大学，2014年，第 26 页。

山东省寿光市北部羊口镇双王城水库周围，面积达 30 平方公里。自 2003 年以来多次大规模的田野工作，已发现古遗址 83 处，其中，龙山中期 3 处，商代晚期至西周初期 76 处，东周时期 4 处，金元时期 6 处。双王城是渤海南岸地区目前所发现的规模最大的商周时期盐业遗址群。① 2008 年 4 月到 2010 年底对遗址的发掘，全面揭露了殷商晚期到西周早期完整的制盐作坊单元及金元时期制盐工艺流程。

2013 年 5 月，双王城盐业遗址群被国务院核定公布为第七批全国重点文物保护单位。

（一）遗址群的概况

双王城盐业遗址群具体位于寿光羊口镇（原为卧铺乡）寇家坞村北、六股路村南、林海公园西南。东北距今海岸线约 27 公里（见图 1-1）。双王城一带位于古巨淀湖东北边缘。当地村民和地方志中曾称之为"盐城""霜王城"。据研究，古巨淀湖—清水泊大致西起广饶的花官、斗柯，东至寿光的宋庄、官台，南达大营、南塔，北到广北农场，面积近 1000 平方公里。目前所见双王城水库，20 世纪 60 年代之前为湖沼地。20 世纪 60 年代之前，当地村民曾在双王城北部和寇家坞村南部掘井修滩晒盐，考古调查时，还发现了盐井和煮盐遗留下的灰渣等。多年的考古调查、发掘资料显示，龙山、东周和元明时期也有人在此开展制盐活动，其中，东周时期遗存是东部官台盐业遗址群的一部分，金元时期的制盐规模也较大。近年来，南水北调东线重点工程双王城水库建设是在原基础上向北、向西扩容，并挖沟通向济黄济青干渠；寿光市双王城生态经济园区还在水库东部开发建设。这些工程建设破坏了原有的自然景观，占压了部分遗址。

---

① 参见燕生东等《山东寿光双王城发现大型商周盐业遗址群》，《中国文物报》2005 年 2 月 2 日第 1 版。

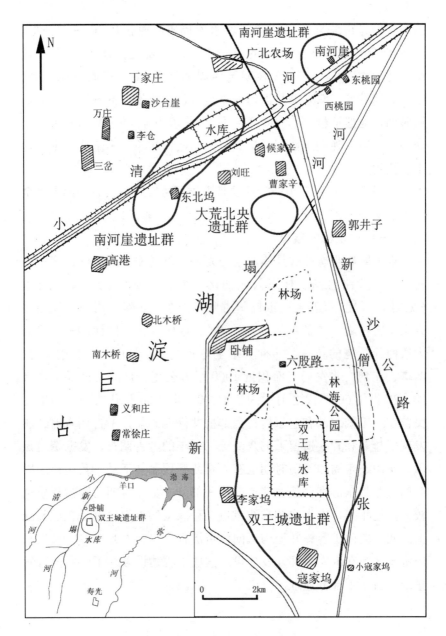

图 1 - 1 双王城遗址群所在位置示意图

（燕生东：《商周时期渤海南岸地区的盐业》，文物出版社 2013 年版，第 125 页）

（二）双王城盐业遗址群考古工作回顾

自 2003 年夏这里发现制盐遗址后，北京大学考古文博学院、山东省文物考古研究所、寿光市博物馆考古专家先后徒步行程 1500 多公里，调查范围超过 40 平方公里，基本摸清了双王城盐业遗址群的规模、分布范围、遗址数量及时代。经勘察，双王城盐业遗址群面积达 30 平方公里，规模全国最大。盐场遗址群自发现以来，引起国内外盐业考古界的广泛关注，先后有山东省考古研究所、北京大学、美国哈佛大学、澳大利亚、法国等盐业考古专家多次到现场考察。双王城水库制盐遗址群面积之广、规模之大、数量之多，分布之密集、保存之完好，全国罕见。可以说，这是目前世界上发现的商周时期最大的制盐遗址。

20 世纪 80 年代就在寇家坞西南 1 公里处发现过商周时期盐业遗址。为配合国家重点工程南水北调工程支线西水东调工程建设，山东省文化厅组织考古队对寿光北部双王城水库工程范围内进行考古勘探，发现了若干处盐业遗址。之后，山东省文物考古研究所、北京大学中国考古学研究中心、寿光市博物馆等又进行了多次较大规模的田野考古调查、钻探和试掘工作。

这些考古工作已基本掌握了原双王城盐业遗址群的大体分布范围。双王城盐业遗址群南至寇家坞村南，北至六股路村南，东至新沙公路，西达新塌河东岸，东北紧邻清水泊盐场。遗址群面积南北长约 6 公里、东西宽近 5 公里，面积约 30 平方公里。这是目前所发现的数量最多的盐业遗址群。

调查发现，龙山文化遗址规模不大，不足 1000 平方米，堆积较薄，仅 0.3 米左右。发现了成片的灰土和烧土堆积。出土遗物有龙山文化中期的陶鼎、黑陶杯、盆、甗、罐、高领瓮、器盖，还有鹿角、文蛤、青蛤、毛蛤等。遗址内虽未见专门的制盐用具，但考虑到这些遗址分布在靠海不远的盐碱滩涂地上，面积不大，堆积薄，延续时间短，与内陆地区同时代遗址相比，比较特殊。因而，这些遗址可能属于龙山时期的制盐遗存。

商周时期每处盐业遗址的规模不是很大，除极少部分面积在 3

万平方米外，多数一般在 4000—6000 平方米。文化堆积一般在 0.50—1.00 米，就制盐工具盔形器的年代学研究显示，每处盐业遗址的延续时间也较短。所见遗存主要是烧土、草木灰和制盐工具——盔形器。盔形器所占陶器总数比例在 95% 以上，生活器皿则少见。烧土和盔形器碎片集中分布在遗址的中心部位，形成一个隆起地，面积在 500—1000 平方米。调查、铲刮水沟两侧剖面、简单钻探以及以后的发掘显示，这些隆起地带及周围为盐灶、坑井和各类坑池等所在地。

通过多年考古工作，燕生东先生认为，在盐业遗址和内陆盐工定居地与制盐工具伴出的其他生产和生活遗存属于商文化系统。此时，当商王朝的势力在北方、西方、南方和东南部退缩时，唯有以山东为中心的东方地区成为整个商王朝境内人口最为密集，经济、文化最为发达地区之一，并发展成商王朝最稳定的大后方。基于沿海地区盐业等资源的开发，与之相邻的咸淡水分界线和内陆腹地的聚落和人口空前增多，社会、经济与文化得到了充分发展，内陆和沿海地区还形成了以沿海盐业和盐工定居地为导向的聚落分布格局。无论是考古资料还是文字都显示，包含双王城一带的渤海南岸地区商代制盐业表现的是有组织的规模化、集约化和专业化生产，这里是殷墟时期商王朝的盐业生产中心之一。

据记载，莱州湾一带最早的盐井为唐代，双王城商代盐井的发现，把该地区盐井的历史提早了 1500 多年。这是中国沿海地区目前所发现的最早盐井。沉淀池、蒸发池的出现，说明商代盐工已经充分了解了渤海南岸地区春季的干燥多风、蒸发量高等气候特点，利用日晒和风力等自然力来提高卤水的盐度。这是后来晒盐工艺的雏形。沉淀池、蒸发池也是目前中国商周盐业考古的首次发现。盐灶、盐池和灶棚规模之大、保存之好，实属罕见。据计算，一个盐灶同时可以放置 200 余个盔形器，每个盔形器至少能容 2.5 公斤盐，一个制盐单位一次举火可获达上千斤盐，双王城同时存在至少 50 座盐灶。也就是说，仅双王城一带每年的产盐量就达四五万斤。根据燕生东先生多年的调查，在渤海南岸地区至少有 10 个像双王城这样的盐业遗址群，可见当时的年产量是相当大的。规模如此之大，该地区商周制盐业应存在着统一的组织和管理，商代盐业生产拟是国家控制下的产业（官产）。如是，这应是中国古代盐业官营制度的开始。

东周时期盐业遗址位于遗址群的东北部，多被盐田、水池占压，保存状态不好。2013 年的调查还发现了唐代盐业遗址，唐代遗址系首次发现，填补了该地区盐业发展史上的空白。

考古部门在这里还发现了丰富的元明时期制盐遗迹。到 2013 年，这里的对元明时期的制盐遗存发掘达到 10 处。011 号、021 号遗址（在寇家坞村北、李家坞村东一带发现的一处面积达上百万平方米时期的宋元时期村落）规模较大，前者面积达 20 万平方米，后者超过百万平方米，文化堆积厚度在 1 米以上，地表上发现了成片成堆的砖瓦碎块，还发现了房屋和墓葬等遗迹，说明这里是个很大的村镇。2013 年的调查，元明遗址已清理出盐井 6 口、盐灶近 30 座、卤水过滤沟 10 余条、储硝坑 2 个、半地穴式房屋 3 座以及长方形、圆形坑若干座等制盐遗存。双王城元明时期盐业遗址的发掘是中国北方沿海地区第一次对元明时期盐业遗址进行的考古发掘，为了解山东沿海地区这个时期制盐工艺流程、制盐规模提供了第一手的科学资料。双王城元明时期盐业遗址群东距官台村约 4 公里。

二　大荒北央

寿光大荒北央遗址群位于寿光市郭井子村西南约 2.5 公里。1980 年文物普查时发现（D1、D2）。2001 年春，山东大学考古系进行了试掘（D2）。2007 年春、冬两季，在约东西长 2.1 公里、南北宽 1.4 公里，面积约 3 平方公里的范围内进行了系统的调查，共发现盐业遗址 33 处。其中西周早期遗址 27 处，东周时期遗址（部分遗址延续至西汉时期）10 处。[①] 每处遗址面积在 1 万—2 万平方米（见图 1 - 2）。

郭井子村西北 300 米的新塌河两岸也发现 1 处遗址。该遗址位

---

① 参见鲁北沿海地区先秦盐业考古课题组《鲁北沿海地区先秦盐业遗址 2007 年调查简报》，《文物》2012 年第 7 期，第 10 页。

于一条东西方向的古贝壳堤上，面积 4 万平方米，规模较大。山东大学东方考古研究中心等单位曾在新塌河东岸进行过试掘①。该遗址包含了龙山早期和东周时期的堆积。东周时期遗迹有灰坑和房址各 1 座，房址为方形地面式建筑，土坯堆砌墙体，居合面可能经过了火烤。发掘和采集的陶器（片）有釜、豆、壶、盘、盂、盆、瓮、器盖和量形器。东周时期堆积主要位于新塌河西岸。一架钻油井塔占压了遗址中心。这里文化堆积较厚，经钻探厚度在 1 米以上。地表散布大量的厚胎小口瓮、大口罐残片。在井塔下还发现了一座大型灰坑，直径超过 5 米，深度超过 2 米，内填满陶片。②

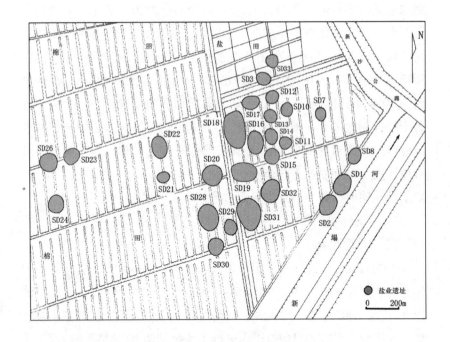

图 1－2　寿光市大荒北央盐业遗址群分布示意图

（燕生东：《商周时期渤海南岸地区的盐业》，文物出版社 2013 年版，第 137 页）

① 参见山东大学东方考古研究中心等《山东寿光市北部沿海环境考古报告》，《华夏考古》2006 年第 4 期。

② 参见燕生东等《渤海南岸地区发现的东周时期盐业遗存及相关问题》，《中国国家博物馆馆刊》2011 年第 9 期，第 72—73 页。

根据所见的盔形器及伴出的陶鬲、簋等形态特征分析,大荒北央西周盐业遗址群的时代为西周早期前段、中段。由于大荒北央遗址群规模较大,遗址数量与双王城西周早期早段的遗址相近,其开始的时间与双王城盐业遗址群结束的时间又相衔接,两者相距也不远。因此可以判断,这两大遗址群为同一批人群在不同时期的生产和生活活动所遗留。

三 官台遗址群

官台盐业遗址群在寿光市羊口镇官台村西 2 公里,双王城水库东北。遗址群西南即为著名双王城商周盐业遗址群。新沙路从遗址群东南穿过,遗址中部、北部被辟为盐田、鱼塘和水塘。遗址群东距王家遗址群 4 公里。在长 4 公里、宽约 3 公里,面积 12 平方公里的范围内都发现了东周时期的遗存,该遗址群的规模比较大。20 世纪文物普查在官台村西北 3 公里发现过遗址(群),据报道,面积 15 万平方米,文化堆积厚达 1 米,时代为战国、汉①,可能包含了若干个遗址。在双王城水库东侧的林海公园内,曾发现 4 处遗址,编号 SL2、SL3、SL26 和 016 遗址。北部现在盐田内也发现 1 处遗址,卤水沟旁 2000 平方米范围内可以看到成片的制盐工具陶瓮、罐碎片。②

在这里,还发现了元明时期的盐业遗存。在寿光西北的广饶县内和毗邻广饶的寿光市西北均发现了大量的元明时期盐业遗存(见图 1-3),其分布区域与龙山时期、殷墟时期、周代制盐遗址(群)位置基本重合,距今海岸线多在 20—30 公里。

---

① 参见国家文物局主编《中国文物地图集——山东分册》,中国地图出版社 2008 年版,上册第 220、221 页,下册第 333 页。

② 参见燕生东等《渤海南岸地区发现的东周时期盐业遗存及相关问题》,《中国国家博物馆馆刊》2011 年第 9 期,第 73 页。

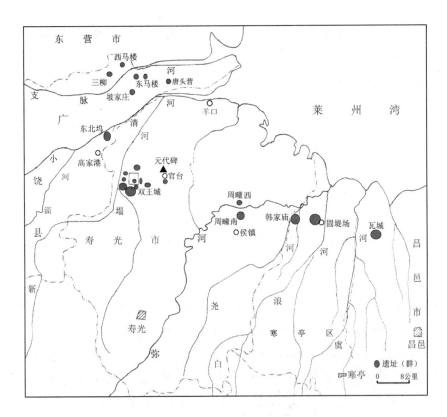

图1-3 莱州湾南岸地区发现的元明时期盐业遗址（群）分布示意图
（燕生东的田野调查资料）

　　在寿光市官台村东南发现的元代遗址内，地表散布大量砖瓦等碎片。村北60米荒地内还发现两座元代残碑。均为青石制，一座仅剩碑座，碑身被埋入地下。另一座保存较好，碑帽（见图1-4）、身、底座（见图1-5）虽已分离，但相隔较近。据村民介绍，这两座碑原位于官台村中一座古建筑院内，20世纪六七十年代村民整修房屋时，石碑被运出。碑帽前、后分别镂雕两龙，正面刻着篆体"创修公廨之记"铭文。碑帽高1.30米、宽1米；碑身高2.06米、宽1.08米、厚0.28米；碑座为一巨大赑屃，长2.35米、宽1.30米、高0.83米。整个碑总高在4.10米左右，总重达8.5吨以上。

图1-4 寿光市官台村发现的元代碑帽

(《寿光发现元朝盐业衙门遗存"雕龙碑"》,《潍坊晚报》2012年8月6日第A6版)

图1-5 寿光市官台村发现的元代碑座

(http://bbs.sgnet.cc/thread-1787134-1-1.html)

碑正文字数在 1500 字以上。碑中部由于被后人不断触摸、擦刮以及雨水浸蚀，字迹已经不清，其余部分保存较好。碑文为"忠勇校尉山东东路都转运使司官台场盐司令武秀"修建官台公廨（署衙）的缘起和过程，以及修建厅室数量等内容。该碑文涉及了记官台场的位置、历史沿革、年产量等重要历史材料。

碑背铭文为"协赞题名"，详细记录的是参与修建公廨（署衙）本司（可能指乐盐司）、寿光县衙主要官吏、周围盐场单位官吏人名以及周围乡、社、里运送建筑用材、食物数量及具体操办人等内容。碑文中还提及了王家岗场、高家港场、固堤场司令侯、司承、司吏、知房、提领等盐官名，乡社里有社官、三老车甲头、社直头、祗应头等名称。尤其值得注意的是，修建官台衙署和建造这座碑，内陆地区的夹河、北邵、景明、王高、崔家、回河、临泽、南邵、南北河、宋家、垒村、北楼、北邢姚等 20 余个村社也提供了人力、物力的支持和赞助。正文和碑背铭文均提及"至治"年号，说明该碑立于元英宗至治年间（1321—1323）或稍后。①

四　王家庄遗址群②

王家庄盐业遗址群位于寿光市羊口镇王家庄村西的棉田内，益羊铁路和寿光至羊口公路穿过遗址群东部边缘，王家庄村和南部的现代盐田可能破坏和占压过遗址。该遗址群遭破坏最小，保存最好，是目前发现盐业遗存数量最多的一处遗址群。考古工作者在王家庄周围系统调查 10 多平方公里，基本摸清了盐业遗址群的分布范围和规模。共发现遗址 46 处，分布在王家庄村南、村西，南北长 3 公里、东西宽 2.5 公里，面积近 8 平方公里的范围内（见图 1-6）。中部遗址分布密集，遗址面积均在 2 万平方米左右，出土

①　碑文内容由寿光市地方历史文化研究会会长赵守祥提供，部分内容是燕生东先生在查看碑文后所理解。

②　参见燕生东等《渤海南岸地区发现的东周时期盐业遗存及相关问题》，《中国国家博物馆馆刊》2011 年第 9 期，第 74 页。

制盐工具数量也最多,而分布在周边的遗址,比较松散,面积较小,在1万平方米以下,出土陶片数量也少。遗址功能可能不一样。遗址群中部发现成堆的、形体较小的海蛤、螺壳,或许与这一带的贝壳堤或积贝墓有关。遗址内所见遗物多为陶器,主要为小口圆底深腹陶瓮和大口圆底罐,还有少量陶鬲、釜、豆、小罐、盆等残片,个别豆上有刻画符号。

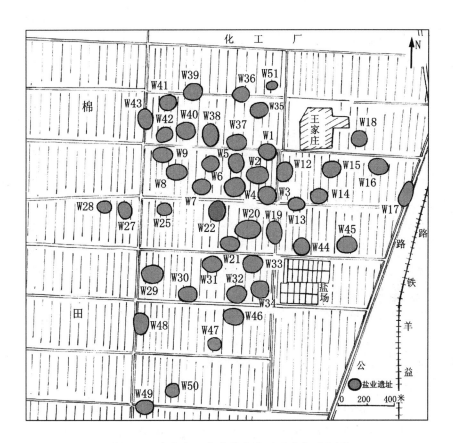

图1-6 寿光市王家庄盐业遗址群分布示意图

(燕生东:《商周时期渤海南岸地区的盐业》,文物出版社2013年版,第153页)

北距王家遗址群约2.5公里的莱央子遗址,1983年发现,据介绍,面积约2.5万平方米,采集的东周时期陶豆、盂、小壶、圆鼓腹瓮（釜）、小口鼓腹绳纹罐和素面罐等①，多为完整器，应是墓葬的随葬品。该遗址似隶属王家庄遗址群的某个墓地，但不排除其周围就有盐业遗址群。

五　单家庄遗址群②

单家庄盐业遗址群位于山东省寿光市羊口镇单家庄村西的棉田内，北距莱州湾12公里。遗址群的规模目前还不非常清楚。考古工作者在面积约1.5平方公里的范围内，发现东周遗址6处。文化堆积均在地表以下0.3米。遗址上遗物多见小口圆底陶瓮和大口圆底罐，还有生活用品小型陶盆等残片。遗址整体保存较好，每个遗址面积均在1万平方米以上。

第二节　潍坊市滨海经济技术开发区央子遗址群

央子盐业遗址群位于潍坊滨海，从行政区划上属于寒亭区北部央子镇一带，北距莱州湾约12公里。20世纪80年代文物普查时就发现了此遗址群。韩家庙子、固堤场、河北岭子、崔家央子、央子井场、烽台、西利渔、东利渔、镇政府等地都曾出土过商周时期的陶盆形器、绳纹鬲、素面鬲、簋、大口罐、小口瓮等遗物。那时看来，此遗址群存在着若干不同时期盐业遗址群的可能，它以固堤场为中心，东到昌邑东利渔，西至韩家庙子，南至河北岭子，北至林家央子、蔡家央子，约东西长25公里、南北宽5公里，面积约100平方公里。

2007年春，考古人员对固堤场和昌邑虞河东岸的东利渔村（瓦城）一带做了调查。在固堤场东西长870米、南北宽690米的范围内发现了3处西周早期遗址，8处东周时期遗址。东周时期遗

---

① 参见国家文物局主编《中国文物地图集——山东分册》，中国地图出版社2008年版，上册第220、221页，下册第333页。

② 参见燕生东等《渤海南岸地区发现的东周时期盐业遗存及相关问题》，《中国国家博物馆馆刊》2011年第9期，第75页。

址分布密集，规模较大。其中，HG3、HG4 遗址基本连成一片，面积约 4 万平方米，其他遗址面积在 1 万—2 万平方米。HG7 遗址内还露出多个形状不规则的灰坑。出土遗物主要是内壁拍印几何纹的陶瓷、罐等，个别遗址还见有成堆的文蛤、青蛤。关于寒亭央子商周时期盐业遗址的具体年代，以河北岭子等最早，为殷墟一期；其次为央子井场等，为殷墟二期；崔家央子和固堤场较晚，为西周早期中段、后段。①

2009 年秋、冬，由潍坊市文化局、潍坊市滨海经济技术开发区宣传文化中心、山东师范大学齐鲁文化研究中心组成的文物普查队，在央子办事处一带进行第三次全国文物普查，发现 4 处古代盐业遗址群，上百处龙山、商代、西周和东周、金元时期制盐遗址。其中，东周时期盐业遗址数量达 86 处，为首次重大发现。央子以往的考古工作只发现了数个遗址点。古遗址多被现代盐田和工场、民居占压。文物普查队对现在村落周围农田和盐田区域内进行了系统（拉网全覆盖式）的调查。目前，仅在东西长 16 公里、南北宽 3 公里的范围内，就发现了韩家庙子、固堤场、烽台和西利渔 4 处大型盐业遗址群（见图 1-7）。这些遗址群间距在 2—4 公里。韩家庙子、固堤场、烽台遗址群保存较好。韩家庙子遗址群面积近 4 平方公里，已发现龙山文化盐业遗址 1 处、商代盐业遗址 4 处、东周时期盐业遗址 27 处、宋元时期盐业遗址 6 处；固堤场盐业遗址群面积达 2 平方公里以上，已发现西周早期盐业遗址 7 处、东周盐业遗址 19 处、宋元时期 3 处；烽台盐业遗址群面积超过 5 公里，共发现西周早期盐业遗址 2 处、东周时期盐业遗址 35 处。东周时期盐业遗址分布最为集中、规模最大，遗址数量也最多。龙山时期的遗址仅 1 处，面积在 1 万平方米左右，所见陶器有黑陶罐、杯、盆等。没有发现专门的制盐用具，但考虑到这些遗址面积不大，堆积薄，延续时间短，与内陆地区同时代遗址相比差异较大，遗址又

---

① 参见鲁北沿海地区先秦盐业考古课题组《鲁北沿海地区先秦盐业遗址 2007 年调查简报》，《文物》2012 年第 7 期，第 11 页。

分布在靠海不远的盐碱滩地上，因而，这些遗址可能属于当时的制盐遗存。商代至西周早期盐业遗址已发现14处，每处遗址面积四五千平方米，发现的遗物主要是煮盐工具盔形器，还有陶鬲、甗、盆、罐等生活器皿。在固堤场编号01遗址内的断崖上还发现了坑池等堆积。这些与寿光、广饶一带发现的同时期盐业遗址完全一致。

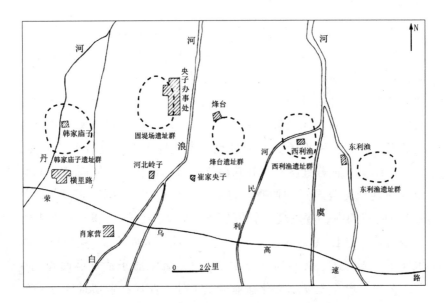

图 1-7 潍坊市滨海开发区央子一带盐业遗址群分布

（燕生东：《商周时期渤海南岸地区的盐业》，文物出版社2013年版，第155页）

东周时期的盐业遗址，多以群的形式出现，每处遗址群大约由30处遗址组成，每个遗址规模都在2万平方米，似乎存在某种规制。文化堆积厚度在0.5米左右。遗址地表和现代排水沟断面上均见成片、成堆的制盐工具——小口圆底厚胎瓮、大口圆底薄胎罐（盆）形器碎片。这两种器物烧制坚硬，形态较大，高50—100厘米，内壁均拍印方格、菱形、圆形等几何纹饰。遗址内还见生活器皿如陶鬲、釜、豆、盂、盆、罐、壶等和生活垃圾如文蛤、青蛤、蚬等。在每个盐业遗址群内都发现了盐井、沉淀坑、盐灶等制盐遗存以及盐工的墓地。这些遗迹多位于盐业遗址的边缘。盐井口径4—5 米，深 3 米以上，上部口部较大，下部井周壁和底部暴露出用植物茎叶编制的井圈，保存较好。井圈便于渗透和净化卤水。井内上部为成层的淤土堆积和生产、生活垃圾垃圾，下部为黑灰色淤土淤沙。韩家庙子废弃的盐井内还发现了一具牛骨架。过滤坑面积不大，直径在 2 米以内，有些坑底部铺垫碎陶片和碎贝壳，坑内均为成层的淤沙和淤泥堆积。①

具体介绍如下:

一　韩家庙子遗址群②

韩家庙子遗址群位于潍坊市滨海经济技术开发区（原为寒亭区）央子办事处韩家庙子村周围，横里村以北的棉田和盐田内。丹水从遗址群中心穿过遗址群中部，新沙路南部边缘，新修的南北方向两条公路经过遗址群的东、西两侧（见图 1-8）。遗址群北距莱州湾15 公里，东北距同时期的固堤场遗址群仅 3 公里。韩家庙子村北 900米，有一处地表隆起地带，上面布满碎铁块、炭渣，村民曾称为"铁牛"。考古工作者调查时发现，铁块系破碎煮盐工具铁盘残片，应为宋元时期煮盐遗址。韩家庙子村周围棉田内遗址保存较好，面积多在 2 万平方米，排碱沟断面上、地表上，散布成堆成片的陶片，而位于盐田和工厂内的遗址遭占压和破坏，只存数千平方米，只在卤水沟两侧暴露出制盐工具碎片，遗址面积也不太清楚。

该遗址群的 H1 号遗址，在遗址中心露出半米厚的陶片、草木灰层，成片的草拌泥烧土。烧土厚约 5 厘米，一面光滑，还粘有白色钙化物，估计是盐灶的周壁碎块。H19 号遗址西南边缘，一条公路东侧的排水沟断崖上，发现了地下卤水坑井，坑井上部 2.5 米已被挖掉。坑井口呈圆形，口径残长在 2 米以上，深度不详。坑井周

---

① 参见《山东潍坊发现大型东周盐业遗址群》，《中国文物报》2010 年 6 月 18 日第 4 版。

② 参见燕生东等《渤海南岸地区发现的东周时期盐业遗存及相关问题》，《中国国家博物馆馆刊》2011 年第 9 期，第 75—76 页。

壁围以用宽扁植物茎叶编制的井圈，井圈厚度在 3 厘米左右，植物茎叶颜色已变为灰黑。坑井内堆积着灰白色淤沙。坑井内发现一完整马骨架，头骨被挖出，坑井内还有脊椎、肋骨、肢骨、胫骨、距骨、掌骨等。

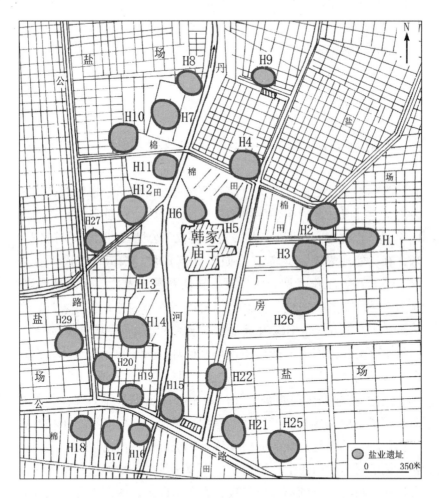

图 1-8 潍坊市滨海经济技术开发区韩家庙子遗址群分布示意图

(燕生东：《商周时期渤海南岸地区的盐业》，文物出版社 2013 年版，第 156 页)

二　固堤场遗址群①

固堤场遗址群位于潍坊市滨海经济技术开发区央子办事处、林家央子、蔡家央子西部一带，白浪河以西 800 米。有一条东西向的古贝壳堤穿过遗址群北部。遗址群北距莱州湾仅 12 公里，东距烽台遗址群 2.8 公里。遗址群西部、北部南部被工厂和盐田占压，东部也被央子办事处、林家央子、蔡家央子村破坏，只有林家央子南部棉田和墓地周围的遗址保存较好（见图 1-9）。

20 世纪 80 年代文物普查时，文物部门就发现了该遗址群②，据介绍，在固堤场、河北岭子、蔡家央子、央子井场、西利渔、水利组、办事处政府等地 25 万平方米范围内曾出土过盔形器、簋、素面鬲和东周时期的陶瓮、罐、豆等。在央子办事处西南部还发现了积贝墓葬，出土了青铜剑、戈、矛、玉璧及陶器等。

考古工作者在南北长 2 公里、东西宽 1.25 公里，面积 2.5 平方公里范围内目前发现西周盐业遗址 7 处，东周遗址 20 处，宋元时期 3 处。20 处东周遗址内盐业遗存 18 处，墓地两处。盐业遗存保存较好者，面积一般在 2 万平方米，小者数千平方米。其中，G2、G3、G4 遗址还基本连成一片，面积超过 6 万多平方米。HG7 遗址中心的现代坑断崖上还暴露出多个不规则形状的灰坑，坑内堆满草木灰和瓮罐碎片（见图 1-10）。G15 遗址周围被现代盐田占压，在一东西向卤水沟两侧的断崖上，暴露出长 30 多米、厚达 0.20 米的陶罐、瓮碎片堆积层，局部还有呈层的文蛤、青蛤。G18 遗址西部有一南北向大型取土坑，坑东侧断崖上暴露出多处填满草木灰和陶瓮、罐碎片的坑，还暴露出一卤水井，出露直径在 2.2—2.5 米，深度在 1.5 米以上，南北两壁暴露出用宽扁植物茎叶编制的井圈，井圈厚达 5 厘米。井内填土分两部分，上部为草木灰和制

---

① 参见燕生东等《渤海南岸地区发现的东周时期盐业遗存及相关问题》，《中国国家博物馆馆刊》2011 年第 9 期，第 76—78 页。

② 参见曹元启《试论西周至战国时代的盔形器》，《北方文物》1996 年第 3 期；《潍县文物志》，内部刊物，1985 年。

盐工具碎片垃圾，下部为灰白色淤土、淤沙。

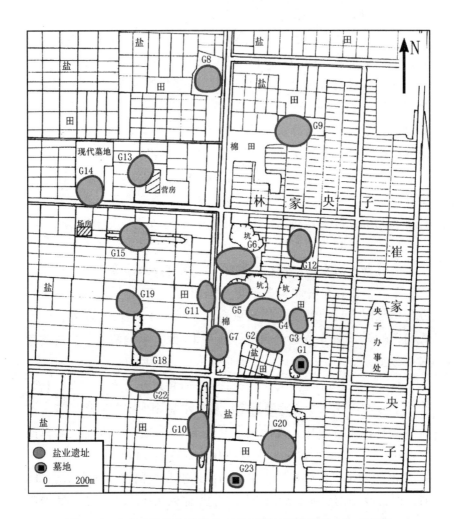

图 1-9　潍坊市滨海经济技术开发区固堤场遗址群分布示意图

（燕生东：《商周时期渤海南岸地区的盐业》，文物出版社 2013 年版，第 157 页）

央子办事处西南 1000 米的刘家树子（现被工厂占压），曾发现数座积贝墓墓葬，放置棺椁的坑穴长 3.5 米，宽 2 米，出土铜剑 1、戈 2、铜矛和夔纹玉璧饰。其中一座墓出土海蛤贝壳 4000 余斤。G1 号遗址地表散布着成堆的贝壳和西周制盐工具盔形器碎片，考古研究人员曾在取土坑断崖上发现一座墓葬，清理出完整陶盂和小罐，说明这两处为墓地。

图 1 - 10　潍坊市滨海经济技术开发区固堤场 HG7 遗址暴露的灰坑

（王俊芳　摄于 2013 年）

三　烽台遗址群①

烽台遗址群位于潍坊市滨海经济技术开发区央子办事处烽台村南部、东南部的棉田和盐田内。遗址群西距白浪河约 1 公里，东距西利渔遗址群约 2 公里，北距莱州湾仅 14 公里，南临海源路，北部、东北为现代盐田。南北向的大莱龙铁路、海安路、海莱路和东西向的渤海路穿过遗址群。考古工作者在东西长 2 公里、南北宽 1.8 公里，面积不足 4 平方公里范围内发现西周早期盐业遗址 2 处，

---

①　参见燕生东等《渤海南岸地区发现的东周时期盐业遗存及相关问题》，《中国国家博物馆馆刊》2011 年第 9 期，第 78—79 页。

东周时期遗址数量36处（原数量可能更多），汉魏时期盐业遗址1处。遗址分布非常密集，其中在北半部2平方公里内，就集中分布着29处东周时期遗址，它们几乎连成一片，遗址之间只能通过陶片的集中程度大体来划分。保存较好者，面积在2万平方米，部分在1万平方米以下。地表和排水沟断崖上遍布陶罐、瓮碎片，而位于西部边缘的F36号、F37号遗址，面积较小，发现了成片成堆的贝壳碎片，出土陶片也少。根据我们的经验，这两处应是墓地，其余34处遗址则为盐业遗存（图1-11）。

图1-11 潍坊市滨海经济技术开发区烽台遗址群分布示意图

（燕生东：《商周时期渤海南岸地区的盐业》，文物出版社2013年版，第158页）

F6号遗址，在现代取土坑断崖上暴露出长约6米、厚0.45米的烧土堆积,烧制坚硬,似是盐灶的周壁堆积。F7 号遗址,在一现代取土坑断崖上暴露出草木灰和瓮罐碎片相间的堆积层,局部还有层状的青蛤垃圾,厚达 0.30 米。11 号遗址,在西部边缘一现代取土坑南部断面上暴露出 1 口卤水坑井。坑井口距地表约 0.5 米,上部大,下部小,口径在 4—5 米,暴露深度在 2.5 米。坑井下半部有用宽扁植物茎叶编制的井圈,井圈厚度在 3—5 厘米。植物茎叶虽经两千年,还保持强有力的韧性,保存较好,仅颜色变黑。坑井内上部为水平状层理的黏土,下部为灰白色细腻的淤沙。F14 号遗址发现一锅底状坑,直径约 2 米、深 1 米,坑内堆积着灰白色淤土、淤沙,坑内底部铺垫一层厚 10 厘米、加工碎小的蚌蛤掺杂的黏土,比较坚硬,似乎是与过滤卤水有关的坑。F15 号遗址,在靠近公路西侧的排水沟东部断崖上,铺垫的两层陶片堆积均匀,呈水平状,其上为比较纯净和坚硬的黄色粉砂土,长 25 米,厚 0.6 米,显然是人工有意识铺垫的(图 1 - 12),可能与院落房屋建筑有关。

图 1 - 12　潍坊市滨海经济技术开发区烽台 15 号遗址暴露的文化堆积

(王俊芳　摄)

四　西利渔遗址群①

西利渔遗址群位于潍坊市滨海经济技术开发区央子办事处西利渔村北，利民河穿过遗址群南部，现代盐田破坏了遗址群的中北部。考古工作者在南半部长 1.5 公里、宽 0.9 公里，面积 1.4 平方公里的范围内已发现东周遗址 5 处，面积在 2 万平方米左右，保存较好。村民回忆在村北修建盐田时，曾发现大量陶片，考古人员在盐田卤水沟两侧随机调查，即能够看到到处散布的制盐工具瓮、罐等残片，只是无法确定遗址的范围和数量。

此外，据介绍，滨海经济技术开发区一带曾出土一批战国中晚期的铜器，有大小编钟（明器）、铃、圆形饰，同时出土的还有铜礼容器等。田野考察所见到的铜器表面上都锈结一层细小海蛤类和沙砾，应为常年埋藏在海积层形成的。因此，可以确定这批铜器出自莱州湾沿海地区，但不排除是央子一带盐业遗址内贵族墓地出土的可能。

第三节　昌邑的遗址群

除了寿光和潍坊滨海，昌邑的盐业遗址也很丰富。

一　东利渔遗址群

东利渔遗址群位于昌邑市龙池镇东利渔东南 2 公里，虞河东岸，打靶场北部，遗址群北部被盐田占压。西距西利渔盐业遗址群仅 3.5 公里，北距莱州湾 16 公里。原发现过鄑邑故城（当地称为瓦城），长 300 米、宽 200 米，除有汉晋时期砖瓦外，还发现东周时期青铜兵器、陶豆、鬲、罐等②。研究人员在这一带曾经做过两

---

① 参见燕生东等《渤海南岸地区发现的东周时期盐业遗存及相关问题》，《中国国家博物馆馆刊》2011 年第 9 期，第 80 页。

② 参见国家文物局主编《中国文物地图集——山东分册》，中国地图出版社 2008 年版，上册第 210 页，下册第 346 页。

次简单调查，在一大型取土坑四周断崖上发现十几座土坑竖穴木椁墓，木板保存完好，填土经过层层夯打。墓地周围遍布西周初期的盔形器碎片和东周时期陶罐、瓮、豆、盆碎片，还有青蛤、文蛤。近些年山东省文物考古研究所与昌邑市博物馆在这一带系统调查，共发现了三四十处东周时期盐业遗址，其中一些遗址内还发现了地下卤水坑井和盐灶，盐灶口部面积不大，可置放一两个煮盐工具。

　　在东利渔还有瓦城盐业遗址群。该遗址群位于龙池镇东利渔瓦城一带，大湾口古潟湖东北部，北距西利渔盐业遗址（群）仅5000米。昌邑市博物馆采集到的盔形器两件，均残，时代为西周早期中、后段①。最近的系统考古调查，已发现盐业遗址6处，均属于西周早期。

　　二　唐央与廒里遗址群②

　　唐央与廒里遗址群位于昌邑市下营镇火道村东南、辛村、廒里村西北周围，大约上百平方公里内。遗址群大体位于潍河下游东岸和胶莱河下游西岸范围内。潍河河道下游摆动，覆盖在地表的淤土、淤沙层较厚。

　　位于火道村东南1公里处的唐央01号遗址，早在1982年就已被发现，划定的遗址范围15万平方米③，曾出土过完整制盐工具小口厚胎陶瓮（图1－13）。考古人员也曾多次做过调查。遗址位于古贝壳堤以北，地势明显高于周围。北部被鱼塘破坏，南部被水塘、砖场和养殖场占压。遗址南北长约250米，东西宽近100米，面积在2万多平方米。北部鱼塘断崖上暴露出厚达半米的陶片层和贝壳层，南部水塘暴露的断崖上文化堆积厚达1米以上，可以看到

----

　　①　参见李水城、兰玉富《鲁北——胶东盐业考古调查记》，《华夏考古》2009年第1期。

　　②　参见燕生东等《渤海南岸地区发现的东周时期盐业遗存及相关问题》，《中国国家博物馆馆刊》2011年第9期，第81页。

　　③　参见国家文物局主编《中国文物地图集——山东分册》，中国地图出版社2008年版，上册第210页，下册第346页。

并排的十几个瓮罐，部分器物口沿朝下，排列比较有规律，周围还有成片的烧土块和草木灰，这里可能是存放制盐工具的仓库。断面还发现地下卤水井和盐灶，灶上置放陶瓮、罐。在该遗址西北 500 米处一鱼塘西侧，也发现了一处同时期遗址，地表散布陶罐、瓮等碎片。

图 1 - 13   昌邑市唐央 01 号遗址暴露出的遗迹与遗物
(燕生东   摄)

前几年，山东省文物考古研究所与昌邑市博物馆对这一带进行了文物普查，发现了上百处东周时期这类遗址，这些遗址显然可划分为若干群。个别遗址断崖上暴露出还成排的地下卤水井和若干盐灶等遗存，卤水井壁周围以用植物茎叶编制的井圈，盐灶的面积不大，上面还残存破碎的煮盐工具——圆底罐（瓮）。就灶口面积和残存煮盐陶器而言，一般只放一两个圆底罐（瓮）。

此外，像莱州市西南部沿海一带海仓、西大宋、二墩、大东遗址，无论是从所在位置、堆积特点，还是出土遗物来看，应该属于东周时期盐业遗存①。

　　根据上面一系列东周遗址的发掘情况，结合所掌握的资料，可复原东周时期的制盐流程：盐工从井里提出浓度较高的卤水稍加净化，储存在小口圆底瓮，利用加热或别的方式提高浓度，并进一步净化卤水，最后把制好的卤水放置在大口圆底罐（盆）形器内熬煮成盐。而每个盐场所发现的居住地、墓地，表明盐工们长期生活在盐场，制盐似乎也并不局限在春末夏初某个季节。这些发现显示，该地区东周时期盐业遗址的分布、规模、堆积方式与商代有异，制盐工艺流程也不太一样。

　　从东周时期的生活器皿特征来看，其时代主要为战国时期，个别可能早至春秋晚期、晚至西汉早期。金元时期盐业遗址规模也较大。韩家庙子编号09遗址，碎铁块遍布于面积达3万平方米的范围内，应是煮盐的大铁盘遗存。断面上暴露出成层煤炭渣，说明当时煮盐的燃料为从外地运来的煤炭。固堤场编号017遗址，面积在数十万平方米，规模较大，地表遍布砖瓦碎片，可能是盐仓或管理盐业的机构所在地。近几年来，渤海南岸地区的考古工作主要集中于渤海南岸地区的商代和西周早期的盐业遗址群。以往发现的东周时期资料只有零散的遗址点，这次系统的考古调查，填补了该地区东周时期盐业考古的空白，使人们对战国时期盐业遗址的规模、分布情况、堆积形态以及当时的制盐方式有了进一步的了解。据文献记载，东周时期，渤海南岸地区是齐国乃至全国的著名盐业基地，齐国还在中国历史上首次实行了"食盐官营"制度：包括食盐的民产、官征收、食盐官府专运专销、按人口卖盐征税等制度。这次调查所发现的规模巨大的战国时期盐业遗址群，为齐国的盐业生产提供了考古依据。结合以往的考古发现和研究成果，必须对《管子》等文献所呈现的齐国规模化盐业生产水平、制盐方式、起始时代甚

---

　　①　参见国家文物局主编《中国文物地图集——山东分册》，中国地图出版社2008年版，上册第196、197页，下册第240页。

至相关文献的形成年代等问题有更加深入的了解。①

第四节　潍坊的其他遗址

除了上面谈到的这些遗址，还在潍坊其他地区如昌乐、青州等地勘查出盐业遗址或者遗存。

昌乐县：邹家庄遗址，位于县城南北岩镇邹家庄西 100 米，面积约 20 万平方米，文化堆积厚 1—2 米，从早到晚的文化堆积依次为：新石器时代—夏—商—周—汉。1985 年，山东省文物考古研究所和北京大学联合发掘了该址，出土 1 件盔形器，夹砂褐陶，口径 20 厘米，器表饰斜向粗绳纹，器内壁较光滑。同文化层出土遗物还有鬲、簋、罐等西周时期典型器。

昌乐河西遗址，位于县城东南 23 公里的马宋镇河西村。遗址面积 20 万平方米，文化堆积厚 2—5 米，从早到晚的文化堆积为：新石器时代—商—周—春秋—汉。1980—1982 年调查，出土盔形器较多，伴出物有西周晚期至春秋早中期的鬲、簋、豆、罐等。昌乐县文管所仅藏有 1 件盔形器，出土地点不详。标本昌乐 01，夹砂灰褐陶，微侈口（残缺部分），卵圆腹，尖圆底；器表饰斜向粗绳纹，通高 1915 厘米，口径 1618 厘米。②

青州市：赵铺遗址，位于县城东北 17 千米的口埠镇赵铺村东，遗址面积约 3 万平方米，文化层厚约 2 米，从早到晚的文化堆积依次为：龙山文化—商—西周—东周。1976 年发掘时，曾在 T103 内发现一座陶窑，窑内堆积分为 4 层，第 4 层含大量的木炭、烧结陶器，大部分为绳纹灰陶，有鬲、盔形器、罐、豆、盆等。另在 T40 和 T49 出土 4 件盔形器，伴出物有鬲、簋、豆、罐，均为商—西周时期典型器。

_____

① 参见《山东潍坊发现大型东周盐业遗址群》，《中国文物报》2010 年 6 月 18 日第 4 版。

② 参见李水城、兰玉富、王辉《鲁北——胶东盐业考古调查记》，《华夏考古》2009 年第 1 期，第 18 页。

　　凤凰台遗址，位于县城东北 25 千米的何官乡杨家营村东，遗址面积 3 万平方米。1984 年发掘，从早到晚的文化堆积依次为：龙山文化—商—西周—东周—汉。共出土 7 件盔形器，年代为商至西周时期。青州市发现盔形器的遗址还有方台遗址、大赵务遗址、后范王遗址、朱良遗址、葛口遗址，年代大都在商至西周时期。①

---

　　① 参见李水城、兰玉富、王辉《鲁北——胶东盐业考古调查记》，《华夏考古》2009 年第 1 期，第 19 页。

第二章 山东主要盐业遗址群(二)

除了潍坊,山东的东营、滨州等地还分布着大量的盐业遗址群。

第一节 东营的盐业遗址

在莱州湾沿岸,除了潍坊地区的盐业遗址,在东营也发现不少,尤其广饶一带(图2-1)。

一 广饶南河崖

该遗址已经发现了不同时期的盐业遗址,尤其是商周时期和东周时期的遗址。

先看商周时期遗址:2002年,北京大学与山东省文物考古研究所在鲁北莱州湾和胶东进行了一次全面的考古调查,发现多处商代晚期至西周时期的盐业遗址,并确认这一地区普遍存在的盔形器为专用制盐器具。2005年开始,北京大学与山东省文物考古研究所曾多次探讨鲁北地区盐业考古的合作意向,并决定先期在莱州湾沿海展开考古调查,同时向教育部和国家文物局申请有关科研项目。2006年夏,在德国图宾根大学举办了"长江上游盆地古代盐业的比较观察"国际学术研讨会,北京大学考古系和山东省文物考古研究所代表在会上介绍了鲁北地区盐业考古的发现与研究,这些初步的研究成果引起国际学术界同行的高度关注。2007年上半年,该课题组成员重点考察了山东广饶南河崖遗址,新发现60余处古

44

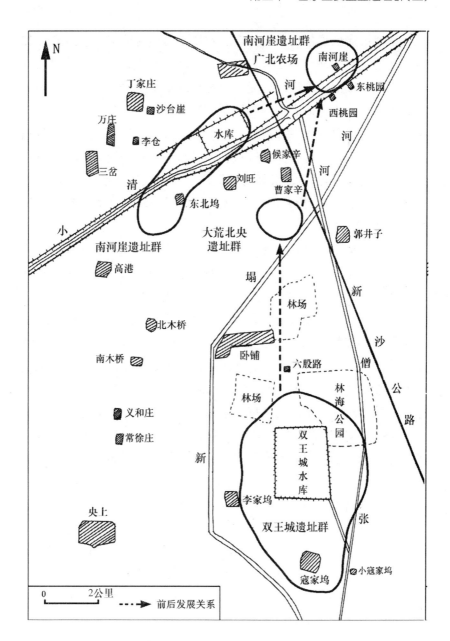

图 2-1 广饶、寿光北部盐业遗址群分布示意图

(燕生东:《商周时期渤海南岸地区的盐业》,文物出版社 2013 年版,第 124 页)

遗址,这是目前所知鲁北沿海地区最大的制盐遗址群之一。

　　南河崖遗址群位于广饶县广北农场南河崖村周围，东距渤海22公里，遗址群南侧有一道古贝壳堤，小清河从遗址群南部穿过。这里与寿光市毗邻，西南距寿光东北坞遗址群约5公里，南距大荒北央遗址4.5公里，后者也均为重要的制盐遗址。此次调查大致确定了南河崖遗址群的北界和西界。在约5平方公里范围内发现商周遗址61处。其中，商末周初遗址53处，东周遗址12处（另有4处与早期遗址重合），汉魏遗址2处（与早期遗址重合）。特别是商末周初的制盐遗址分布甚密，每平方公里高达12处，有些遗址间隔仅50米。

　　其中，编号GN1的遗址面积最大，地表暴露的陶片范围达2万平方米。其次为GN17、GN36等遗址，面积在1万平方米上下；其余多为4000平方米至5000平方米。这些遗址延续时间不太长，但堆积丰厚，许多遗址文化层厚1—2米，特点是遗址中心隆起，四周渐低呈漫坡状，当地人习惯称为"央子"或"圪塔地"。这些遗址多为作坊区。有的遗址地表和排水沟的断崖上暴露出大量红烧土块和盔形器残片。在GN17遗址南部断崖上暴露出坑池遗迹，长超过10米，深80厘米。坑内依次堆积青灰色淤土、黄砂土、草木灰堆层等。在GN33和GN43遗址发现了厚5厘米的盔形器碎片堆积若干层（可能是有意铺垫的结果），并与黄色粉砂土相间叠压。GN22遗址中心位置的盔形器碎片堆积超过50厘米。GN17和GN31遗址断面发现厚20厘米的草木灰层，长超过10米。GN27遗址上半部被村民挖掉，残留2座坑池和盔形器残片堆积。坑池之间有地沟相通。坑池面积达数百平方米，其内堆积分2层，上层为厚30厘米的草木灰层，下层为厚约20厘米的青灰色淤土。草木灰层夹杂少量盔形器，片径多超过10厘米，部分可以拼合。目前，这些特殊遗迹的性质和功能尚不十分清楚，估计多半是具有不同功能的制盐遗迹残留。

　　凡商末周初的制盐遗址往往堆积有大量的盔形器（圆底罐）残片，占陶器总量的95%强，也有少量陶鬲、罐、瓮、盆、豆、簋等生活用具。一般而言，商代盔形器壁较薄，厚约1厘米。西周盔形器较厚,有 2—3 厘米。从调查采集盔形器及伴出的生活用具看,南河崖多数遗址时代是在殷墟四期到西周早期之间。在空间上,西面的遗址年代早,东部晚,有从西向东(东部为海)逐渐移动的迹象。西周早期以后,南河崖制盐遗址似乎一度废弃,东周时人们又重新在此活动。①

对此遗址,山东大学考古系联合山东省文物考古研究所、东营市博物馆也进行了发掘。发掘区位于南河崖村北 1 公里的第一地点东部,实际发掘面积近 1000 平方米。第一层耕土层厚约 20 厘米,清理后,大片红烧土和草木灰堆积由西向东渐次展现于世人面前。通过进一步发掘清理,揭露出一处西周中晚期的大型煮盐作坊遗址,出土了一批重要的煮盐遗迹和大量煮盐器具盔形器。② 介绍如下:

A 卤水坑:卤水是制盐的主要原料,2008 年的发掘在发掘区中部偏北处发现 2 个互相打破的深坑(H17 和 H25),填土灰黑色,面积 60 余平方米,深 1.5 米以下已渗出地下水(咸水)。根据东营市地方志资料记载,这里在五六十年前地下卤水最浅在地表下 1—2 米深处即可挖出,估计商周时期水位应更浅,所以推测此坑应是当时人为获取地下卤水而挖成的卤水坑。

B 刮卤摊场:发现 1 处,位于卤水坑周围,以黑灰色草木灰为显著特征,面积 100 余平方米,整体比较平整。有 4—6 层草木灰堆积组成,每层下都垫有红烧土渣土,每层草木灰又可分为许多小薄层,每层小薄层的表面都有白色硬面。根据以往考古工作者在寿光大荒北央同时期遗址的发掘和 XRF、XRD 检测分析结果,这种白色硬面的主要成分为石英,应是盐花溶化后残留的难溶性物质。由此推测,这种草木灰堆积应是刮卤摊场,即从卤水沟舀出卤水泼洒在草木灰上,使卤水与草木灰发生化学反应,把草木灰中的可溶

---

① 参见李水城、燕生东《山东广饶南河崖发现大规模制盐遗址群》,《中国文物报》2008 年 4 月 23 日第 2 版。

② 参见王青、荣子录、王良智、赵金《山东东营市南河崖西周煮盐遗址考古获得新发现》,《中国文物报》2008 年 7 月 11 日第 2 版。

性盐置换出来，在草木灰表面结成盐花，再把盐花刮起来。残留在草木灰表面的盐花自然溶化后，形成了难溶性物质组成的白色硬面。

C 淋卤坑：发现 18 个，位于发掘区西部盐灶的周围，以周壁涂抹防止渗水的黏土为最大特征。应是把刮下的盐花放进坑里，再淋上卤水使盐花溶解和沉淀，得到含盐量更高的卤水。

D 盐灶：发现 3 座，位于发掘区西部，地势较高，以红烧土为显著特征。一种是煎卤灶，面积 30 平方米，由灶顶、灶口、煎卤室、操作间和出烟口组成。在煎卤室里发现近 20 个严重被烧酥解的盔形器，应是用来煎煮卤水的器具。即从淋卤坑舀出经过沉淀和过滤的卤水，在煎卤室加热蒸发水分，进一步提高卤水的浓度。在操作间也发现几个残存的盔形器，应是向煎卤室输送卤水的器具。在出烟口发现了 20 余个残破盔形器，应是用废弃的盔形器加固灶壁的。另一种是成盐灶，以大量盔形器残片和红烧土坯为显著特征。根据国外有关资料，非洲尼日尔人和中美洲玛雅人在煮盐时，因为盐饼和煮盐陶器凝结得非常坚固，往往要打碎陶器才能拿出盐饼，这与这次发现的 YZ1 和 YZ3 相符，所以应是最后煮成盐的灶。即把装有经过浓缩的卤水转移到成盐灶的盔形器中继续加热，卤水因此结晶成盐，然后再打碎盔形器取出盐饼。

另外，还发现 5 座房址，发掘区中部偏南的 3 座比较清楚。其中 F3 位于 YZ4 东侧与 YZ4 灶口相接，为地面式建筑，面积 30 余平方米，柱洞发现 20 余个，但排列没有规律，也没有发现墙体，生活用器也很少发现，推测应是向 YZ4 运送卤水的简易工作棚。F1 和 F2 位于 F3 以南，为半地穴式或地面式建筑，面积数十平方米，墙体建造比较简单，出土有西周仿铜陶鬲、素面鬲、划纹簋、弦纹罐和骨锥、骨刀等生活用品，还有较多的丽蚌、螃蟹和少量粟等食余遗存，故推测应是当时煮盐工人居住的房屋。

本次发掘在上述遗迹中出土了大量盔形器，多数在内壁都有白色沉淀物，根据寿光大荒北央遗址的 XRF 和 XRD 分析结果，这种白色沉淀物的主要成分为碳酸钙，应是食盐形成过程中析出的难溶性钙化物硬层。本次出土的盔形器外表多为灰色,但部分灰陶盔形器的外表底部呈现红色或红褐色,应是经二次火烧氧化的结果。所有这些都表明,盔形器是用来煮盐的器具。这次发掘出土的生活用陶器比较少,主要有陶鬲、簋、罐、豆和甗等,总体形制特征属于西周中晚期,部分器物带有土著夷人和晚商文化特征,体现出山东北部沿海地带的地域特色。

中国古代的海盐生产历史悠久,留下的煮盐遗址很多,但过去一直没有科学发掘。2008年的发掘是我国古代煮盐遗址的首次科学发掘,发现了大批西周时期煮盐遗存,这些遗存能够组成一个完整的煮盐技术流程。通过查阅古代文献记载,考古人员发现这一流程与明代《天工开物》记载的淋煎法煮盐技术流程大致相符,而文献记载的淋煎法只能追溯到宋代和元代,这次发掘则以明确的考古实物证明,淋煎法在距今2800年前的西周中晚期就已经出现,这对研究淋煎法的起源和中国古代煮盐技术的发展演变,都具有十分重要的学术意义。本次发掘采集了大量检测样品,并进行了用地下卤水煮盐的初步实验,对出土文蛤生长线的切片观察也在进行当中,相信这些对煮盐技术流程的进一步分析和煮盐是否有季节性等问题会有重要启发。①

再看东周时期遗址:除了商周盐业遗址,2009年以来,这里还勘查出东周盐业遗址。考古工作者勘察出的东周遗址。北至广北农场一分场一队南1500米,南到寿光市东桃园、西桃园村以北,西至芦清河。遗址群东距莱州湾22公里,南距同时代的寿光市大荒北央遗址群仅4.5公里。目前,我们只调查了东西长1.5公里、南北长5公里,面积约8平方公里的范围。

村民修挖水塘、盐池、堆筑小清河堤坝时破坏了部分遗址。遗址群北半部即广北农场一分场一队南部被淤土覆盖,只能从排水沟断面上露出的陶片和灰土等确定遗址所在位置,已发现遗址3处,分别

---

① 参见王青、荣子录、王良智、赵金《山东东营市南河崖西周煮盐遗址考古获得新发现》,《中国文物报》2008年7月11日第2版。

为 GN64 号、GN65 号、GN66 号遗址。考古人员在南半部即南河崖村北部和西部 3.5 平方公里范围内系统调查，发现 12 处东周时期遗址（图 2−2）。其中，编号 GN1 号遗址只出土小罐和壶口沿，少见制盐工具。最近的发掘，清理出 11 座战国至汉代墓葬，说明该遗址应是东周和汉代墓地①。其他 GN2 号、GN4 号、GN6 号、GN32 号、GN43号、GN44 号、GN48 号、GN51 号、GN55 号、GN61 号遗址，面积均在 2 万平方米左右，多出土大量制盐工具瓮和罐碎片，应为盐业遗址。GN32 号遗址断面上暴露出厚达半米的草木灰层和海蛤堆积。GN11 号、GN17 号遗址还出土了汉代的板瓦、筒瓦及陶器，说明该地区在这个时期的制盐遗存。

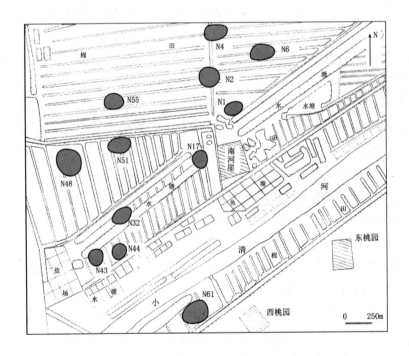

图 2−2　广饶县南河崖盐业遗址群分布示意图

（燕生东：《商周时期渤海南岸地区的盐业》，文物出版社 2013 年版，第 142 页）

---

① 参见王青等《山东东营南河崖西周煮盐遗址考古获得重要发现》，《中国文物报》2008 年 7 月 11 日第 2 版。

此外，南河崖遗址群以南 3 公里的牛圈遗址和华泰电厂南出土数量较多的陶小罐、盆、盂、豆等碎片，少见制盐工具陶瓷和罐，拟是东周时期与盐场有关的墓地（墓葬均为土坑竖穴墓，墓室脚下一端多出浅台，上置陶罐或陶壶 1 件，葬具多为一棺，棺内壁多涂抹 1 层石膏，棺顶和棺内随葬有铜熏炉、铜镜、漆镜盒、铜簪、铜带钩和玉璧、石口含、鼻塞等）。尤其西汉墓 M8 还随葬盉形器 1 件，为此前所未见。综合考虑东周至汉代这里的自然和人文环境，推测这些墓葬的墓主生前很可能仍与管理制盐或贩盐的盐官或盐商有关。[①] 当然，也不排除它们属于南河崖盐业遗址群的一部分。[②]

二 广饶东马楼遗址群

这里既有东周盐业遗址，也有宋元明清遗址。主要介绍一下东周遗址。广饶东马楼遗址群位于广饶县广北农场东北的东马楼村一带，支脉河从遗址群的北部穿过。遗址群以东马楼和坡家庄为中心，西北至三柳、刘庄，北至西马楼，东至唐头营以西 1.5 公里，南至广北农场一分场一队，南北长约 5 公里、东西宽 3.5 公里，面积近 18 平方公里（图 2－3）。遗址群北部 4 公里属于东营市境内的王岗村也发现了这个时期的制盐遗存，如此说来，该盐业遗址群的规模就相当大了。但不排除属于多个盐业遗址群的可能。东马楼遗址群南距同时期南河崖遗址群仅 3 公里，东距海岸线不足 15 公里，是目前发现的离海岸线最近的盐业遗址群之一。

该遗址地势低洼，多个河流从这里入海，地表覆盖着较厚的多层淤土、淤沙，遗存很难被发现。虽未经全面系统调查，但已发现遗址 16 处。其中，在东马楼村和坡家庄村周围发现的最多。在东马楼村一带就发现 6 处遗址，其中 3 处集中在东马楼村东北部。除

---

① 参见王青、荣子录、王良智、赵金《山东东营市南河崖西周煮盐遗址考古获得新发现》，《中国文物报》2008 年 7 月 11 日第 2 版。

② 参见燕生东等《渤海南岸地区发现的东周时期盐业遗存及相关问题》，《中国国家博物馆馆刊》2011 年第 9 期，第 71—72 页。

编号 DM5 遗址保存差，面积仅 7000 平方米外，其余均超过 1.5 万平方米。编号 DM1 遗址文化堆积较厚，包含较多的红烧土和草木灰等，遗址群地表被南北走向的排水沟分割成数块，地表和排盐碱水沟断面上散布着大量的陶器碎片，器形主要为泥质的陶瓮、罐，其比例大约占整个陶器群的 90% 以上，另有少量的大口陶盆和泥质盉形器标本。

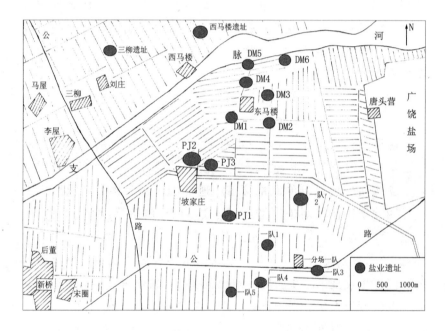

图 2-3 广饶县东马楼盐业遗址群分布示意图

（据 2010Google Earth 太空卫星照片改绘）

坡家庄周围约 1.5 平方公里范围内发现 4 处遗址，分布较稀疏，但面积多在 4 万平方米以上。编号 PJ3 遗址位于村东北角，东西长 260 米、南北宽 250 米，面积约 5 万平方米，地势北高南低，文化层厚约 2 米，堆积内主要是陶片，地表散落着大量的东周时期陶器碎片，有陶瓮、罐、壶、豆、网坠等。

三柳村东北两千米处与刘庄村西之间也发现 1 处遗址，规模较大，面积达 4 万多平方米，水沟两侧所见陶器，除制盐工具小口瓮、大口罐外，还有较多的如鬲、釜、豆、盆、罐等生活用器皿。
广北农场一分场一队周围已发现 4 处盐业遗址。此外，这些遗址内
还普遍发现宋元明清时期遗存。[①] 经勘查，东马楼、坡家庄、西马
楼、三柳、唐头营等村周围目前已发现了 10 多处元明时期遗址，
在坡家庄、东马楼遗址所见遗物主要有建筑用材石质柱础、砖瓦，
生活用器皿青花瓷、白瓷和黑瓷碎片，还见成堆的文蛤、青蛤等生
活垃圾层。唐头营为高于周围 1 米左右的台地遗址，面积约 5000
平方米，遗物主要是建筑用材如砖瓦、石块等，还有黑瓷、青花瓷
片。据村民介绍，20 世纪中期唐头营还保存着一组高大的古建筑
群，这里曾是明清时期管理盐业的衙署所在地。[②]

三　广饶东北坞盐业遗址群

该遗址群也发现了不同历史时段的遗址，有商周的、东周的、
汉魏的。

广饶东北坞盐业遗址群位于广饶县东北坞村以西、以北，李
仓、牛圈村以东，沙台崖村、华泰电厂以南。遗址群东北距南河崖
遗址群约 5 公里，东南距同时期的双王城盐业遗址群约 7 公里。在
约东西长 3.5 公里、南北宽 2.5 公里，面积约 9 平方公里的范围内
发现了 34 处盐业遗址。

除 D4、HT1 等遗址面积超过 1 万平方米外，其余遗址面积一
般在 4000—5000 平方米，这与其他遗址群的情况完全相同。文化
堆积一般厚约 0.5 米，个别厚达 1 米以上。地表和排水沟断面上所
见遗物主要是煮盐工具盔形器，还见有少量陶鬲、甗、簋、罐、
盆、瓮等生活器皿。D6 遗址暴露出长方形坑池和位于坑池一侧的
两堆盔形器碎片集中地。坑池内堆满灰土，约长 20、宽 10 米，面
积约 200 平方米。HT1 遗址面积超过 2 万平方米，遗址中心的堆积

---

① 参见燕生东等《渤海南岸地区发现的东周时期盐业遗存及相关问题》，《中国国
家博物馆刊》2011 年第 9 期，第 70—71 页。

② 参见燕生东《莱州湾沿岸地区发现的元明时期盐业遗存及相关问题》，盐业考古
与古代社会国际学术研讨会，济南，2014 年 4 月 26—27 日。

较厚，达 1 米以上，四周稍薄。被掘出的完整盔形器和大量盔形器残片、烧土块、灰土等遍布地表。

从采集到的盔形器和陶鬲、罐、瓮等形态特征分析，此盐业遗址群的时代大体自殷墟一期延续至殷墟四期前段。采集的标本显示这些遗址延续时间较长，大约经历了若干个期段。而其他遗址存在时间相对较短，只相当于考古学中划分的某一期或一段。大约在殷墟四期前段，遗址数量急剧减少，遗址群开始整体消失。从遗址空间布局和历时情况分析，这些盐业遗址群至少可分为四组，每组的年代均经历了殷墟一期至三期，它们应同时共存。这说明，此阶段东北坞商代盐业遗址群可能至少包括四个生产组织单位，每个生产组织单位有 2—5 处制盐作坊。大约在殷墟三期后段至四期，北部两组向南，西部两组向东整体搬迁。在不大的范围内集中分布着十几处遗址，这些遗址的年代大体在殷墟三期后段至四期前段，其年代与上述四组遗址群结束的时代相衔接。这些遗址延续时间较短，分布又密集，从空间上很难进一步划分组群。①

此外，HT1 遗址内还出土了东周时期的遗存，有陶鬲、豆、罐及内壁戳印几何纹饰的厚胎红陶瓮、大口陶罐等。在东北坞村西南角还发现了汉魏以后的遗存。

除了上文谈到的，广饶还有其他遗址已经发掘，如西杜疃遗址。该遗址反映的时代为龙山文化、岳石文化，商周中期到西周中期，位置在广饶县城北 7.5 公里处，东去 500 米为西杜疃村，西去 300 米为张庄村，北距小清河约 4 公里。文化层厚 3 米多。还发现龙山文化、岳石文化、商周时期甚至汉代多处遗迹，盐业遗物以夹砂黑陶为主，盔形器占陶器总量的 1/3 以上。② 再如广饶县草桥遗址，位于县城北部花官乡草桥村西北角，属于西周时期的遗址，这

---

① 参见鲁北沿海地区先秦盐业考古课题组《鲁北沿海地区先秦盐业遗址 2007 年调查简报》，《文物》2012 年第 7 期，第 7 页。

② 参见李水城、兰玉福、王辉、胡明明《莱州湾地区古代盐业考古调查》，《盐业史研究》2003 年第 1 期。

里发现一座墓葬，有夹砂陶盔形器出土，伴有陶豆、陶鬲等。①

四　东营黄河三角洲的其他东周时期遗址

燕生东先生认为，历史上黄河在东营南北摆动，形成了古、今黄河相互套叠的复式三角洲地带。该地区地貌自海向西依次为潮滩、滨海平原（海积、河海积平原）、黄泛区平原。地势低洼而平缓，土层深厚。该地区古遗址多被厚达数米的淤土覆盖，虽保存好，但不易被发现。目前已经在东营市刘集、利津县南望参、洋江等地发现了东周时期的盐业遗址（群）。

（一）东营市刘集盐业遗址（群）

东营市刘集盐业遗址（群）位于东营市以西 12 公里的史口镇刘集村西北，村民打井时发现该遗址。因淤土覆盖，遗址面积不详。东营市博物馆曾进行过试掘。从沟壁断崖观察，文化层距地表深达 4—5 米，文化堆积最厚处达 2 米，出土遗物比较丰富，除有商周时期煮盐盔形器碎片外，主要是东周时期的陶瓮、罐、豆碎片和贝壳，还见人的肢骨和头骨，可能出自被破坏的墓葬内。

（二）东营利津县洋江遗址（群）

东营利津县洋江遗址（群）位于利津县西北 22 公里盐窝镇小赵与洋江村之间，西距南望参遗址 12 公里，东距现在海岸约 30 公里，系 20 世纪 90 年代修建水库时发现的。从当地文物部门采集的标本看，除商周时期煮盐工具盔形器外，还见东周时期的红陶厚胎瓮、罐等口沿和腹部。

（三）利津县南望参遗址群

利津县南望参遗址群位于利津县明集乡南望参村西北 3 公里。1975 年开挖褚官河时发现该遗址。据介绍，挖到地下 4 米才暴露文化层和遗物②。出土文物标本较多，除商周时期的盔形器、鬲、

---

①　参见李水城、兰玉福、王辉、胡明明《莱州湾地区古代盐业考古调查》，《盐业史研究》2003 年第 1 期。

②　参见山东省利津县文物管理所《山东四处东周陶窑遗址的调查》，《考古学集刊》第 11 集，中国大百科全书出版社 1997 年版。

罐、瓮外，主要是东周时期的陶瓮、罐、豆、壶、盆等碎片，还有大量红烧陶土块和窑渣堆积。曾在灰褐色泥土中发现南北排列的 5 座窑（灶），周围有红烧土块、窑渣和大量陶器残片堆积，仅两座窑炉能辨认出形状，可能是煮盐的灶，也可能烧陶器的窑。由于地下水位高，晚期淤土厚，2007 年冬，考古人员只在褚官河西侧发现了当年挖掘出的东周时期小口瓮、大口罐等成堆碎片。据介绍，在 230 万平方米范围内都发现了这个时期的遗物，如是，显然能划分出若干处盐业遗址。

（四）东周盐业遗存总结

这里的东周遗址群主要分布在海拔 2—3 米的滨海平原上。单个遗址规模都在 2 万平方米左右，遗址文化堆积厚为 0.6—2 米。遗址内普遍堆积着大量的草木灰层。遗址内（除了墓地）都见成片、成堆的制盐工具——小口或中口圆底薄胎瓮、大口圆底厚胎罐（盆）形器。这两种器物占整个陶器的 70%、80% 以上。瓮、罐多为夹砂（部分为泥制）灰陶或红褐陶，烧制坚硬，形体硕大，口径 30—50 厘米，高 50—100 厘米（相比而言，商代和西周初期的煮盐工具盔形器口径仅 20 厘米、高 25 厘米左右），鼓腹下垂、圆底，内壁均戳印和拍印方格、菱形、圆形、椭圆形等几何纹饰（图 2 - 4）。

韩家庙子、固堤场、烽台、唐央、东利渔等遗址群发现了卤水坑井（当地地表下 300 米内无淡水）、沉淀坑、盐灶等制盐遗存。盐井口呈圆形，径 4—6 米，深 3 米以上，上部口部较大，下部小，井周壁和底部均围以用韧性较好的宽扁植物茎叶编制的井圈。卤水过滤坑面积不大，直径在 3 米以内，有些坑底部铺垫碎陶片和碎贝壳，坑内均堆积呈水平层理的淤沙和淤泥。盐灶位于盐井一侧，个别遗址内还存有煮盐工具瓮或罐，与殷墟时期相比，盐灶面积不大，仅能置放一两个煮盐工具。个别遗址内暴露出多个盐井和多个盐灶（或可说明一个盐场内有若干个制盐单元组成）。以上堆积现象和特殊遗迹说明这些遗址就是当时的制盐遗存，每个遗址就是当时的盐场。

图2-4　烽台遗址出土陶瓮、罐碎片内壁上的几何纹
（王俊芳　摄）

有些盐业遗址内发现房屋和院落建筑遗迹，遗址内还见较多的生活器皿如陶鬲、釜、豆、盂、盆、罐、壶等陶器。每个盐业遗址内都堆积着包含大量文蛤、青蛤等生活垃圾，说明当时人们还利用近海滩涂地和河流入海处的海洋资源来维持生计。在沾化杨家1号遗址、广饶南河崖 N1 遗址、东北坞 HT1 遗址、广饶菜央子、潍坊滨海经济技术开发区固堤场 G1 号遗址、G23 号遗址、昌邑东利渔瓦城等地都发现了这个时期墓葬（地），这些墓地多位于盐业遗址群一侧或附近。墓葬形制以积贝墓数量为多，还见儿童瓮罐葬，随葬品主要是陶豆、小罐、盂、壶、盒、夔纹玉璧饰等，个别墓葬内还出土了青铜剑、戈、编钟、铃和容（礼）器等，这些器物均常见于齐国内陆地区的墓葬内。那些随葬陶器的小型墓，其主人应是盐工及家属人员，而那些随葬青铜兵器、礼器、乐器和玉器的较大型墓葬，其主人应是贵族和武士，他们可能是盐业生产和盐场的管理者、保护者和食盐的征收者。每处遗址内文化堆积较厚，较多的生活垃圾堆积、较多生活用陶器皿以及墓地的普遍发现，不仅表明每处盐场延续的时间较长，而且更说明盐工们长期生活在盐场一带，死后也埋在周围，制盐似乎也并不只局限在某个季节。

燕生东先生也就目前所掌握的资料大体复原了这个时期的制盐流程：盐工从井里提出浓度较高的卤水放在坑内（或中口圆底瓮）稍加净化，并提高卤水浓度，把制好的高浓度卤水放到中口圆底大型瓮储存，最后把卤水放在大口圆底罐（盆）形器内慢火熬煮成盐。每个盐业遗址应是一个制盐单元，每个单元有若干个制盐作坊单位，渤海南岸地区不下上千个制盐单元，规模是相当大的，年产量也是相当可观的。

以上也可看出，渤海南岸地区东周时期盐场分布、规模、盐井和盐灶的构造、制盐工具的形态和种类与殷墟时期、西周早期有异，制盐工艺流程也不太一样，聚落形态所反映的盐工生活和居住方式更不相同。考古工作者还注意到整个莱州湾沿海地区的盐业遗址群至少分为四大群，四大群之间相距、排列非常有规律，虽有河流的切割自然因素，但更有人为规划的结果。

第二节　滨州的盐业遗址

滨州的盐业遗址也主要分布在黄河三角洲地区。

一　沾化杨家

杨家盐业遗址群位于滨州市沾化区城北 8 公里，杨家庄村西北 2.5 公里处。徒骇河穿过遗址群的西部，太平河经过遗址群的东部（中部）。遗址群东距现海岸线约 42 公里。杨家盐业遗址群规模巨大，面积达 360 多公顷，经调查已发现 22 处盐业遗址，包括 12 处周代制盐遗址。杨家古窑遗址群属于盐业遗址，时代主要属于战国，个别更早至西周早期和春秋时期，为研究春秋战国时期齐国在北部沿海地区的盐业生产和制陶业发展提供了重要史料。

该遗址于 1950 年发现，1955 年做过试掘，1956 年被定为省级文物保护单位，2013 年被定为全国重点文物保护单位。1978 年划定的遗址保护范围东西长 650 米、南北宽 240 米，面积 15.6 万平方米①，时代为东周时期。遗址中心高出周围半米左右，当地称为双山子、单山子等。2007 年春天，考古工作者以遗址保护碑为中心向四周做了勘查，调查范围南北长 1700 米、东西宽 1500 米，发现商周时期遗址 10 处、东周时期遗址 3 处。ZY3 遗址发现了烧焦结的灶（窑）壁，多个遗址还出土了烧熘、变形和陶胎呈绛红色的盔形器残片。从出土的盔形器分析，商周时期遗址的年代为殷墟四期后段至西周早期前段、中段。

西杨村西 0.7 公里处还有两处遗址。当年修挖徒骇河时发现过陶灶及成片的盔形器碎片和烧土块，考古人员对其中的一处遗址（ZX1）进行了调查。从采集的盔形器标本看，其时代为殷墟第三、四期。据村民介绍，杨家村东南和村北约 1 公里处也发现了遗址。目前所了解的杨家遗址群，规模可能很大，面积在 5 平方公里以上。此外，位于西杨村以南约 4 公里的沾化富国镇东杜、刘彦虎一带，也发现过制盐遗迹，出土了商代盔形器，这一带可能属于杨家盐业遗址群的一部分。就发现来看，南部遗址时代较早，往北渐晚。制盐作坊也存在由南向北逐渐迁移的过程。只是由于淤土覆盖，相当数量的遗址应埋在地下未被发现。但就已有的资料表明，杨家遗址群与莱州湾南岸地区的情况一样，规模大，时代也相同。②

多数专家认为杨家盐业遗址主要使用人工煮盐的方式，因为根据发掘结果来看，在遗址西缘的徒骇河岸边暴露出了大批草拌泥烧土块、窑渣，并有南北排列的六七座灶坑，有圆形或近似椭圆形两种。灶内壁直接在原生土上挖削而成，直径 2.5 米，壁呈青灰色，外呈火红色，有的内壁还抹有草拌泥层，经推断这些应该就是盐

---

① 参见山东省利津县文物管理所《山东四处东周陶窑遗址的调查》，《考古学集刊》第 11 集，中国大百科全书出版社 1997 年版；常叙政等《滨州地区文物志》，山东友谊书社 1991 年版，第 13 页。

② 参见鲁北沿海地区先秦盐业考古课题组《鲁北沿海地区先秦盐业遗址 2007 年调查简报》，《文物》2012 年第 7 期，第 11 页。

灶。同时盔形器本身一般是灰色的，而盐灶里出土的盔形器底部基本都是红色的，证明是经过火烧烤了。而在山东寿光等地区发现的同时期的盐业遗址也多是人工煮盐，似乎更加印证了这一结论。

同时，有些专家也提出了其他观点，认为遗址发现的几个小盐灶，如果用来煮盐的话，效率是极低的。从遗迹来看，当时的设施并不具备大规模煮盐的条件，也可能从事的是晒盐或者盐化工制造。如今对于制盐方式比较统一的认识是当时以人工煮盐为主，"晒盐"工艺在当时还不成熟，有可能是一种辅助提高卤水盐浓度的方式。[①]

除了杨家，沾化还有其他盐业遗址，在 2009 年的考古调查记录中曾记载了陈家、西渡村、富国镇等遗址。陈家遗址，位于县城南部 15 千米的泊头镇陈家村，1965 年兴修水利时发现。该址曾发现一批古窑，但全部遭到破坏。县博物馆藏品中有 1 件出自该址。标本沾化 10，夹砂灰陶，直口，束颈，卵圆腹，圆底，器表饰斜向交错绳纹。通高 1815 厘米，口径 15 厘米。西渡村遗址，位于县城西侧。县博物馆藏有 1 件出自该址的盔形器。标本沾化 08，夹细砂土黄色陶，微侈口，口沿面内凹，卵圆腹，圆底，器表饰斜向绳纹。通高 22 厘米，口径 1815—1912 厘米。

富国镇及附近遗址，在县城附近曾发现类似杨家遗址的古窑和盔形器。窑的平面呈圆形，直径大于 1 米，窑内四周摆放倒扣的盔形器若干。县博物馆藏有 3 件出自县城附近的盔形器。标本沾化 01，夹砂灰褐陶，侈口，束颈，橄榄形腹，尖底，器表饰斜向宽粗绳纹。通高 2314 厘米，口径 1914 厘米。标本沾化 02，夹砂褐陶，微侈口，橄榄形腹，尖底，器表饰斜向粗绳纹。通高 2115 厘米，口径 1715—1815 厘米，胎厚 2 厘米。标本沾化 07，夹砂灰褐陶，微侈口，橄榄形腹，尖底，器表饰斜向粗绳纹。通高 22 厘米，另

---

① 参见《山东五次发掘再现盐业遗址群多为战国时代》，http://www.chinanews.com/cul/2013/07 – 12/5034009. shtml。

在泊头镇郑家村也发现过类似的古窑。①

二　阳信李屋

考古资料表明，这里在商代也是一个制盐的集中地区。从 2010 年发掘简报看，李屋遗址反映的是盐工的聚居地，他们在这里烧制盔形器等制盐工具，也在这里进行其他的收割燃薪等活动。该遗址在聚落形态方面具有独特性，这里不妨细致地介绍这一遗址。

李屋遗址位于山东省阳信县水落坡乡李屋村东南 1 公里处，地处阳信、沾化、滨城三县交界处。遗址所在地海拔约 8 米，地势平坦，东距现海岸 40 多公里。2002 年，文物部门为配合滨州至大高的高速公路建设开展工作时发现该遗址。②

该遗址的出土遗物主要有陶器和玉、石器及骨器、角器、蚌器等，另有大量的动物遗骸及少量卜骨、卜甲等遗物。陶器：李屋遗址内生产、生活垃圾堆积和墓葬所出陶器除鬲、甑、豆、簋、盆、钵、罐、瓮及原始青瓷等以外，还有数量较多的制盐工具盔形器。整体看，盔形器和生活器皿所占比例均在 50% 左右。有的遗迹以出土生活器皿为主，占 60%—70%；有的以盔形器为主，占 70% 左右。李屋出土的完整盔形器及其碎片，数量都很多，比例远高于内陆地区的农耕聚落（盔形器仅仅占陶器总量的 5% 左右），但低于沿海地区的制盐遗址（盔形器占陶器总数的 95% 以上），显得较特殊。近年的考古工作表明，沿海地区的盔形器主要是煮盐用具（内陆地区则为汲水器）。李屋遗址所出盔形器的底部未见烟炱灰及粘有草拌泥烧土，内壁也未见白色垢状物（而生活器皿如鬲内壁有黄白色垢状物，裆部有灰炱），这说明盔形器未经二次使用。也

---

① 参见李水城、兰玉富、王辉《鲁北——胶东盐业考古调查记》，《华夏考古》2009 年第 1 期，第 13—14 页。

② 参见山东省文物考古研究所、北京大学中国考古学研究中心、山东师范大学齐鲁文化研究中心、滨州市文物管理处《山东阳信县李屋遗址商代遗存发掘简报》，《考古》2010 年第 3 期，第 3 页。

就是说，该遗址所出盔形器未用于煮盐。①

里屋遗址窖穴内出土如此多的、未使用过的盔形器，垃圾坑内出土的相当数量的窑壁、窑汗以及各种变形的盔形器，表明李屋聚落应有专门烧造盔形器的窑场。而在甲区北部钻探发现的窑址，可能就是烧造盔形器的陶窑。此外，李屋聚落延续时间长，不像沿海平原上每个盐场遗址只延续一两个期段。

燕生东先生对该遗址的几点认识：

第一，就李屋出土的鬲、簋、豆、盆、罐、瓮、盔形器等陶器的特征而言，约相当于殷墟第一期至第四期。日用器皿均属于商式，未见东方土著式陶器。墓葬随葬陶鬲、盆、簋、豆的组合以及人骨下挖有腰坑、内殉狗的特点都是商人的埋葬习俗，发现的卜骨、卜甲也是商人常用的占卜工具。因此，李屋商代遗存应属于商文化系统。

第二，李屋商代聚落规模不大，约1万平方米，发掘表明这类聚落均包含房屋、院落、窖穴、取土坑、墓葬以及生产、生活垃圾区，时间从殷墟第一期延续至第四期，表现了一个稳定的、长期的生产和生活单位的情形。聚落内存在两个或多个较为独立的生产和生活社区单位，每个社区单元还可划分出更小的社群单元，每个社群单元各有自己的房屋和院落、窖穴、墓葬、生产和生活垃圾倾倒区。每个社区的人口包含了成年男女和儿童，人口规模不大。聚落单元的构成、布局、规模不同于内陆地区的同时期农耕聚落，如桓台西南部聚落②，人口数量也远少于内陆地区的农耕聚落。聚落的堆积形态更不同于沿海平原上的盐业遗址。

李屋所见遗存比较特殊，如陶器，不仅有数量较多的生活器皿，而且还有相当多的盔形器。盔形器中完整者较多，但完整者和

---

① 参见山东省文物考古研究所、北京大学中国考古学研究中心、山东师范大学齐鲁文化研究中心、滨州市文物管理处《山东阳信县李屋遗址商代遗存发掘简报》，《考古》2010年第3期，第7—10页。

② 参见燕生东、魏成敏等《桓台西南部龙山、晚商时期的聚落》，《东方考古》第2集，科学出版社2006年版。

破碎的器物内壁均无白色垢状物,底部也不见粘贴的草拌泥烧土,表面没有二次使用过的痕迹。同时,遗址内还多见窑壁、窑汗以及因烧制温度过高导致变形的盔形器,还发现了陶窑,这说明该聚落不是制盐遗存。遗址内出土的收割工具如石、蚌质刀、镰和加工修理刀、镰的工具较多,而掘土工具较少,显示居民收割燃薪的活动在日常工作占重要地位。

遗址出土的动物遗存表明当时居民的肉食来源较庞杂,除家养的牛、羊、猪、狗外,野生动物占的比例较高,在40%—50%。动物的种类多样,生活在陆地、天空、地下、淡水、海水和咸淡水之间的动物都有一定数量存在。居民的食肉量也较内陆地区同时期农耕聚落高。这显示动物饲养和渔猎活动在生计活动中所占比重较高。值得注意的是,牛、猪、鹿类动物骨骼缺少头骨、肢骨等部位,部分可能运至专门的骨器作坊加工骨器,部分与将屠宰好的肉带到盐场消费有关。

李屋遗址地处盐碱地,分布在咸淡水分界线内侧,不适合农业生产。该地区与李屋遗址规模、堆积性质、出土遗物相似的聚落还有沾化西范,阳信棒槌刘、三崖、东魏、雾宿洼、台子杨,滨城兰家、秦皇台、卧佛台、高家、小赵家,沾化陈家、郑家、明家,以及利津南望参等。它们呈群状分布,聚落之间距离多数在2—3公里。这些聚落群分布在盐业遗址的内侧,东距同时期盐场群如沾化杨家、利津洋江仅10—25公里[1]。莱州湾博兴、广饶、寿光、寒亭、昌邑咸淡水分界线一带也发现了与盐场群对应的这类聚落群[2]。

而盐业遗址的调查和最近发掘的资料表明,那里的环境并不适合长期居住。盐场内也无固定住址,制盐的时间主要是春季至夏初,收割柴薪的最佳时机为秋末冬初或隆冬季节。此外,由于盐场一带不易获得黏土资源,加之土壤和地下水含盐量高,不宜烧制陶

---

① 参见燕生东、兰玉富《2007年鲁北沿海地区先秦盐业考古工作的主要收获》,《古代文明研究通讯》2008年总第36期。

② 参见燕生东《渤海南岸地区商周时期盐业考古研究》第五章《盐场群与内地聚落之间的关系》,博士学位论文,北京大学,2009年。

器，所需数量较多的煮盐工具盔形器应来自内陆地区。因此，研究人员认为像李屋这类位于咸淡水分界线两侧的聚落应是盐工在夏、秋、冬三季及亲属人员全年的居住地，居民专门烧制盔形器为盐场准备煮盐工具，平时饲养家畜、渔猎动物为春季制盐筹备肉食。盐工们还自备收割工具从住地出发到盐场周围的草场上刈草积薪。

第三，南距李屋10公里处有兰家遗址，二者分布在同一区域，都出有大量完整盔形器，聚落性质相似。但二者的聚落内部结构、功能区的划分以及出土的特殊遗存有很大差异。兰家聚落规模大，面积超过12万平方米，聚落布局有明显规划，比如有专门的居住区、贵族墓地、平民墓葬区、骨器作坊区和生产盔形器的制陶区。贵族墓葬内还出土了青铜容礼器和兵器，礼器上有族徽符号[1]。这或许说明，兰家聚落在等级上要明显高于李屋等聚落。换句话说，李屋等这类聚落可能要隶属于兰家高等级聚落。[2]

三　滨城区遗址

滨州市滨城区地处山东省北部，黄河北岸，面积1016平方千米。东临利津县，北接沾化县，西毗惠民、阳信县，南连高青、博兴县。地势西高东低，海拔10米左右。境内河网密布，主要有黄河、徒骇河、沙河及其支流。几十年来，因平整土地、开挖河道、掘沟排涝除碱，陆续暴露出一批古遗址。下面把含有史前、商代、西周时期的5处已经发掘的遗址介绍如下（图2-5）。[3]

①　参见王思礼《惠民专区几处古代文化遗址》，《文物》1960年第3期；山东省文物管理处、山东省博物馆《山东文物选集·普查部分》，文物出版社1959年版；东滨城区文物管理所、北京大学中国考古学研究中心《山东省滨州市滨城区五处古遗址调查简报》，《华夏考古》2009年第1期。

②　参见山东省文物考古研究所、北京大学中国考古学研究中心、山东师范大学齐鲁文化研究中心、滨州市文物管理处《山东阳信县李屋遗址商代遗存发掘简报》，《考古》2010年第3期，第16—17页。

③　参见滨城文物管理所、北京大学中国考古学研究中心《山东滨州市滨城区五处古遗址的调查》，《华夏考古》2009年第1期，第26—37页。

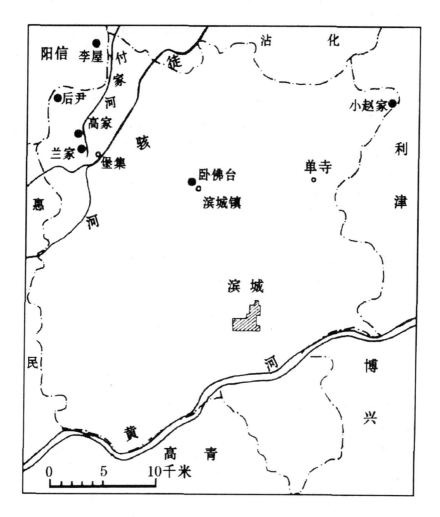

图 2-5　山东省滨州市滨城区古遗址分布图

(《山东滨州市滨城区五处古遗址的调查》,《华夏考古》2009 年第 1 期)

　　这 5 处古遗址均位于滨城区北部,分别是滨城镇卧佛台、堡集镇兰家、高家和后尹、单寺乡小赵家遗址。

(一) 卧佛台遗址

　　卧佛台遗址又称茅焦台遗址,位于滨城镇,后在遗址上修挖防空洞和建设油棉厂,破坏了遗址的地貌和文化堆积,断崖上暴露出灰土和红烧土等。文物部门曾采集斧、镞等石器以及大量薄胎黑陶杯、细泥红陶钵片、圈足豆、贯耳盆以及鼎足、足等陶器残片，还发现了鹿角。该遗址初定为龙山文化时期①。1979 年滨州市文物管理所对其进行了调查、钻探，划定了保护范围。该遗址现为市级文物保护单位。遗址文化堆积上部主要是商周时期的堆积，下部主要是史前文化堆积。根据燕生东先生的推测，该遗址的时代可早到距今 6000 年前后的大汶口文化早期。商周遗物也非常丰富，主要是折沿、盘口、沿面有凹槽的陶鬲口沿、高实足鬲足、足等，时代多属于殷墟时期。还发现大量盔形器残片和马、鹿的臼齿。

（二）兰家遗址

兰家遗址位于堡集镇兰家村东部，东距徒骇河约 1000 米，南临利（津）禹（城）公路，付家河从遗址东部自南向北穿过。遗址范围延续到胡家村东。遗址中部高，四周低，遗址上覆盖着厚约1 米的淤土、淤沙。1949 年前就出土过青铜器。1957 年，村民取土曾发现了完整铜器和陶器，1960 年又出土了青铜剑、戈等，时代定为商代末期。20 世纪 70 年代末，文物部门对该遗址进行了调查、钻探和试掘，发现文化堆积最厚处达 3 米，核定该遗址东西长500 米，南北宽 250 米，面积约 12 万平方米。该遗址现为省级文物保护单位。在遗址北部发现成堆的骨料、角料、坯料和半成南品，有牛、鹿肢骨及牛角、鹿角等，以截锯牛、麋鹿的股骨节废料最多。该区应为骨器作坊区。在遗址西部，出土过完整的青铜器、陶鬲、豆、小罐、簋以及人骨，这里应是贵族墓葬区。在遗址东部付家河两岸发现大量墓葬和多处殉马坑，文物部门还清理过一副完整的马骨架，这里也是墓葬区。

另外，在遗址东北部、兰家村北部还发现大量完整的盔形器，遗址近些年还陆续出土了完整的陶鬲、簋、豆、中罐、小罐、瓮、盔形器等，还有石器、骨角器、牙器等，除盔形器、骨角器、石器外，多数完整陶器、骨器、牙器应为被破坏墓葬内的随葬品。遗址

---

① 参见王思礼《惠民专区几处古代文化遗址》，《文物》1960 年第 3 期。

内还发现过马、牛、鹿、猪、狗的肢骨、下颌骨等。就出土陶器而言，时代主要为殷商时期，并延续到西周中期。这些器物现藏于滨城文物管理所。

（三）高家遗址

高家遗址位于堡集镇高北营村西北 1000 米，北临付家河。1976 年开挖付家河时出土过陶罐、青铜剑等东周时期文物。1981 年，文物部门对遗址进行了调查、钻探，发现文化堆积厚达 1 米以上，划定了南北长 1000 米、东西宽 800 米、面积达 80 万平方米的保护范围。目前，该遗址为市级文物保护单位。发现的商周时期遗物主要是陶鬲口沿、足、裆、小口瓮、腹部刻划三角纹的小罐、盔形器口沿、腹部等，时代为殷商时期和西周早期，并见斑鹿和麋鹿角等。

（四）后尹遗址

后尹遗址位于堡集镇后尹村北，北距付家河 2150 千米，北、西部临阳信县界。1991 年村民修挖丰收渠时发现。遗址东西长 400 米，南北宽约 200 米，面积 8 万平方米。地势西高东低，西部文化层堆积厚，遗物丰富，东部文化堆积单薄。从河渠两侧断面看，文化堆积大体分三层。上层为汉代及以后堆积，清理 1 座汉代砖室墓，出土猪、羊、狗等陶家畜以及碓米模型、陶鼎、壶、罐，还有五铢钱；中层为东周文化层，发现了一批墓葬，出土了陶豆、罐、青铜剑等；下层为商周文化堆积层，出土过鹿角、石镞、蚌镰以及陶鬲、盔形器、罐残片，还见完整陶篮等。完整陶器应出自墓葬内。①

（五）小赵家遗址

小赵家遗址位于单寺乡小赵家村东南 1500 米，北为褚官河，东临利津县辛集村。1972 年，村民开挖褚官河时，曾发现 4 座瓮棺墓以及大量盔形器碎片。1981 年文物部门曾对遗址进行了较为

---

① 参见滨城文物管理所、北京大学中国考古学研究中心《山东滨州市滨城区五处古遗址的调查》，《华夏考古》2009 年第 1 期，第 27—28 页。

详细的调查和钻探工作，划定了南北长 800 米、东西宽 700 米、面积达 56 万平方米的保护范围。该遗址现为市级重点文物保护单位。发表材料曾刊布过盔形器、陶罐口沿以及一件大型红陶瓮葬具，时代定为东周时期①。该遗址的主要堆积为晚商时期。

从聚落形态上看，滨城西部、惠民东部和阳信东南部的殷商时期的聚落与东部地区的遗址群，在堆积形态、聚落内容以及经济活动方式上有差异。②

第三节　山东其他地区盐业遗址

除了上面谈到的潍坊、东营、滨州地区的海盐遗址，山东较有代表性的盐业遗址还有以下几处。

一　章丘市

王推官庄遗址，位于县城西北约 15 千米的宁家埠乡王推官庄村南，遗址面积 16 万平方米。1989—1990 年发掘，从早到晚的文化堆积为：岳石文化—商代—西周—东周—汉代。该遗址出土盔形器 3 件。1 件残存器底泥质灰陶，器表饰交错绳纹（H144B24）。1 件泥质褐陶，微束颈，尖圆底，器表饰交错绳纹（H132B12）。还有 1 件为泥质灰陶，尖圆唇，斜弧腹，尖底，器腹饰粗绳纹。据伴出陶器推测其年代为商至西周时期。

宁家埠遗址，位于宁家埠乡以北 1000 米，遗址面积 5 万平方米。1988—1989 年发掘，文化堆积从早到晚依次为：龙山文化—商代—西周—东 周—汉—唐—宋代。该遗址出土 4 件盔形器。标本 1（J6B1）泥质灰陶，直口，口沿下有突棱，筒状深腹，圆底，器表饰竖列粗绳纹。标本 2（J6B2），泥质灰陶，微束颈，圆底，器表饰

---

① 参见王增山等《山东四处东周陶窑遗址的调查》，《考古学集刊》第 11 集，中国大百科全书出版社 1997 年版，第 292—297 页。

② 参见滨城文物管理所、北京大学中国考古学研究中心《山东滨州市滨城区五处古遗址的调查》，《华夏考古》2009 年第 1 期，第 37 页。

斜向粗绳纹。标本3（J6B3），泥质灰陶，尖底，器表饰斜向粗绳纹。标本4（H20B1），泥质灰陶，大口，微束颈，器底残，腹部饰交错绳纹。上述盔形器的年代被定在西周早期。另外在邹平县丁公、利津县南望参及无棣、阳信、博兴等地也曾发现过盔形器。①

二　胶东半岛

胶东半岛为我国第一大半岛，地处胶莱河以东，与朝鲜半岛和日本列岛隔海相望。胶东半岛西北濒临渤海湾，半岛主体东入黄海，东端的成山角是北黄海和南黄海分界线的西端点。半岛地形以低山丘陵为特征，根据不同区域的地貌特征、形态差异和构造基础，可分为几个不同的地貌带，如各类侵蚀海岸、冲积平原和冲积海积平原等。从地貌景观看，胶东半岛沿岸大部为基岩丘陵，与莱州湾的景观有很大不同，特别是两地的地下卤水分布和质量存在明显差异。考古工作者在胶东半岛依次考察了莱州（原掖县）、烟台、威海、荣成、乳山、海阳等市县，均未见盔形器踪迹。在莱州、烟台等地博物馆馆藏有个别的浅腹大铜盘，被认为是年代偏晚的煮盐器具。其中，莱州市博物馆藏有1件大铜印，为古代制盐业的重要文物。此印出自该市西由镇街西头村，系当地村民挖沟时发现。印的个体甚大，长方形板状，中空，背部有曲尺形柄；铜印上部刻一对相互抵牾的猛兽，右为猛虎，左为独角兽；下部篆刻"右盐主官"四字（见图2-6）。这枚全国罕见的巨印即是东汉时东莱郡"右盐主官"官府为收取盐税和监督私盐发卖时用的封盐大印。此印出土地以西沿海一带即为盐场，早在西汉时当地曾设有盐官。有学者认为此印系盐官用来封盐的官印，时代为汉代或更晚。②

---

① 参见李水城、兰玉富、王辉《鲁北——胶东盐业考古调查记》，《华夏考古》2009年第1期，第19页。

② 同上。

图 2 - 6　"右盐主官"

（《博物馆收藏大型铜质盐官印》，《烟台日报》2010 年 8 月 30 日第 5 版）

　　这些遗址均为盐业遗址无疑，而这些盐业遗址主要分布在地势较低的沿海平原、滩涂之上。遗址内（除墓地外）都见成片、成对的制盐器具——小口或中口圆底薄胎瓷、大口圆底厚胎罐（盆）形器。几乎每个遗址都有大量生活用具及文蛤、青蛤和蚬类等生活垃圾伴随发掘产生，说明当时人们已利用海滩和河流入海处的海洋资源来维持生计。一些遗址发现出的墓葬，可能为盐工及家属墓。所以，这些遗址中的煮盐者在此取卤水用盔形器煮盐且他们应是长期在此居住，并且是专业以煮盐为生。[①]

---

　　① 参见祁培《先秦齐地盐业的形成与演变》，硕士学位论文，华东师范大学，2014年，第 33 页。

第三章　山东盐业遗址的说明和思考

上一章，我们主要对山东主要盐业遗址的基本情况进行了介绍和分析。在分析中，我们越来越觉得，不应该仅仅局限于这些遗址的介绍和记述，还很有必要对此进行深入的说明和思考，特别是以下几个方面是无论如何也不能绕过去的。

第一节　盔形器

在山东盐业遗址中，经常会发现一种外形类似头盔的陶器，这就是著名的煮盐工具——盔形器①。

一　对盔形器及其效能的认知

盔形器出土的遗址大都在海拔 10 米以下，位置离海非常近，且遗址中出土的盔形器数量巨大。王青先生曾对山东地区出土的盔形器遗址进行统计，得出鲁北地区出土盔形器的遗址近 80 处，包括西起乐陵、东至昌邑的 19 个县市区。通过这些区域盐业遗址中盔形器的出土状况得知，其出土年代集中在商周时期，虽然春秋战国时期也有出土，但在商周时期应用更加普遍。早在 20 世纪五六十年代，山东地区盔形器已经出土，但在当时并未引起重视。直到 20 世纪 90 年代，任相宏先生开始对青州地区盔形器进行专门研

---

① 在山东沿海，还发现一种用来防御的、盔形的军备物品，有人亦称为盔形器。这里特此作出说明，该军品和我们在这里所言的煮盐工具不同。

究，并认定其主要用途是舂米和汲水器后，曹启元先生对潍坊和惠民两地的盔形器进行分析，并结合出土地域和文献材料，指出盔形器的主要用途是生产盐和卤膏。①

2000 年后随着大批盔形器的发掘出土，盔形器研究受到众家关注。方辉、王青、燕生东、李水城等这一领域的专家都认为盔形器的用途与海盐生产息息相关。王青先生指出，一系列科学检测数据证明，寿光大荒北央和阳信李屋遗址出土盔形器的内壁凝结物应与早期制盐有关，而就这两个遗址的地理位置而言，这无疑是海产食盐。换言之，这两个遗址出土的盔形器应是专门用于生产海盐的工具。大荒北央和李屋都是鲁北沿海地带盔形器密集分布的典型遗址，尤其沾化、滨州、广饶、寿光、寒亭和昌邑等地出土盔形器的内壁大多也可见白色凝结物，与这两个遗址具有明显可比性，因此可以判定，鲁北沿海出土的盔形器为海盐生产的专用工具。另外，结合沾化县了解到的煮盐用的盐灶里出土盔形器的考古资料，可以进一步确定，沿海盔形器应是用以煎卤成盐的器具。② 王青先生还提到，内陆出土的盔形器是有除煮盐之外的其他用途的。③

李水城先生也曾通过对山东莱州湾地区的实地考察及对已刊发资料的梳理指出，这一区域内盔形器的分布基本环绕莱州湾，西起无棣县，东止于胶莱河，南界大致蔓延到泰沂山系以北、胶济铁路（济—青高速公路）沿线。据各遗址点出土盔形器的比例，或可将上述区域进一步细化为两小区：（1）高密度区。以莱州湾为圆心，沿海岸线 15—30 公里构成一面向海湾的弧，这一范围内凡商周遗址均出盔形器，而且所占比例甚高，最高占陶器总量的 90% 以上。

---

① 参见曹启元《试论西周至战国时代的盔形器》，《北方文物》1996 年第 3 期。第22—26 页。

② 参见王青《〈管子〉所载海盐生产的考古学新证》，《东岳论丛》2005 年第 6 期，第 136 页。

③ 参见王青、朱继平《山东北部商周时期海盐生产的几个问题》，《文物》2006 年第 4 期。

（2）低密度区。在高密度区外围，商周时期遗址也经常见盔形器，但为数不大，呈零星分布。对盔形器的年代还有不同认识。一般将它们推定为商周时期，或将年代下限延伸至春秋至战国或更晚。对其功能也有不同看法。第一种是汲水器；第二种是煮盐或晒盐用具；第三种是陶臼。他还指出，盔形器胎体厚重，不具备一般生活用具的特征。有的遗址还发现将盔形器集中放置在地面或窑内，表明盔形器是一种特殊的专业化生产用具。莱州湾地区的盔形器形态与三峡地区的花边口圆底罐类似，遗址的埋藏状况也与三峡瞀井沟一带的埋藏一致，与世界其他一些国家和地区制盐遗址的堆积及出土物也十分接近。此外，历史上齐国一直为重要的海盐产地，并因占有"渔盐舟楫之利"，而称霸一方。再往前看，《世本》记载："宿沙氏煮海为盐。"宿沙氏为传说中与神农同时的人物，被尊为"海盐之神"，其部族应活动在山东境内。可见，那里的盐产业出现得相当早。① 这里，李水城先生还明显地暗示了莱州湾沿岸盔形器的制盐工具的功用。

燕生东先生在《渤海南岸地区商周时期盐业考古发现与研究》一文中这样指出，结合李水城先生等对莱州湾及胶东沿海地区盐业遗存的考察，可以得出以下认知：其一，盔形器流行时代为商代晚期至西周。其二，盔形器大体分两大类，一类为圆底，另一类为尖底。其三，盔形器集中分布于胶济线以北，以莱州湾近海滩涂地带最为集中，有相当一部分出土盔形器的遗址坐落在今盐场范围内或附近，以莱州湾为圆心，沿今海岸线15—30公里构成一面向海湾的弧，该范围为高密度区，遗址出土盔形器量最高占陶器总量的90%以上。在高密度区外围，为低密度区，遗址内也见少量盔形器。那些集中出土盔形器的遗址当时更加靠近古海岸线。沿海滩涂地下水位高，加之潮水涨落，土壤高度盐化，极不利于农业垦殖。

---

① 参见李水城《近年来中国盐业考古领域的新进展》，《盐业史研究》2003年第1期，第13—14页。

　　燕生东先生还指出，把盔形器看作东周时期煮盐用具，是基于这类器物主要集中分布于渤海沿岸，出土数量多，形态特殊，在野外发现的这类器物"多与东周时期的鬲、豆、盆等共存"，以及《管子·轻重甲篇》等文献有"今齐有渠展之盐，请君伐菹薪，煮沛（济）水为盐""北海之众，毋得聚庸而煮盐"等记载。[①] 20 世纪八九十年代以来，学者们已普遍认识到盔形器可早到殷墟时期，并普遍把盔形器看作分布在鲁北地区的商周时期东方土著（东夷）式陶器。[②]

　　对制盐工具盔形器类型学、编年、文化性质、分布与功用等专门研究始于 20 世纪 90 年代。曹元启先生首次对盔形器进行了形态分析[③]，他把历年来发现和收集掌握的盔形器进行了排比，共划分了 12 式，总结出了盔形器从尖底、尖圆底到圆底，器体由小到大的演变轨迹，大体编制西周早期到西汉早期的编年发展序列。其中，以东周时期盔形器数量最多。由于盔形器的分布与现在盐场分布基本一致；盔形器出土时，器口朝上，多成排出现，外表粘有红烧土；器物多夹砂、厚胎、圆底，适宜煮熬；沿海的潮涧地带又分布着高浓度卤水，因此，他认为盔形器是煮煎海水、地下卤水或卤膏（硝）的用具。

　　方辉先生利用新资料对鲁北地区海盐生产进行了研究[④]。他根据邹平丁公遗址的新发现和殷墟出土的盔形器，认为盔形器的出现年代为殷墟第三期，他把盔形器分为 5 式，大体排出从圆底到

---

　　① 燕生东：《商周时期渤海南岸地区的盐业》，文物出版社 2013 年版，第 6 页。

　　② 参见如王迅《东夷文化与淮夷文化研究》，北京大学出版社 1994 年版，第 42 页；栾丰实《东夷考古》，山东大学出版社 1996 年版，第 343—347 页；栾丰实《商时期鲁北地区的夷人遗存》，三代文明研究委员会编《三代文明研究》（一），科学出版社 1999 年版，第 270—279 页；中国社会科学院考古研究所编《中国考古学·夏商卷》，中国社会科学出版社 2003 年版，第 308、313—315 页；陈淑卿《山东地区商文化编年与类型研究》，《华夏考古》2003 年第 1 期，第 52—68 页。

　　③ 参见曹元启《试论西周至战国时代的盔形器》，《北方文物》1996 年第 3 期，第 22—26 页。

　　④ 参见方辉《商周时期鲁北地区海盐业的考古学研究》，《考古》2004 年第 4 期，第 53—67 页。

尖圆底再到尖底，从殷墟第三期到东周时期与曹文相反的演变序列。对于盔形器属于煮盐的工具，他补充的证据是盔形器与三峡煮盐工具、美洲玛雅地区煮盐工具圆底罐、日本的尖底圆底器相似。因盔形器大小相若，他认为盔形器还作为盛载海盐的量器，以便于运输。联系到甲骨文"卤小臣"及滨州兰家出土青铜器上的符号，推测商王朝在山东滨海地区设有盐业管理机构，来负责海盐的生产与供给。他还根据甲骨文相关记载，认为商人东征夷方的目的，就是控制鲁北地区的海盐。在以后的论文中，他还进一步强调了这一观点①。

　　关于盔形器用途的科学依据，祁培博士也再次认定其煮盐工具之性质。他说，通过王青先生对这些盔形器采样分析，可以看到，大荒北央遗址内壁凝结物的含盐量在 10% 左右，其含盐量明显高于文化层土层的含盐量，由此证明这些内壁的凝结物应是盔形器本身所有，而不是埋藏过程中受土层侵染所致。而后的物相分析结果表明，这些凝结物的主要成分是碳酸钙，即食盐在形成过程中经沉淀后析出的钙化物硬层。另外，经测验，李屋遗址盔形器的内壁凝结物含盐量也在 10% 以上，个别样品甚至接近 20%，这个数据不仅高于文化层土样的含盐量，而且明显高于同处其他出土陶器的含盐量，由此可以得出结论证明盔形器与食盐生产存在着十分确定的联系。后再经试验比较，内陆的桓台唐山遗址盔形器附着物的含盐量几乎为零，且博兴寨卜遗址出土的盔形器含盐量也非常低，仅有 1% 左右。如此低的含盐量与沿海地带出土的盔形器表层凝结物的含盐量形成显著差异。由此可以断定，沿海地区出土的盔形器是用来作为煮盐器具而存在的，而这种煮盐器具流入鲁北内陆地区后，不再担当煮盐的功能，而可能只是普通的盛器而已。但是，无论怎

① 参见方辉《从考古发现谈商代末年的征夷方》，《东方考古》第 1 集，科学出版社 2004 年版，第 249—262 页；方辉《商王朝经略东方的考古学观察》，荆志淳等编《多维视域——商王朝与中国早期文明研究》，科学出版社 2009 年版，第 70—84 页。转引自燕生东《商周时期渤海南岸地区的盐业》，文物出版社 2013 年版，第 6—7 页。

样，盔形器作为沿海地区煮盐工具的定论是毋庸置疑的。[①]

围绕盔形器这一制盐工具，燕生东先生曾进行十多年的实地田野工作，积累了第一手的丰厚资料。在其《商周时期渤海南岸地区的盐业》一书中，他对盔形器进行了相当精妙和科学的论证：[②]

他指出，盐业遗址内出土的器物中95%以上为盔形器，而90%左右盔形器的腹部内壁都存有白色垢状物（图3-1）。双王城014B遗址灶室内出土了成堆的白色和黄白色块状物，其特点是内部呈颗粒状、空隙大、结构松散、重量轻。同时在生产垃圾内还发现了成片的白色粉状物。双王城014遗址制盐单元2南部坑池废弃垃圾堆积内还出土了灰白色硬块。南河崖GN1遗址也发现了板结的白色块状物堆积层。这些应是煮盐过程中撇刮出来的钙化物和碱硝类。科学分析结果表明，这些白色物质主要是钙镁的碳酸盐，以碳酸钙为主，还包括碳酸镁以及碳酸钙镁等碳酸盐，这些白色物质都是在煮盐过程中形成的[③]。

显然，盔形器应为煮盐工具。但商代的盔形器绝大多数为泥制陶，不能直接受火。并且，绝大多数盔形器底部没有二次受火的痕迹，腹上粗宽的绳纹上也没有烟炱。因此，如何煮盐即如何摆放盔形器是必须考虑的。

各灶室底面都有很硬的受火面，烟道和烟筒内有很厚的烟灰，说明灶室应是封闭的。在盐业遗址废弃的坑池和生产垃圾内都出土了成片成堆的草拌泥烧土堆积，双王城014遗址制盐单元1内KJ1内中层堆积全是这样的烧土。烧土内掺加的草（主要是芦苇）数量多，茎秆也粗，因而，烧土结构疏松，质轻。所见形状多数呈圆底状［图3-1（a）］，内壁还有粘印的绳纹，部分呈扁平状。考虑到

---

① 参见祁培《先秦齐地盐业的形成与演变》，硕士学位论文，华东师范大学，2014年，第34—35页。

② 参见燕生东《商周时期渤海南岸地区的盐业》，文物出版社2013年版，第105—110页。

③ 参见崔剑锋、燕生东等《山东寿光市双王城遗址古代制盐工艺的几个问题》，《考古》2010年第3期，第50—56页。

相当数量的盔形器底部还粘带圆底状红色草拌泥［图3－1（b）］，说明这些圆底状的烧土应是附贴在盔形器底部的（盐灶内周壁未见草拌泥烧土）。

(a)

(b)

图 3 - 1　双王城 014B 遗址出土盔形器内壁上的白色垢状物
（王俊芳　摄）

　　上面所提及的双王城 SL9 遗址 YZ1，还保存着煮盐过程中塌陷下来的堆积。可清楚地看出，盔形器均置放在草拌泥层上，草拌泥内排列着条状和圆形烧土块，器物之间还塞以碎陶片，便于稳定。灶室旁灰坑内也发现大量圆柱状、扁柱形、方柱状和长条状烧土残块。烧土条块烧制坚硬，上面还有木条状凹痕迹。这类遗存在 014 遗址发掘过程中也发现很多，由于烧土内掺杂的草叶茎太多，非常酥散，不易提取。最近，在广饶县东赵遗址群内多个盐灶周围发现了这类遗存。此外，在 014 遗址制盐单元 2 内储卤坑 H2 内就发现了 4 个盔形器联为"一体"的现象，盔形器间塞以碎片，使之稳固（图 3 - 2）。
　　这些充分说明灶室上应该搭设网状格架子，网口内铺垫草拌泥，其上再置放盔形器。长方形和长条灶室有利于搭架子和置放盔形器，而宽达 3.5—4.5 米的椭圆形灶室，直接在上面搭设架子，框架较宽，上面盛满卤水的盔形器会因为重量太大，容易塌陷。但灶室内堆筑的土台，可以让框架缩短，解决了承重问题。

图 3 - 2　双王城 014 遗址制盐单元 2 内储卤坑 H2 内出土的盔形器

(燕生东　摄)

据碳酸盐氧同位素温度计算方式，分析出了盔形器内白色垢状物的形成温度在 60℃ 左右，远低于与金元时期用铁盘煮盐时碳酸盐形成的温度 90℃—100℃。这应是盔形器器壁厚，底部与火还隔层草拌泥，盔形器未能直接受火，慢火熬煮盐的结果①。此外，由于盔形器底部垫有草拌泥隔层，在熬煮时，泥制盔形器也不易破裂。

二　盔形器的盛盐量

作为煮盐工具的盔形器，口径、最大腹径、通高尺寸大小、器

———————

①　参见崔剑锋、燕生东等《山东寿光市双王城遗址古代制盐工艺的几个问题》，《考古》2010 年第 3 期，第 50—56 页。

物自重等因素都影响其盛盐量。而盔形器盛盐量的多少则在某种程度上直接决定着每一盐灶（即一个生产单元）的盐产量。

以下是燕生东先生为莱州湾南岸地带（包括内陆和沿海）不同时代的部分盔形器尺寸、器物自重和盛盐量①等数据登记表，以及各期盔形器自重和盛盐量变化曲线图（图3-3、图3-4）。

统计数据尽管还有些局限，但把相关数据整合起来可以看出，第二、三、四及五期前段器物的口径、腹径大小统一性比较强，口径在16—18厘米，腹径在17—18厘米，通高在20—25厘米。而在其他时段，变化比较大。盔形器自重2000—3500克，盛盐量在2500—3500克。总体而言，变化曲线并不是很大，当时盔形器的生产应遵循统一的定制。

具体而言，殷墟时期莱州湾沿岸地区的盔形器口径多在17—20厘米、高22—26厘米，黄河三角洲地区的盔形器口径在16—18厘米、高22—24厘米范围内，前者的口径明显大于后者。莱州湾南岸地带盔形器盛盐量多在2500—3500克。第一、二期盔形器盛盐量约为3000克，第三、四期升至3500克左右，盛盐量逐渐上升，而第五期又明显下降，仅2500克左右。第一、二期盔形器自重在1600—2600克。第三、四期至五期早段升重，达3500克左右，而第五期中后段器壁加厚，自重在4500—5000克，自重明显上升。

盔形器盛盐量受制于器形尤其是口沿和腹部的大小与器壁厚薄的影响。同样大小的器物，若器壁较厚的话，容量也不会太多，如第五期的盔形器，看起来器物较大，但器壁加厚，盛盐量却变少。煮盐工具盔形器的容积大小即盛盐量，似乎并不能直接决定每次煮盐所获数量。但口沿和腹部的形态和大小影响着一个盐灶内置放的盔形器数量。比如莱州湾南岸地带，殷墟时期的盔形器虽然容积大些，盛盐量多些，但腹部外鼓，同等面积的灶室，放置的盔形器数

---

① 盛盐量测定方法：盐业遗址出土的盔形器煮过盐后，内壁口沿以下就存有留下白色垢状物，说明垢线即盛盐的上限。因此，向内放置盐粉末时，就到该线为止。所使用的盐是用地下卤水晒制的，称重的工具为一般杆秤和天平。需要注意的是，盔形器煮盐后形成的是团块，我们置放的是盐粉末，同样体积的团状盐块重量应大于粉末状盐。

量少些；虽然西周早期盔形器容积小，盛盐量少，但腹部斜收，同等面积的灶室内，置放的盔形器数量就多。看来，不管盔形器尺寸如何变化，如果盐灶室面积不变的话，每次举火煮盐，一座盐灶获盐总数却是相差无几的。①

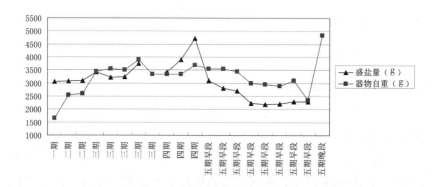

图 3-3　莱州湾南岸地区各期盔形器自重及盛盐量变化曲线图

（燕生东：《商周时期渤海南岸地区的盐业》，文物出版社 2013 年版，第 112 页）

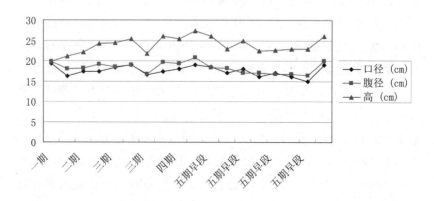

图 3-4　莱州湾南岸地区各期盔形器口径、腹径、高尺寸变化曲线图

（燕生东：《商周时期渤海南岸地区的盐业》，文物出版社 2013 年版；第 113 页）

---

①　参见燕生东《商周时期渤海南岸地区的盐业》，文物出版社 2013 年版，第 110—114 页。

第二节 海盐的生产流程及相关问题

通过历年来的调查、钻探、试掘资料，山东海盐制作流程已经能够复原。这里以渤海南岸商代晚期和西周早期的制盐作坊与制盐流程为例，解读一下山东海盐制作的布局、流程及相关问题。关于制盐流程，这里还将元明时期莱州湾沿岸的制盐流程与文献资料进行了对比。

一 制盐单元的布局

这里以双王城遗址群为例，较为详细地再现一下莱州湾南岸盐业遗址的基本布局。该遗址大致范围为南北长 150 米、东西宽 100 米，面积 15000 平方米。遗址西北部、东南部各有一处隆起带，高于周围半米左右，地表散布大量盔形器碎片。西部排水沟断面上暴露出堆满红烧土和盔形器碎片的坑井。东部排水沟断面上暴露出长度超过 25 米的坑池，底部经过防渗漏加工，铺垫灰绿色砂黏土，底面平整、光滑，坑池内堆满废弃的草木灰和坚硬的白色土块。该遗址 014A、014B 以及相近的广饶南河崖盐业作坊遗址的发掘表明，当时一个完整制盐单元（作坊）的面积在 2000 平方米左右，其结构模式为：卤水坑井、盐灶、盐棚以及附属于盐灶的工作间、储卤坑等位于地势最高的中部，以之为中轴线，卤水沟和成组的坑池对称分布在南北两侧，而生产垃圾如盔形器碎片、烧土和草木灰则倾倒在盐灶周围空地和废弃的坑池内。大型灶棚有三方面的作用，一是防风雨利于棚内设施反复使用，二是春末夏初东南风多，风顺助火利于煮盐，三是棚内有上百平方米空地，既可作为生产时的住宿之用，又可作为存储物品之用，如成品、工具、物资等。每个制盐单位内部结构非常合理，各个盐业遗址群的布局又如此相似，显然有一定的统一规制（图 3 - 5）[1]。

---

[1] 《双王城盐业遗址群 2013 年度考古勘探成果报告》。

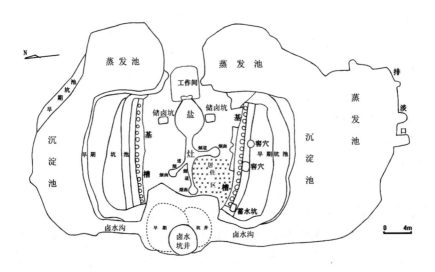

图 3 - 5　商周时期一个完整制盐单元结构示意图

（燕生东　绘制）

下面分述其结构：

1. 坑井

坑井位于中西部，发现不同时期坑井（盐井），保存较好的为晚期的一口井，井口大体呈圆形，直径 4.2—4.5 米，总深 3.5 米。井上部为敞口、斜壁，1 米以下变为直口、直壁，口径变小，约 3 米。坑井下部周壁围以用木棍和芦苇编制的井圈，坑井底部还铺垫芦苇，便于渗集卤水和防止井壁塌陷。井圈保存高度约 1 米，以木棍为筋骨（经），以拧成束状的芦苇（纬）编制而成。木棍长 1.2 米，直径 10 厘米，一端插入井底。由于木棍和芦苇常年浸泡在卤水中，崭新如故。井圈内堆满因常年积水而形成的紫黑色淤泥和灰绿色淤泥。坑井废弃后填满草拌泥烧土块和盔形器碎片。坑井与水沟、坑池相连，坑井即卤水井，这一带地下浅层卤水埋藏仅 1—2 米，地表浅层无淡水资源。经对蒸发池内灰绿色淤土、煮盐过程中撇刮出的白色块状物、盔形器内壁白色垢状物氧碳同位素比值分析，结果为非海相碳酸盐，即此处的制盐原料为地下卤水。

2. 坑沟

这是连接浅坑与坑池的水沟。浅坑，在坑井外围，东西长约10米，宽约6米，深约0.2米，底部堆积淤沙、淤泥层。浅坑南北各伸出一条沟，分别通向南北两个坑池。坑沟长约6米，宽约2米，深0.55米，沟内堆满颗粒状稍粗的淤沙和淤泥。

3. 坑池

坑池分列南北两侧，成组出现。一组坑池包括一个弧边长方形大型坑池、一个弧边正方形中型坑池和连接二池的宽沟。晚期坑池保存较好。北部残存5组，南部残存4组，均为不同时期的坑池，早期坑池较深为0.6—1米，晚期坑池较浅为0.3—0.6米。大型坑池位于南北两侧，池内堆积颗粒较细的灰白色淤沙和深褐色黏淤土层，呈水平层理。中型坑池分别位于东南和东北部，池内堆积着呈水平层理的灰绿色淤沙，每层间均有板结的硬面，能分出不同时期的层次。所有沟、坑池都建在黏性较大的砂土层上，底部经过夯打加工，光滑平整，非常坚硬，可起到防渗防漏作用。据测量，从水沟到大型坑池、中型坑池，地势逐步降低，其间落差分别在10厘米以上，水沟与中型坑池之间的高差可达25厘米，说明水流方向是由水沟先到大型坑池，最后再到中型坑池。

南部有一组坑池保存较好（编号南部坑地1、2）。大型坑池平面呈圆角长方形，长24米，宽15米，面积超过350平方米，北部深达0.6米，南部略浅为0.3—0.4米。池内堆积为上下两部分，上为废弃后堆积，系厚20—40厘米的自然灰褐色沙土堆积，下为使用堆积，北半部分为层状灰白色淤沙和褐色黏土，南半部为层状板结的淤沙土层。南半部比北半部高5—16米。中型坑池南北长11.5米，东西宽9.9米，面积110平方米，坑深50厘米。在坑池停用过程中堆有草木灰和烧土块。连接大、中型坑池的宽沟长7.5米，宽6.4米，堆积着交互叠压的褐色淤沙土和灰绿色淤沙层。在大型坑池南缘、东缘有4处豁口，豁口宽1—1.5米，存长0.5—1米，深0.1—0.2厘米，豁口内堆积板结的淤沙层和草木灰。

北部也有一组坑池保存完整（编号北部坑池1、2）。大型坑池呈弧边窄长条形，长 16.5 米，宽 7.5 米，面积 130 平方米，深为 20—40 厘米，池内堆积内容与南部大型坑池内相同。中型坑池边长 9.6—11.5 米，面积 110 平方米，深 40 厘米，池内使用堆积为灰绿色淤沙土，废弃后堆满草拌泥烧土和盔形器碎片。大型坑池东部逐渐收缩变窄（坑沟）与中型坑池相连，沟长约 7 米，宽 3.5 米，沟内堆积内容与大型坑池内相同。大型坑池北缘有 1 处豁口，口内堆积为板结的淤沙层和草木灰。

根据以上特征判断，堆积着呈水平层理的灰白色淤沙和深褐色淤泥黏土的大型坑池为沉淀池，与之相连的中型坑池为蒸发池。卤水在靠外侧部分坑池中沉淀后，漫流到靠内侧区域，在蒸发中卤水析出钙化物形成板结的硬面，说明这类坑池也有蒸发功能。大型坑池靠外侧边缘上的豁口应为排淡口，雨水来临时防止卤水不被冲稀，在盐池下风口处开口，将浮在表面的淡水排出。蒸发池内的灰绿色沙土，系与伴随池内卤水浓度增加某些元素的富集相关。据对物相组成的半定量分析表明，蒸发池内灰绿色沙土中比沉淀池、卤水沟中多了白云石（$MgCO_3$）。分析结果也显示，井水从井中提出后依次经过卤水沟、沉淀池（过滤）、宽沟、蒸发池，水中的钙、镁离子浓度渐次降低，即杂质含量依次降低，达到卤水提纯目的。同时依据碳酸盐氧同位素温度计算方法测定池内绿色淤土板结硬面内碳酸盐的形成温度为 32°C，说明淤土中的碳酸钙是风吹日晒形成的，坑池的性质得到了证实。

4. 盐灶

盐灶和灶棚位于中心部位及东部，与卤水井处于同一中轴线上，所在地势较高。修挖灶坑和搭建灶棚前，先挖东西长 20 米、南北宽 16 米、深 0.5 米的长方形大坑。坑内铺垫纯净的灰褐色砂黏土，层层加工，使之坚硬。在垫土之上中心部位修挖灶坑、储卤坑，在两侧挖坑埋柱，搭建灶棚。盐灶由工作间、烧火坑、火门、椭圆形大型灶室、长条状灶室、三条烟道和圆形烟筒以及左右两个储卤坑组成，总长 17.2 米，宽 8.3 米。盐灶西部地势较高，烟道和烟筒保存较好。工作间位于东部，呈圆角长方形，为半地穴式，长5米，宽4.2米，保存深度约0.3米，底面由东向西倾斜，底部保存有3个活动面。每层活动面都经过加工，非常坚硬，层面上还保存了人们活动时留下的灰土。下层活动面系铺垫的灰绿色沙土，上层活动面上出土盔形器碎片和较多的生活器皿陶鬲、甗、盆、罐等碎片。工作间西部为亚腰型烧火坑，长1.7米，宽0.5米，深约0.6米，坑内堆满草木灰。烧火坑西侧即为火门，宽1.3米，残高0.15米，门口两侧各放1件倒置的盔形器，火门底部和左右两壁烧制坚硬，呈砖红色。火门口向西连接椭圆形大型灶室，灶室东西长5.5米，南北宽4.3米，面积达20多平方米。灶室壁存高仅0.1米。由于遭到晚期堆积破坏和动物钻营，灶室周壁和地面所剩无几，保留下来的灶壁呈砖红色，烧制较硬，厚达5—8厘米。底部烧结层厚达20厘米，至少保存了两层硬面。东西灶壁外侧宽0.6—1.2米范围内间接受到烧火高温烘烤，质地坚硬，呈酱紫色和黑褐色。椭圆形灶室向西通向长条形灶室，灶室遭晚期堆积破坏，长约4米，复原宽0.6—1.4米，灶室西端和南北两侧各有一窄长条烟道和圆形烟筒。烟道和烟筒周壁烧结不好，较为疏松，烟筒底部保存有若干层烟灰。西部烟道长2.7米，宽0.4—0.8米，烟筒已不存。南部烟道长2.2米，宽0.65米，烟筒直径约1.5米，存深0.4米。坑内填满倒塌的烟筒顶部红烧土。北部烟道长2.2米，宽0.3米，存深0.35米，烟筒直径为1—1.2米，存深0.5米，烟道烧土上和烟筒内保存有盔形器残片。

　　椭圆形灶室南北两侧各有一个圆角长方形坑，南坑长1.9米，宽1.2米，存深0.25米。北坑长1.4米，宽0.9米，存深0.3米。坑周壁、底部都涂抹一层薄薄的深褐色黏土和5厘米厚的灰绿色砂黏土，加工后坚硬防渗。坑内底部堆积5厘米厚的灰绿色淤沙层，呈水平层理状，说明坑内存放过水。坑内灰绿色砂黏土与紧邻的中型蒸发坑池内的堆积一样，说明坑内的水应来自后者。这两个坑池位于椭圆形灶两侧，其功用应为储卤坑。

　　通过考古资料发现，盐灶的数量和面积决定盐的产量。就目前资料而言，一个制盐（生产）单元只有一座盐灶，对双王城

014、SS8 遗址和南河崖 GN1 遗址内不同时期制盐单元内盐灶的测量和计算，每个盐灶的面积在 30—40 平方米，根据煮盐工具盔形器的口径和腹径大小，可以推算出，每座盐灶同时可以放置 150—200 个盔形器（不同时期盔形器的口沿和腹部直径不一样，腹径大者盛盐数量多，但灶面上放置的盔形器数量较少，反之亦然），每个盔形器能容 2.5—3.5 公斤盐（不同时期的盔形器盛盐量多寡不一），也就是说一个制盐单元，一次举火就可获上千斤盐。盐灶的面积在不同盐场群、不同时期都是基本一致的，换言之，不同地区、不同时代，每座盐灶每次举火煮盐，所获盐数都在 1000 斤左右。①

5. 灶棚

平面形状近似正方形，只在南北两侧挖坑立柱，木柱排列成的墙体略呈弧形，把灶室、烟道、烟筒和储卤坑包围在中间。东南、西北两端开口，西北部口紧邻坑井，宽 12.4 米。东南部口宽达 15.5 米，中间为工作间，左右紧靠蒸发池，有窄道伸向制盐作坊区以外，应是进口。木柱基槽紧贴长方形大坑的南、北两壁。槽呈弧边长条形，长 15.5 米，宽 0.7—1.4 米，存深 0.15 米，在基槽底面挖洞埋柱。南北两排各有 16 个柱洞，柱洞间距 0.3—0.5 米，柱洞几乎呈等距分布，排列紧密。柱洞直径一般在 0.5—0.7 米，深约 0.5 米，斜直壁，平底，洞坑壁和底部涂抹厚达 5—10 厘米的深褐色黏土，可能为防腐之用。洞坑内填满灰褐色沙土及盔形器碎片，不见淤沙、淤泥，排除了淋卤坑或储卤坑的可能。以其痕迹可知木柱直径为 35—45 厘米。南部烟道和西部烟道与南排柱洞之间范围内保存有活动面。活动面由东北向西南倾斜，南北长 6.5 米，东西宽 5.5 米，面积近 40 平方米。活动面至少分为 4 层，最上层为烧土面，系黏土烧制，干净光滑，厚 5—10 厘米。其余为践踏灰土面和铺垫的坚硬砂黏土层，该范围为居住区。

---

① 参见燕生东《商周时期渤海南岸地区的盐业》，文物出版社 2013 年版，第 114—115 页。

6. 灰坑

居住区、南排柱洞外侧与沉淀池之间由西向东有 3 个坑池，其中一个长方形坑池口长 1.1 米，宽 0.8 米，深 0.8 米，四壁、底部较规整，坑内周壁和底部涂抹防渗漏的深褐色黏沙土，坑底部淤积黄色淤沙层，与沉淀池、蒸发池、储卤坑的淤沙不一样，显示水源、水质不同，由紧邻居住区可知，应是存放饮用水（淡水）的水坑。其他两个坑分别为长方形和圆形，长方形者口长 1.4 米，圆形者直径 1 米，存深 0.35 米，这两个坑底部均铺垫灰色沙土，壁、底均经过加工，光滑规整，应为储放粮食等物品的窖穴。工作间东部和东部排水沟断面上发现若干座灰坑，坑内堆积物多为草木灰，还出土了盔形器残片和数量较多的生活器皿。个别灰坑规模较大，深达 1 米，里面堆满草木灰，为烧火煮盐后倾倒进去的，说明该区域应是生活和生产垃圾倾倒区。

014A 制盐作坊单元的基本结构布局：卤水坑井、盐灶、灶棚以及附属于盐灶的工作间、储卤坑等位于地势最高的中部，以之为中轴线，卤水沟和成组的坑池对称分布在南北两侧，而生产垃圾如盔形器碎片、烧土和草木灰则倾倒在盐灶周围空地和废弃的坑池、灰坑内。014B 制盐作坊单元的布局为：盐井、盐灶、工作间、灶棚，位于西北至东南方向的地势较高处，左右两侧为坑井，西部、南部为生产和生活垃圾区，结构与 014A 完全一致[①]。

与双王城遗址同时发掘的还有距双王城盐业遗址相近的大荒北央遗址仅 4.5 公里的东营市广饶县南河崖遗址（与大荒北央遗址各处小清河南、北两岸）。南河崖制盐遗址也由卤水坑井、盐灶、工作间、灶棚、坑池、垃圾区等组成，结构与双王城遗址完全一致。该遗址从其与遗址并存的陶器可知其时代为西周中期。

二　制盐流程

一般史料认为古代海水煮盐技术可分为直接煎煮法和淋卤法两

---

① 参见《双王城盐业遗址群 2013 年度考古勘探成果报告》。

种。而通过对双王城遗址的发掘，学者认为此时煮盐已经采用了摊灰淋卤煎盐法。王青教授认为这种制盐方法的流程是：（1）摊灰刮面，即先开沟获取卤水，再摊灰刮卤，然后筑坑淋卤。（2）煎卤成盐，即先设盐灶，再以罐煎卤，然后破罐取盐。① 但是这种煮盐方法在隋唐前没有文献记载，所以在这一时期是否存在还有待考证。学术界一般认为的制盐流程大致为：首先盐工从井内取出高浓度卤水放在坑内（或盔形器）内加以净化提纯，以此来提高卤水的浓度；其次把过滤好的高浓度卤水放到中口圆底瓮中储存、蒸发；最后把卤水放入大口圆底罐形器内慢火熬煮成盐。②

（一）商周制盐流程

从考古资料可以断定，商周时期潍坊滨海地区的制盐流程大致如下。制盐原料为浓度较高的地下卤水（当然还需要适当提纯工艺）。③ 从井内取出卤水后经卤水沟流入沉淀池过滤、沉淀，卤水在此得到初步蒸发、净化，再流入蒸发池内风吹日晒，形成高浓度的卤水。在这个过程中，部分碳酸镁钙析出，卤水得到了纯化。盐工将制好的卤水放入盐灶两侧的储卤坑。在椭圆形和长方（条）形灶室上搭设网状架子，网口内铺垫草拌泥，其上置放盔形器。在工作间内点火，往盔形器内添加卤水，卤水通过加热蒸发后，再不断向盔形器内添加卤水。煮盐过程中还要除去撇刮出来的碳酸钙、硫酸钙、碳酸镁等杂质。盐块满至盔形器口沿时，停火。待盐块冷却后，打碎盔形器，取出盐块。最后将生产垃圾（盔形器、烧土、草木灰）倾倒在一侧。与制盐相关遗存的化验分析也证实了这一工艺流程。

据文献记载，渤海南岸地区挖坑井获取地下卤水用于制盐的方

---

① 参见王青《煎淋法海盐生产技术起源的考古学探索》，《盐业史研究》2007年第1期。

② 参见祁培《先秦齐地盐业的形成与演变》，硕士学位论文，华东师范大学，2014年，第35—36页。

③ 该区地下卤水的浓度是海水的3—6倍。参见孔庆友等《山东矿床》第三章第二节"山东地下卤水矿床"，山东科学技术出版社2006年版；韩有松等《中国北方沿海第四纪地下卤水》，科学出版社1994年版。

法最早见于西晋或唐代①。双王城商代盐井的发现，将该地区盐井的历史提早了 1500 多年，这也是中国沿海地区目前所发现的最早的盐井资料。沉淀池、蒸发池的出现，说明在商代人们已经了解渤海南岸地区春季的干燥多风、蒸发量大的特点，充分利用日晒和风力等自然力来提高卤水的盐度，这可能是后来晒盐工艺的雏形。卤水坑井、沉淀池、蒸发池、大型盐灶、灶棚等设施是目前中国商周时期盐业考古的首次发现。

商周时期盐灶、盐池和灶棚规模之大、保存之好，实属罕见。据测量和计算，一个盐灶同时可以放置 150—200 个盔形器。这不仅是由生产方式决定的，而且主要反映的可能是一种定制的存在。双王城同时存在着至少 50 座盐灶，也就是说，仅双王城一带每年的产盐量就达四五万斤。根据多年的调查，在渤海南岸地区至少有 10 个像双王城这样的盐业遗址群，可见当时的年产量是相当大的。可以说该地区商周制盐业已存在着统一的组织和管理。

并且，烦琐的制盐工艺流程需要盐工们掌握一定的技术和不断积累经验，一个制盐单元内部还需要分工好、协调好。而且，一个个规模巨大的盐场群的盐业生产更需要有人来协调好、管理好。此外，仅每年的物流任务也是很重的，像双王城一个盐场群，每年就有数万斤的盐制品要向定居点和内陆地区运出、集中，数千根直径达 40 厘米的木材要从内陆山区和平原上运来，几乎所有生产工具和需求量较大的生活用品如粮食、肉制品等也要陆续不断地从内陆区和盐工居住区输入。因此，滨海平原上大规模化盐业生产，不仅要依靠于相邻内陆地区社会经济的发展，而且还需要一个统一的社会组织来集中化管理、分配和运作生活、生产物资，并完成盐制品的短途和长途外运。否则，大规模化的盐业生产无法顺利进行下去。

殷墟时期，与渤海南岸地区十余处规模巨大的盐场群同时存在

---

① 参见《北堂书钞》卷 146 引（晋）伏琛《齐地记》载"齐有皮邱坑，民煮坑水为盐，色如白石，石盐似之"。《新唐书·地理志》卷 38 记载，贞观元年，东莱郡掖县"有盐井二"。

和对应的还有位于咸淡水分界线两侧的若干处盐工定居点（这里还是煮盐用具盔形器生产区）聚落群，以及位于内陆地区环绕在它们外围的十余处聚落群。这三大区聚落同时共存，分布上又很有规律性，在盐业经济形态、政治、社会组织等功能上又相互依赖，像是一次整体规划的结果。因而，可把渤海南部地区殷墟时期聚落视为一个整体。沿海及相邻地带聚落和人口数量的急剧增多，商文化、经济的突然繁荣，以及具有不同功能性质的聚落群分布格局的形成，说明该地区属于殷墟时期商王朝的盐业生产中心。无论盐工定居地聚落群还是内陆地区农耕聚落群，每处聚落群中都有一个或多个高等级聚落，这些高等级聚落出土青铜器上还有不同的徽识符号，说明各个聚落群隶属于不同族群。换句话说，各盐场群也隶属于不同族群集团。但内陆地区还存在着凌驾于各区高等级聚落群之上的更高层次的聚落，如莱州地区的苏埠屯、黄河三角洲地区的大郭。这两大聚落可能代表商王朝分别管理和控制着莱州湾、黄河三角洲沿海地区的盐业生产与相关的物流运作。

通过考古资料，还可以了解潍坊地区商周时期盐业遗址的结构和堆积特点。据此，可分析历年来获得的调查资料，研究该地区遗址群（乃至其他盐业遗址群）的结构、不同阶段的盐场布局、制盐单元数量以及所显示的盐业生产组织等情况。

（二）宋元以后制盐流程

值得特别注意的是，近些年潍坊地区发现的宋元考古遗址揭示了不少新内容：双王城宋元时期盐业遗址的发掘是中国北方沿海地区第一次该时期的考古发掘，为了解山东沿海地区该时期的制盐工艺流程、制盐规模提供了第一手的科学资料（图3-6）。

根据目前考古发现的遗迹，宋元时期该地区的制盐流程为，从卤水井提出浓度较高的卤水，倒入过滤沟，水在沟内流动过程中淤土、淤沙沉淀于长方形小坑内，卤水得到了净化。将制好的卤水存放于盐灶旁的大缸（瓮）内。卤水放入盐灶的长方形铁盘或圆形铁锅内，点火熬煮。在熬煮过程中，撇刮漂浮在上面的硝碱，放入坑内或其他器皿中单独保存，以做他用。不断向铁盘或锅内添加卤水，待锅盘内满盐后，停火，将盐倒出。根据所发现的灶面的大小判断，每盘可出盐上百斤，而每锅出盐二三十斤。

图3-6　双王城014A遗址宋元时期盐灶及两侧的卤水沟和过滤沟

（《双王城盐业遗址群2013年度考古勘探成果报告》）

据宋元时期有关文献记录，山东沿海地区当时的制盐原料为海水，通过淋灰法来汲卤和提高卤水浓度，最后再用铁锅或盘煎熬，盐灶为平地垒筑灶台。此次双王城考古发现，既有与文献记录相同处，如用铁锅、盘煎煮盐，又有与文献记录不同处，如制盐原料、制卤流程、挖坑为灶等。考古发现修正或弥补了文献记录的不足。

据文献记录，自汉代以来，山东地区的制盐中心在胶东半岛和鲁东沿海一带①。只是到了明清后，制盐中心才迁至莱州湾沿岸和黄河三角洲一带。但据考古调查发现的多处制盐遗址、规模较大的村镇以及这次在双王城遗址发掘的成排盐灶来分析，莱州湾和黄河三角洲地区成为山东地区的制盐中心可提前到宋元时期。这里有必要将近些年发现的元明考古遗址中发现的制盐工艺与文献记录作一比较②，以期发现两者的差异并凸显莱州湾南岸地区的特征。

燕生东先生这样认为：制盐工艺问题主要涉及制盐原料以及如何获取原料、如何制卤（即提高卤水盐度）、如何成盐等。元明清时期文献资料表明，中国东部沿海地区制盐工艺流程问题无论原料来源、卤水的获取，还是制卤、成盐过程都是比较复杂的。

现存第一部关于海盐生产的专门著作是元代陈椿编纂的《熬波图》。该书作者曾在松江华亭县下砂场任职，对当时制盐活动比较熟悉，因而能对当地人所著《熬波图》进行修订、补充。全书原有图52幅，现存47幅，每图附有文字说明和诗歌题咏，详细描绘了当时制盐工艺具体流程。根据《熬波图》文字和线图，元代浙江一带食盐制作的原料是海水，其具体工作程序主要包含了开辟摊场、引纳海潮、晒灰取卤、淋灰制卤、煎炼成盐等③。

开辟摊场。开辟摊场就是在滨海一带平地上修摊建场（古时取卤、制卤的场所往往被称为摊场）。经过牛犁翻耕、敲泥拾草、削土取平、铺垫踏压等反复加工，让摊场如镜面光净、平坦。摊场周

---

① 参见燕生东《山东地区早期盐业的文献叙述》，《中原文物》2009年第2期。

② 参见燕生东《莱州湾沿岸地区发现的元明时期盐业遗存及相关问题》，盐业考古与古代社会国际学术研讨会，济南，2014年4月26—27日。

③ 参见郭正忠主编《中国盐业史》（古代编）第四章第一节，人民出版社1997年版；参见陈椿《熬波图》，台北"商务印书馆"1986年版（影印本）。

围及中间修挖水渠沟，供引海水用。摊场修好后，还要修挖方形的灰淋坑（灰垯），灰垯旁掘出圆形储卤坑，二者相通，储卤坑比灰淋坑位置要低，要深，便于承接淋出的卤水。这两类坑周壁都用土块筑垒，底部需经反复踩压加工以防渗漏。

引纳海潮。盐工修建港口堤坝和月河，就海开河，引潮入港，储存海水。再用车戽接运至摊场，把海水引入摊场沟渠。

晒灰取卤。在摊场均匀铺上草灰（或土灰），洒泼上海水，让草灰汲取海水盐分，晒干草灰，后再洒泼入海水（或淋出的卤水），再晒干，这样反复多次，灰中的盐分会逐步增加。

淋灰制卤。把晒好的灰土扫聚起来，挑入灰淋坑中，"用脚踏踏坚实"。再往其上浇海水，灰淋下面便有卤水通过管道流往旁边的圆形储卤坑内（图3-7）。这种晒灰取卤法、淋灰制卤法盛行于浙西各盐场。此外，《熬波图》中还介绍了削（刮）土取卤、淋土制卤之法，削（刮）土就是把海水浸漫的海滩地上经过日晒以后含盐分较多的表层咸土，刮聚在一起，放入淋坑内，然后用海水浇淋，也能得到盐度很大的卤水。

煎炼成盐。把在摊场上取得高浓度卤水集中运至煮盐处储存。在地面垒砌盐灶，拼凑铁盘面（每面用生铁一二万斤，直径数米或十几米），架盘上灶，将卤水注入盘中，用柴薪煮煎（图3-8）。水蒸发盐正在结晶中将"欲成未结胡涂湿盐"捞出，置于铺有竹篾的撩床（木架）上，"沥去卤水，乃成干盐"；或"待桦上有卤干，已结成盐"，然后捞出。盐灶下面草灰还要及时扒出，运至摊场，用来取卤、制卤。

明嘉靖年间《两淮盐法志》一书中文字和图录也描绘了当时制盐工艺流程①，虽然比较简略，但用灰取卤、淋灰制卤、上卤煎盐等方式与元代《熬波图》几乎一致。从图来看，当时煎盐之锅盘直径明显要小于元代浙江一带的。

---

① 参见（明）史起蛰、张矩同《两淮盐法志》卷1，江苏广陵古籍刻印社1987年版。

图3-7　（元）陈椿《熬波图》所载"担灰入淋"图

图3-8　（元）陈椿《熬波图》所载"上卤煎盐"图

明末宋应星著《天工开物》作咸篇也详细记录了海水煮盐的主要工艺流程①。文中介绍了多种制盐原料,如海水、地下咸水上泛的盐茅、海潮水晒后的盐霜、海草等,但都直接和间接利用了海水,还提到海草这种制盐原料,取卤方式也有多样。"凡海水自具咸质,海滨地高者名潮墩,下者名草荡,地皆产盐。同一海卤传神,而取法则异。"滨海高地潮墩和地势低洼处(草荡)都出产食盐。

相应的取卤法有五种:第一种方法为布灰种盐(图3－9),"高堰地潮波不没者地可种盐。种户各有区画经界,不相侵越。度诘朝无雨,则今日广布稻麦藁灰及芦茅灰寸许于地上,压使平匀。明晨露气冲腾,则其下盐茅勃发,日中晴霁,灰、盐一并扫起淋煎"。沿海滩涂地高处海潮波一般到不了的地方(潮墩),白天气候干燥时晚上就出现返潮现象即咸水会上泛(即文中"盐茅勃发"),盐工用草灰吸取盐茅获取原料,这一过程称为"种盐",很形象。这与《熬波图》所记载的在滩场铺撒草灰,上泼洒海水,让草灰吸卤,提高盐分略有些不同。第二种方法是刮扫盐霜,"潮波浅被地(即草荡处),候潮一过,明日天晴,半日晒出盐霜,疾趋扫起煎炼"。文中说扫取盐霜直接煎炼成盐。第三种方法是在海潮

---

① 参见潘吉星《天工开物校注及研究》,巴蜀书社1989年版。原文:"海水盐:凡海水自具咸质,海滨地高者名潮墩,下者名草荡,地皆产盐。同一海卤传神,而取法则异。一法:高堰地潮波不没者地可种盐。种户各有区画经界,不相侵越。度诘朝无雨,则今日广布稻麦藁灰及芦茅灰寸许于地上,压使平匀。明晨露气冲腾,则其下盐茅(霜)勃发,日中晴霁,灰、盐一并扫起淋煎。一法:潮波浅被地,不用灰压,候潮一过,明日天晴,半日晒出盐霜,疾趋扫起煎炼。一法:逼海潮深地,先掘深坑,横架竹木,上铺席苇,又铺沙于苇席上。俟潮灭顶冲过,卤气由沙渗下坑中,撤去沙、苇,以灯烛之,卤气冲灯即灭,取卤水煎炼。总之功在晴霁,若淫雨连旬,则谓之盐荒。又淮场地面有日晒自然生霜如马牙者,谓之大晒盐。不由煎炼,扫起即食。海水顺风飘来断草,勾取煎炼名"蓬盐"。凡淋煎法,掘坑二个,一浅一深。浅者尺许,以竹木架于芦席于上,将扫来盐料(不论有灰无灰淋法皆同),铺于席上,四周隆起,作一堤挡形,中以海水灌淋,渗下浅坑中。深者深七八尺,受浅坑所淋之汁,然后入锅煎炼。凡煎盐锅,古谓之牢盆。亦有两种制度,其盆周阔数丈,径亦丈许。用铁者,以铁打成叶片,铁钉栓合,其底平如盂,其四周高尺二寸,其合缝处一以卤汁结塞,永无隙漏。其下列灶燃薪,多者十二三眼,少者七八眼,共煎此盘。

图 3-9 《天工开物》（陶本）所载"布灰种盐、淋灰取卤"图

经过地掘坑，过滤潮水，获得高浓度卤水（而在海潮上掘坑过滤潮水，能获得高浓度卤水，此法难以理解）。第四种方法是引海水日晒。第五种方法是钩取海水漂来的断草。

淋灰（土）制卤法、煮盐法却与《熬波图》完全相同，"凡淋煎法，掘坑二个，一浅一深。浅者尺许，以竹木架于芦席于上，将扫来盐料（不论有灰无灰淋法皆同），铺于席上，四周隆起，作一堤垱形，中以海水灌淋，渗下浅坑中。深者深七八尺，受浅坑所淋之汁，然后入锅煎炼"。

煮盐的锅盘也与《熬波图》文中记录完全相同，"凡煎盐锅，古谓之牢盆"，"其盆周阔数丈，径亦丈许。用铁者，以铁打成叶片，铁钉栓合，其底平如盂，其四周高尺二寸，其合缝处一以卤汁结塞，永无隙漏。其下列灶燃薪，多者十二三眼，少者七八眼，共煎此盘"。文中也提及南海地区编竹为锅盘煮盐。

淮扬场的大晒盐法，"日晒自然生霜如马牙"，不用煎炼，扫起即食用。而此外，刮扫盐霜直接煎炼成盐，无浇淋程序，根据经验似将盐霜放在水里溶化沉淀出杂质后再煎煮成盐。至于煎煮海草而成的"蓬盐"，考虑到海水中的断草似乎也不能直接煎炼成盐，需要先晒干、燃烧成灰、用水过滤后才能煎煮。

明末王圻玉《古今鹾略》引用沿海各地盐业志内的制盐工艺流程[①]，大体不出上面各书的内容范围。该书卷一引《山东盐志》直接记载了山东沿海各地的制盐工艺流程，制盐原料有海水、盐碱土、上泛的盐霜等。获取卤水的方式有摊灰取卤，"诘旦，乃出坑灰滩晒亭场间，至申，俟盐花侵入灰内，乃实灰于坑内取卤"。草灰汲取的盐花出自洒泼的海水还是地下咸水上泛，文中没有详细说明。文中还介绍了刮土取卤法，所引《长芦运司志》说那里的制盐原料就为摊场上的黑色碱土。此外，海丰（今无棣）一带则利用大口河汊引海水晒盐。

---

① 参见顾廷龙主编（明）王圻玉《古今鹾略》，见《续修四库全书》编纂委员会编《续修四库全书八三九·史部·政书类》，上海古籍出版社 2002 年版，第 11、12 页。

制卤方式主要是淋灰和淋土法，还有通过风吹日晒让海水提高浓度的方法。

成盐方式有日晒和煎煮。海丰一带日晒海水成盐，有的地方则用淋灰、淋土制出的高浓度卤水日晒成盐。所引《山东盐志》记载了用盘煮煎成盐的详细过程，并提及了盘形状与大小。"每岁春夏间，天气晴明，取池卤注盘中，煎之。盘四角楷（木柱）之，织苇拦盘上，周涂以蜃泥。自子至亥，为之一伏火。凡六干，烧盐六盘，盘百斤，凡六百斤，为大引盐一，余二百斤。"盘有四角，说明盘是方形，每盘每次出盐百斤，与考古发现相同。但在四角旁立木柱织苇兰盘，涂以蜃泥防漏，在考古现场并未发现相关遗迹。

总之，就文献记录而言，元明时期沿海地区制盐原料有海水、滞留在滩涂地上的潮水、潮滩上晒出的盐霜、沿海平原上盐碱土及地下卤（咸）水上泛出的盐茅，有些为海边滩涂地上晒出的盐霜，个别地方还有海草（断草）。取卤方式，有的在草灰上泼洒海水或者草灰汲取滞留在潮滩之海水（即草灰取卤），有的刮取沿海平原上盐碱土（即刮土取卤），有的捞取海草。制卤方式（即提高卤水浓度）用海水反复浇淋草灰土和盐碱土灰（土），有的直接经风吹日晒，来提高卤水的氯化钠浓度（盐度）。成盐方式有煎煮、日晒［海水或淋灰（土）出的卤水］，煎煮盐用的铁盘或锅，有圆形和方形，口径有大、有小。盐灶均平地垒砌，灶室大者火眼口有若干个，多者十余个。

莱州湾沿岸地区制盐工艺流程明显异于文献记录材料。比如，原料是浓度较高的地下卤水，盐工提出卤水后经过卤水沟、方坑、过滤坑沉淀、净化，储存在陶缸、瓮内，再放入铁盘、锅内熬煮（没有发现所谓的滩场和淋卤坑），煮盐工具普遍不太大，有圆形和方形，其中方形居多。盐灶为地穴式，即在地面下挖筑而成。盐灶工作间堆满草灰（草灰没有使用过痕迹，也就不存在着草灰取卤、淋灰制卤方式），等等。

三 煮盐的时间与每盐灶的产量

从先秦资料来看，莱州湾南岸地区海盐的煮盐时间是具有时间限制的，也就是说具有较强的季节性。结合文献和考古资料，一般认为商周时期齐地的煮盐集中在春、秋两季。春秋时期，政府介入民间煮盐业，煮盐时间被限定在十月到来年正月这一范围内。①

春秋时期的煮盐时节在《管子》中有不少的记载。《管子·地数》篇中这样记载：

> 管子曰："阳春农事方作，令民勿得筑垣墙，勿得缮冢墓。丈夫毋得筑宫室，毋得立台榭。北海之众毋得聚庸而煮盐。然盐之贾必四什倍。君以四什之贾，修河济之流，南输梁赵宋卫渡阳。恶食无盐则肿，守困之本，其用盐独重，君伐沮薪，煮诛水以籍天下，然则天下不减矣。"

《管子·轻重甲》则记载：

> 齐有渠展之盐，请君伐菹薪，煮诛水为盐，正而积之。桓公曰："诺"。十月始正，至于正月，成盐三万六千锺。召管子而问曰："安用此盐而可？"管子对曰："孟春既至，农事且起，大夫无得络冢墓、理宫室、立台榭、筑墙垣，北海之众，无得聚庸而煮盐；若此，则盐必坐涨而十倍。"

以上可看出春秋时期政府明令禁止春季煮盐，既然禁止，说明民众有春季煮盐的行为。2008 年对南河崖遗址的发掘中，李慧东对遗址内发掘的贝类进行切片观察，认为贝类多采集于入秋时节，故认为秋季是此时民众煮盐的黄金时节。对于这一问题，燕生东先生认为，在煮盐遗址中"缺乏定居的房屋来抵御夏季的风雨和冬季的寒潮"②。后根据盐灶烧火口的方向来判断，认为煮盐季节集中

---

① 参见祁培《先秦齐地盐业的形成与演变》，硕士学位论文，华东师范大学，2014年，第35页。

② 山东省文献考古研究所等：《山东寿光双王城遗址 2008 年的发掘》，《考古》2010 年第 3 期。

在"春天直到夏季雨水来临之间",雨水来临之前,盐工就会撒出盐场来躲避雨季。

具体以双王城遗址为例,看一下制盐的时间和季节。关于制盐的季节性,由于双王城盐业遗址群灶棚进口和烧火的工作间在东南方向,说明煮盐的时候应盛行东南风。根据碳酸盐氧碳同位素比值,蒸发池中灰绿色板结砂土层中碳酸盐形成温度为32℃。查看有关气象资料[①],该地区春末夏初流行东南风,气温上升很快,地面温度多达30℃以上,故可以说举火煮盐应在这个季节。而掘井修池、建灶搭棚、提水灌池、卤水沉淀、蒸发过程应在这之前。所以,燕生东先生认为制盐季节是在春天直到夏季雨水来临之间。该地气候特点也表明,春季至夏初,风多、日照时间长、气温上升快、降水少、蒸发量高,有利于卤水的蒸发,适宜制盐。

考虑到作为燃料的草本植物,其最佳收割时间应为秋末冬初。而需求量最大的芦苇(燃料、铺垫盐棚顶、编制井圈使用),只能在隆冬时节,待河边、湖旁、洼地内的河湖水上冻后,人们才能进入那里收割芦苇。因此,春季制盐的可能性最大。夏天雨季来临之前,盐工们把煮好的盐制品运出,撤离制盐场所。秋末冬初和隆冬季节,盐工们从居住地返回盐场周围,收割薪草,为来年煮盐做准备。商代盔形器容积大、盛盐量多,口径、腹径大,在盐灶的摆放数量就少;西周时期器壁厚、容积稍小,但口径、腹径小,器腹深,在盐灶上摆放的数量就多。因此,每盐灶产盐量的多少不只是取决于盔形器的容量,更主要的是受制于盐灶面积的大小。目前,据对双王城014A、014B、SS8遗址和南河崖遗址第一地点内不同时期盐灶的测量与计算,每个盐灶的面积在30—40平方米,一个盐灶同时可以放置150—200个盔形器(不同时期盔形器的口沿和腹部直径不一样,腹径大者盛盐数量

---

① 参见山东省寿光市羊口镇镇志编委会《羊口镇志》,山东潍坊新闻出版局1998年版,第56—65页;山东省寿光县地方史志编纂委员会《寿光县志》,中国大百科全书出版社上海分社1992年版,第94页;山东省广饶县地方史志编纂委员会《广饶县志》,中华书局1995年版,第104页;山东省盐务局《山东省盐业志》,齐鲁书社1992年版,第118页。

多，但灶面上放置的盔形器数量较少，反之亦然）。

此外，卜辞也有涉及制盐季节的记录。"癸未卜，在海师（次），贞：旬亡祸？王占曰：吉。在十月，唯王之卤"（《甲骨文合集》36756），商王在殷历十月即夏历二月仲春之季①，帅兵东巡至海隅产盐之地，振兵田猎，保护盐田，此时，应为制盐季节。"壬戌……令弜……取卤？二月"（《甲骨文合集》7022），弜在殷历二月即夏历六月季夏之际，受商王之命到产盐之地敛取盐卤。显然，制好的盐卤应在夏历六月之前。这两个材料说明当时制盐的时间也在春季、夏初期间。

滨海盐区，地势低洼，夏季至秋初这段时间，雨水集中，各河道河水漫流、洪灾频发，冬季又较内陆寒冷多风，不适合长期居住、制盐。另外，目前制盐作坊内只有建在灶棚内的临时住所，没有专门供盐工定居的房屋来抵御夏天风雨和冬季寒潮，而盐工及亲属人员长期定居的地方位于盐区10—20公里以外的内陆咸淡水分界线两侧的聚落内。所以，当时制盐时间应集中整个春季和夏初这段时间，也就是说当时制盐是季节性的。当然，这种季节性制盐是有规律性的、固定性的、周而复始的。②

第三节　渠展之盐

谈论山东的盐业遗址，不可回避、也难以绕开的一个词就是"渠展之盐"。

"渠展"是一地名，这里生产的盐在历史上非常著名。例如，明清时代的利津诗人对"渠展"多有吟咏，其中李华的《渠展怀古》诗与张铨的竹枝词《渠展盐池》很有影响。李华在乾隆朝曾任京山县令，是著名金石家李佐贤的祖父，他辞官归里后自东津乘舟至黄芦台，顺流而下铁门关，眺望平地起冰山的丰国盐场，诗兴

---

① 常玉芝：《殷商历法研究》第六章，吉林文史出版社1998年版，第422页。
② 参见燕生东《商周时期渤海南岸地区的盐业》，文物出版社2013年版，第115页。

大发，写下了这首五言诗："济水赴海流，急如离弦矢。强哉齐桓公，富国从此始。我来引领望，霁色沧溟里。一登黄芦台，一想齐管子。管子不复见，渠展犹在耳。忆昔图伯时，烟火几千里。府海饶鱼盐，美利谁与比……"有趣的是，利津县在明清时期曾设立"渠展书院"，并在《山东通志》记载的书院中榜上有名。渠展的出名，不是因为文化人的偏爱，而是由于其出产的海盐的价值。"渠展之盐"牵涉到的，不仅仅是民生，还有国计。直到今天，它仍然魅力无比，让各行各业的人乐此不疲地讨论它。

一 "渠展"的位置

关于"渠展"的位置，说法很多，有渤海说，有利津说，有渤海湾卤水区说，等等。这里仅列举几种很有代表性的说法及王明德的最新研究成果。

（一）关于"渠展"位置的已有研究

赵宝琪认为，渠展濒临渤海湾的天津，渔盐资源丰富。《管子·地数》说："齐有渠展之盐，燕有辽东之煮。"渠展即是指齐之北海，也就是渤海。盐是当时财政的重要支柱，这在《管子·地数》中也有明确的记载："然盐之贾必四什倍，君以四什之贾，修河、济之流，南输梁、赵、宋、卫、濮阳，守圉之本，其用盐最重。"[①] 王青则认为，所言"渠展"不是一个具体的地名，而是指现今鲁北沿海海拔10米线以下富存地下卤水的地带，即"渠展之盐"的具体出产地域。[②]

燕生东先生说过，《管子·轻重甲》《管子·地数》提到的齐国"渠展之盐"到底是在哪里？学者们从语音和语义等作了推测。（唐）尹知章认为渠展在齐地，即济水所流入海之处[③]。（清）张佩纶根据《广雅释诂》说"勃"为"展"、《齐语注》中"渠弥"即"裨海"，认定"渠展"为勃（渤）海之别名。（清）钱文霈认为

---

① 赵宝琪、张凤民主编：《天津教育史》上卷，天津人民出版社2002年版。
② 王青：《〈管子〉所载海盐生产的考古学新证》，《东岳论丛》2005年第6期。
③ 参见黎翔凤《管子校注》，中华书局2004年版，第1422、1423页。

"展"当为"养"字之伪，《汉书地理志》说"琅邪郡长广县，奚养泽在西"，渠养即奚养；《元和郡县志》云"莱州昌阳县，奚养泽在县西北四十里"，昌阳故城在今山东登州府莱阳东七十里，奚养泽在今县东五十里，登莱以北，古时称北海，"渠展之地"当在胶东半岛的登莱一带①。马百非根据《汉书·地理志》记载汉齐地渤海南部沿岸、胶东半岛和鲁东南沿海都置有盐官，认为渠展还无法确定为何地②。其实，从《管子》轻重诸篇中就能知道齐国制盐之地。《管子·地数》篇有"君以四什之贾，修（循）河、济之流，南输梁、赵、宋、卫、濮阳"之语③，说待盐涨到四十倍价格后通过黄河和济水运往中原各国销售。黄河、济水的下游河道在（古今）黄河三角洲一带，显然齐国的主要盐场应在那里。《管子·轻重丁》还记载了齐国四方之民（萌、氓）的生计活动，其中，"东方之萌，带山负海，若处，上断福，渔猎之萌也。治葛缕而为食"；"北方之萌者，衍处负海，煮沛为盐。梁济取鱼之萌也，薪食"。据上文之意，齐国东境为今胶东半岛，虽带山负海，但并不制盐，而齐国北境即渤海南岸地区，那里居民以负海煮盐为业。因此，《管子·轻重》诸篇所载齐国制盐之地应在今渤海南岸一带，这与考古发现完全一致。④

王赛时则指出，渠展位于古济水入海口处。沛水，即济水。后代的利津人都认为"渠展"在他们境内。光绪九年（1883）《利津县志》卷2《舆地》有一段考证："渠展在县北滨海，古置盐所，《管子》：齐有渠展之盐，此阴王之国也。注云：'渠展，齐地，济水入海处，为煮盐之所。'《寰宇记》：'海畔有一沙岸，高一丈，周围二里许，俗呼为斗口淀，是济水入海处。今淀上有井可食，百姓于其下煮盐。'按之邑志，今县北丰国场是。见通志。"古济水

---

① 黎翔凤：《管子校注》，中华书局2004年版，第1365页。
② 参见马非百《管子轻重篇新诠》，中华书局2004年版，第419页。
③ 黎翔凤：《管子校注》，中华书局2004年版，第1366、1367页。
④ 参见燕生东《从盐业考古新发现看〈管子·轻重〉篇》，《古代文明辑刊》2013年。

曾屡经变易和改道，河流冲击也早把渠展附近的海岸线推向远方，然而，这里的产盐遗址却作为一方古迹而保留到后世。直到清代，利津文人仍然在此访踪吊古，追怀赋诗，寻觅并认可渠展古迹的地理位置。

如邑人李含章《渠展怀古》诗云："桑田变沧海，海上沙碛终不改；沧海变桑田，田畔斥卤千万年。有客有客来访古，表海雄风不再睹。缅怀管子霸图强，经纶筹画海可煮。煮海为盐利斯普，只今惟剩茫茫土。"李华《渠展怀古》诗亦云："济水赴海流，急如离弦矢。强哉齐桓公，富国从此始。我来引领望，霁色沧溟里。一登黄芦台，一想齐管子。管子不复见，渠展犹在耳。忆昔图伯时，烟火几千里。府海饶鱼盐，美利谁与比。"张铨《永门竹枝词》中也有类似的感述："渠展盐地尚有无？阴王故国葬榛芜。齐桓一去三千载，谁向寒潮问霸图？"且不论后代诗人的咏唱有多少史证价值，也不必计较后代的渠展遗址是否就是齐国盐业基地，但上古时代齐国那般向海洋进发、煮海为盐、兴办产业、富国强民的业绩，的确给后人留下了永无止境的回忆和思索。这也说明，齐国的"渠展之盐"在山东沿海开发的史册上刻下了永恒不泯的深深印记。①

（二）王明德的最新探讨

王明德教授对渠展之位置有最新的探讨，鉴于该文在学术界反响大、影响面广，不妨在这里详作介绍。②

在其新作《齐国"渠展之盐"考》中，王明德先生指出，"渠展之盐"是春秋时期齐国著名的盐业生产基地。从对《管子》文献资料的解读、现代盐业考古和当时齐国盐业生产环境看，"渠展在利津说"不能成立，"渠展泛指渤海湾沿岸卤水分布区说"亦显笼统，而以潍、弥、淄水下游平原地区为中心的莱州湾南岸符合"渠展之盐"的生产场景，且有大量盐业考古资料可资证实，故渠展当指莱州湾南岸盐业生产区。

---

① 王赛时：《山东沿海开发史》，齐鲁书社 2005 年版，第 60、61 页。
② 参见王明德《齐国"渠展之盐"考》，《盐业史研究》2014 年第 2 期。

在其作品中，他首先论述了渠展之盐的地位以及学术界对其不成熟的认识，"渠展之盐"是当时名闻天下的中国三大财源之一，对齐国起着财力支撑的巨大作用，然而，因记述简略，后人对于"渠展"何指，却人言人殊。关于渠展所指或可能的地望，主要见于后人对《管子》文句的解读和注疏。唐代杜佑《通典·食货十》载："渠展，齐地，沵水所流入海之处，可煮盐之所也，故曰渠展之盐。"① 意即渠展之地在沵水入海之处，沵水即古济水。唐房玄龄《管子》注、元马端临《文献通考》亦同此说。又有学者考证渠展之地在沛水入海之处。四库全书本《大事记解题》载："渠展，齐地，沛水所流入海之处，可煮盐之所也。"至于沛水在何地，没有言明，遍考史籍，不见有关齐国沛水的记载。亦有学者认为渠展位于渤海湾南岸，今莱州以西至广饶县的莱州湾沿岸地区。清胡渭《禹贡锥指》："今掖县东北，自此以西历昌邑、潍县、寿光、乐安，其北境滨海之地，疑即是古之渠展。"除此之外，晋人郭璞《尔雅注疏》还以渠展为"海隅"之别名，惜不知"海隅"之所在。今人郭沫若《管子集校》引张佩纶说则认为当为渤海的别名②。不少论者根据前人对《管子》文句的解读和注疏，推测渠展在今山东利津境内，或在今山东广饶县境内，或在今寿光沿海一带，或泛指以黄河三角洲地区为主体的渤海湾沿岸广大区域。

"渠展究在何处？"提出问题之后，王明德教授首先探讨了"利津说"不够合理之处。

他说："从现有文献资料看，最早提及齐国渠展之地在济水入海之处者，当为唐代杜佑的《通典》。"《通典·食货十》指出渠展即在沵水入海处，至于沵水在何地入海，则无涉及。这种说法为后世学者所引用。清康熙《山东通志》既言："渠展，齐地，济水入海处，为煮盐之所。"一般认为古济水由利津入海。故方志学者据此认定渠展之地即在今利津境内。清康熙《利津县新志》明确指

---

① （唐）杜佑：《通典·食货十》，中华书局1984年版。
② 王爱民列举了数种关于渠展的文献记载，参见王爱民《齐"渠展之盐"概说》，《滨州学院学报》2008年第4期。

出，"渠展在（利津）县北滨海，古置盐所。""盐所"即春秋战国时期齐国设置的掌管盐业生产的机构①。

他指出利津说的依据主要有二：一是地方志所载，即清康熙《山东通志》、光绪《利津县志》等志书皆以为利津是古济水入海处，故为渠展之地。当时黄河流经今河北省中部，在天津一带入海，利津县域西南部是一片滨海古陆地，济水和漯水在利津一带入海②。二是现代考古发掘资料。1975 年春，在利津县城西北部 15 公里处的褚官河畔南望参村西南发现一古窑址。南北长 1500 米，东西宽 1000 米，面积约 150 万平方米。东距洋江盐业遗址（群）11 公里，北距杨家盐业遗址群 9 公里。出土器物为沙泥质红灰陶，有将军盔、瓮棺、豆盘、陶罐等。从出土陶器的用途看，多为煮盐和滤盐、盛盐的器皿，其中以将军盔为最多。东距南望参古窑遗址11 公里处，又发现了西洋江盐业遗址。出土陶片主要为盔形器，年代为距今 3000 年前后的商末周初。古窑群遗址和盐业遗址的发掘，为"渠展在利津说"提供了佐证，并断言"渠展"指的就是利津西北至东南一带③。

如果沛水确指济水，那么利津说即可成立，但问题是利津位于黄河三角洲，黄海三角洲成陆较晚，当时的利津是否处在海岸线上，尚有待古地理学研究证实。从政区演变看，西汉利津属漯沃、蓼城县地，北魏属漯沃县地，隋属蒲台县地，唐、五代属蒲台、渤海县地，宋属渤海县永利镇，金明昌三年（1192）于永利镇置利津县，县名取自永利之"利"与县内东津渡口之"津"二字④。可见，利津置县较晚，也说明利津一地成陆较晚。清代学者叶圭绶在《续山东考古录》中指出："近《志》以县（利津）为齐渠展地，

---

① 参见山东省地方史志办公室《2005 年度地方志资政文集》上册，山东省地图出版社 2007 年版，第 160 页。
② 同上。
③ 王震：《渠展之盐·南望参盐业遗址群及古代黄河三角洲海陆变迁探微》，《中国文物报》2011 年 11 月 25 日第 6 版。
④ （清）叶圭绶撰、王汝涛、唐敏、丁善余点注：《续山东考古录》，山东文艺出版社 1997 年版，第 294 页。

管子所云'渠展之盐也'，无确据（后魏时蒲台东去海仅三十里，今滨州东十里，秦台也。今利津、沾化、海丰诸县，古未必有其地矣，后世海水东去，渐开诸县。近《志》于蒲台、滨州、利津、沾化皆云古漯沃地，一县有如许大耶？今诸县为古何地，亦第约略言之，非敢谓古县境土所必至）。"[1] 应当说这一表述很有见地。如果说先秦时期利津尚未成陆，或成陆较少，利津说就难以成立。在谭其骧先生主编的《中国历史地图集》中，直至北魏时，利津仍处海隅一角，三面环海，其南面仍为宽阔的海汊。无论就其地域的广阔性还是就其交通条件论，都难以成为大规模海盐生产基地。至于《寰宇记》所载"海畔有一沙岸，高一丈，周围二里许，俗呼为斗口淀，是济水入海处。今淀上有井可食，百姓于其下煮盐"即为渠展之地的说法，亦显牵强。齐国数月之间"煮沸水为盐，正而积之三万钟"。齐之一钟约合今 384 公斤，三万钟则合 1000 多万公斤。如此大规模的盐业生产，很难在只有方圆数里的地方完成。

关于古济水入海处，一说为沿今黄河河道入海；另一说为在广饶东北的琅槐县故城一带入海。两地相差甚远。清代顾祖禹《读史方舆纪要》卷 35 载，青州府乐安县有琅槐城，"在县东北百十里，汉县属千乘郡，后汉省。《风俗记》：博昌东北八十里，有琅槐乡。《水经注》：济水东历琅槐故城北"。《禹贡锥指》卷 15 载："《地理风俗记》曰：博昌东北八十里有琅槐乡故县也。《山海经》曰：济水绝钜野注渤海，入齐琅槐东北者也。"而琅槐县故城，应在今山东广饶县的东北 35 公里处[2]。《中国历史地图集》所标注的济水河道皆与利津相去甚远。若济水入海口确在今广饶县境，那么利津说也难以成立。

在谈及利津说难以成立后，他又证明了"渠展泛指渤海湾沿岸卤水分布区"说得不够合理。

王明德教授说，《管子·地数》的"煮沸水为盐"的"沸水"

---

①　（清）叶圭绶撰，王汝涛、唐敏、丁善余点注：《续山东考古录》，山东文艺出版社 1997 年版，第 293 页。

②　参见《广饶县志》，中华书局 1995 年版，第 760 页。

是解开渠展之谜的关键。沛水是否为济水？抑或他指？因对沛水的解释不同，答案则截然相反。历代对"煮沛水为盐"的解释主要有三种：一是认为"沛水"即"济水"，指古代"四渎"之一的古代河流，但清代学者洪颐煊指出："沛水清，不能为盐"，故所谓用济水煮盐的观点难以成立；二是认为"沛水"当读为"沸水"，但胡寄窗也已指出，"煮沸水，即等于煮白开水"，是不能产出海盐的；三是在注意到《轻重乙篇》有"夫海出沛无止"的基础上，认为沛水即沿海地下的卤水，煮沛水为盐，即煮卤水为盐[1]。清末学者于鬯《香草续校书》云："沛盖谓盐之质。盐者，已煮之沛。沛者，未煮之盐。海水之可以煮为盐者，正以其水中有此沛耳，故曰煮沛水为盐。"沛水盖非直取海水，当即卤水，是古时煮盐之源或以海水，但更多的则为取用近海之卤水，此与考古所见甚合[2]。马百非先生在其名篇《管子轻重篇新诠》中据此进一步指出：沛水"当即今之所谓卤水"[3]。王青先生认同此说，并依据考古发现和《管子》所载海盐生产的资料综合研究，认为"煮沛水为盐"的"沛水"应是当时生产海盐的主要原料即地下卤水，而"煮海为盐"实际上只是泛指当时山东北部沿海出产海盐，并非仅指用海水煮盐，也包括利用地下卤水煎煮成盐。"渠展"的范围，大体可以确定在"沿河北沧县南—山东庆云东宗北—无棣北—阳信小韩东—滨城卧佛台北—滨州—博兴黄金寨南—广饶寨村、五村北—青州许王、马家庄北—寿光王庄、后乘马瞳、薛家庄、寒桥北—寒亭鲁家口、狮子行、前埠下北—平度韩村北—平度三埠李家西—莱州中杨、西大宋西一线附近"以北地带的地下卤水分布区[4]。

沛水是古济水还是卤水，是探讨渠展之盐的两种不同思路。持沛水为古济水说者，言之凿凿。一般文献中沛水确指"济水"，而济水在先秦时期为独流入海的大河之一，与江、河、淮合称"四

① 王青：《〈管子〉所载海盐生产的考古学新证》，《东岳论丛》2005 年第 6 期。
② 参见冯时《古文字所见之商周盐政》，《南方文物》2009 年第 1 期。
③ 马百非：《管子轻重篇新诠》（下），中华书局 1979 年版。
④ 王青：《〈管子〉所载海盐生产的考古学新证》，《东岳论丛》2005 年第 6 期。

渎"。将"济水"称作"泲水"之说或始于汉代班固。《汉书·郊祀上》载："于是自崤以东……大川祠二……水曰泲，曰淮。"颜师古注曰："泲，音子礼反，此本济水之字。"综观整部《汉书》，凡是"济水"都写作"泲水"。但无论是煮"泲水"为盐还是"煮泲水"为盐，都不合常识。泲水为淡水河，显然不能煮盐。根据《管子·轻重乙》"夫海出泲无止，山生金木无息"的说法，金木既为山中物产，"泲"也必定是海中所出，因此，"煮泲水为盐"的"泲水"，当非"济水"，而为卤水无疑①。若"泲水"确指卤水，符合海盐生产的实际，但也难以推翻泲水即为古济水的事实。况且将整个渤海南岸产盐区概称为渠展，似显笼统，也不合《管子·地数》"楚有汝汉之金，齐有渠展之盐，燕有辽东之煮"的具体语境。楚之汝、汉，燕之辽东当为确指地名，渠展亦应是较大的区位地名，但不致泛指整个渤海南岸地区。当时渤海亦称北海，在《管子》一书中，多次提到"北海煮盐"，"渠展"必是渤海岸边某一大面积的盐业生产基地。若言渠展之地泛指整个渤海南岸滨海产盐地区，就显得牵强。

王爱民先生认同王青先生的观点但有所修正，认为"渠展"不是一个确切的地名，其地域主体应该在现在的黄河三角洲地区，即以黄河三角洲地区为中心的海盐生产区。盐业考古发现在渤海岸边的鲁北、鲁西北包括滨州、东营和潍坊等市广泛分布着商周时期的盐业生产遗址，如沾化的杨家、陈家，阳信的李屋，滨城区（原称滨县）的兰家、小赵家，利津的南望参，还有寿光的大荒北央、双王城等地，发现了大量的具有鲜明地方特色的盔形器，其中有些遗址盔形器的比例达90%以上。这些盔形器，学者普遍认为是煮盐的工具，某些遗址还发现了煮盐的盐灶和提取地下卤水的卤坑②。

李靖莉等学者也持类似观点，认为齐国的产盐区位于黄河三角洲的渤海近岸，渠展应在这一区域内。《管子·轻重丁》记载：

---

① 王爱民：《齐"渠展之盐"概说》，《滨州学院学报》2008 年第 4 期。

② 同上。

"北方之萌者，衍处负海，煮沸为盐。"《管子·地数》亦称："阳春农事方作……北海之众毋得聚庸而煮盐。"齐人所言北海，是指渤海。北方，主要指齐国北部的黄河三角洲地区。这里土地斥卤，盛产鱼盐，百姓多煮海为盐以谋生。20世纪50—90年代，考古学家在滨州市滨城区、无棣、沾化、阳信、博兴等地，以及东营市利津、广饶等县，发现一批古陶窑遗址，出土了大量商周时期的灰陶盔形器与其他器皿。其中，盔形器所占比例均在陶器总量的50%以上。这些盔形器确属商周时期当地先民"煮海为盐"的遗物。从中折射出先秦时期黄河三角洲盐业生产的隆盛景象[①]。

黄河三角洲确为先秦时期齐国的重要盐业生产区，盐业考古发掘亦证明了这一点，但泛言渠展之地概指三角洲滨海地区盐业生产区，亦显笼统。且不说三角洲的地域范围不易界定，成陆时间有待考证，仅就其盐业生产环境和考古遗存看，似难满足大规模盐业生产条件。陈智勇先生认为"渠展"当理解为晒盐之盐田，即开渠引海水展开为盐池以晒盐。与"煮水为盐"两相对照，可证明齐国的盐产区应在临淄北部沿渤海一带[②]。这种理解也似难成立。先秦时期的盐业生产方式为煮海为盐或煮卤为盐，似无晒盐之盐田的记载。

最后，王明德先生明确指出，"渠展"当在莱州湾南岸。要弄清楚"渠展之盐"的地望，一是对《管子》相关文献的准确解读，二是有现代盐业考古资料可资证实，三是要符合当时齐国大规模盐业生产的环境条件。以此观之，渠展之地当在莱州湾南岸地区。从语义学或音韵学角度分析，"渠展"或可与莱州湾南岸寿光等地的"巨淀""渠弥"联系在一起。安作璋先生认为，"渠展"之地当在今广饶、寿光交界的巨淀湖一带。"渠展"读音近于"巨淀"，"巨淀"也作"巨定"，即寿光、广饶交界的清水泊。《史记·河渠书

---

① 参见李靖莉、赵惠民《黄河三角洲古代盐业考论》，《山东社会科学》2007年第9期。

② 陈智勇主编：《中国海洋文化史长编·先秦秦汉卷》，中国海洋大学出版社2008年版，第214—228页。

第七》有"东海引巨定"的记载。"东海引巨定"应为"北海引巨定"之误。秦汉时期，巨淀湖汇聚淄、时、姚、浃、洋五水流注渤海。巨淀湖位于莱州湾南岸，其周围为当时齐国重要的产盐地之一。寿光双王城盐业考古发掘也证明了巨淀湖一带确为商周时期的大型盐业生产基地。赵守祥先生考证"渠展"之地在今山东寿光境内，渠展即今流经寿光的弥河，谓河水像条条水渠样展开。弥河，即"渠弥水"，古有"寿光县，弥河串"之谚①。孙敬明先生亦梳理了"渠展之盐"的来龙去脉，认为莱州湾有广阔的滩涂，是发展浅海捕捞和煮盐牧马的理想境地。"渠展"之地，当是古代弥水所冲击形成的滩涂，自古至今一直是最大的产盐基地②。

从莱州湾口的自然条件看，由于海陆作用，形成海岸线长近百公里的陆向舌状浅滩口。沿此湾口，陆向海流的淡水河近 20 条，此处滩涂广阔平坦，风浪较小，浅海鱼群在适当季节，云集河流入海处，觅食繁殖，是发展浅海捕捞的理想地带；海水含盐成分高，地势平缓，多生灌木丛荆，为发展煮盐业提供了优越的条件。所谓"齐有渠展之盐"的"渠展"应在临淄附近的莱州湾口。孙先生考证认为，"渠展"之"渠"即指渠弥水，即今日之弥水，"展"乃平广义，此谓弥水入海口处滩涂平阔③。孙先生的推论与古地理环境相吻合，而且又有考古学发掘的证据。不过渠展之地仅指弥河河口冲积平原，似显不妥。整个莱州湾南岸平原地区是由淄水、潍水、弥水等众多河流冲积而成的，作为先秦齐国的盐业生产基地，当属包括弥河在内的广阔的滨海冲积平原。

从齐国大规模盐业生产环境和现代考古资料看，莱州湾南岸地区拥有优越的海盐生产条件。沿海平原一带地下卤水储存量大，埋藏浅，盐度高，是当时齐国主要的盐业生产基地。研究表明，这里

---

① 赵守祥：《论寿光的文化特质》，山东省社会科学界联合会《整合文化资源与建设文化强省：挑战·机遇·对策》，山东省社会科学界 2009 年学术年会文集（3）。

② 孙敬明：《从货币流通看海洋文化在齐国经济重心之发展形成中的作用——论临淄、海阳、临沂所出土的大批货币》，《山东金融》1997 年第 1 期。

③ 孙敬明：《考古发现与齐史类征》，齐鲁书社 2006 年版，第 324 页。

四季分明，年降水量较少，夏季雨水集中，年蒸发量远大于年降水量，光照充足，不仅有利于盐场的建设和维护，而且利于卤水的蒸发。尤其是春季至夏初这段时间，气温回升快，风多雨少，蒸发量很高，非常有利于盐业生产。海滩及河旁、洼地、沼泽地带还生长着茂盛的煮盐燃料柽柳、茅草、芦苇，秋冬季节是收割燃料的好时机，也便于煮盐。沿海以南、以西的内陆地区是宽达数十公里、土地肥沃、适于农耕的河流冲积平原，绵延数百公里的山地丘陵和宽阔的山谷，可为大规模盐业生产提供丰富的粮食、木材、用具等生产和生活物资。这里交通便利，盐制品外运方便。众多发达的水系和宽阔的平原也便于生活、生产物资及盐制品的短途与长途流动（可保证在本地区物流的顺畅）[1]。丰富的卤水资源和滨海广阔的地理环境为齐国盐业生产创造了良好条件。

从盐业考古资料看，近年盐业考古资料显示，在渤海莱州湾南岸寿光、广饶、寒亭、昌邑等地发现了大量商周及宋元等不同时期的 700 余处盐业遗址。其中，寿光市双王城古海盐场遗址群被确认为是国内面积最大、保存最好的商周时期的海盐场遗址，在 30 平方公里左右的范围内，发现 80 余处制盐遗址。这也是目前国内发现最早的海盐生产遗址，具有最早的海水制盐沉淀和蒸发池，规模最大的盐井、盐池群和盐灶等制盐设施。这些大规模、密集分布的商周盐业遗址群，说明这里应是殷墟至西周早期的盐业生产中心[2]。春秋时期去周不远，仍然发挥了盐业中心的作用。

综上所述，王明德教授认为，以潍、弥、淄水等下游平原地区为中心的莱州湾南岸曾是齐国主要的盐业生产基地，符合大规模盐业生产的场景，又有大量盐业考古资料可资证明，且从语义学和音韵学分析上亦能自圆其说，故认为莱州湾南岸地区当是"渠展之盐"的产地，渠展即指莱州湾南岸盐业生产区。

---

① 参见燕生东、田永德等《渤海南岸地区发现的东周时期盐业遗存》，《中国国家博物馆刊》2011 年第 9 期。
② 同上。

二 齐国的"渠展之盐"

《管子·地数》和《管子·轻重甲》都提到了齐国的"渠展之盐"。管子还把齐国的"渠展之盐"与楚国的"汝汉之金"、燕国的"辽东之煮"并列为当时天下最有强有力和最有价值争夺的物质资源。《管子·轻重甲》还指出，齐国在渠展煮盐，征"成盐三万六千钟"，销往梁（魏）、赵、宋、卫、灌阳等无盐或少盐之国，"得成金万一千余金"。由此可见，"渠展之盐"是管仲"官山海"政策的首选对象，也反映出其价值之大。

从地方志的记载中我们可以窥见渠展之盐的价值：利津制盐，起于春秋战国时期，兴盛于清朝早期。历史上曾出现"渠展之盐"兴盛景象和"永阜盐场冠齐鲁"的辉煌。早在春秋战国时期，黄河流经今河北省中部，在天津一带入海，利津县域西南部是一片滨海古陆地，济水和漯水在这一带入海。那时，这里土地肥沃，草木繁茂，海滨广阔，盛产渔、盐。管子载"齐有渠展之盐"即指此。清康熙《山东通志》也有"渠展，齐地，济水入海处，为煮盐之所"……当时齐国是个诸侯国，地处黄河下游，南有泰山，北达渤海，占据着最为膏腴的滨海大平原，宜农、宜渔、宜盐。管仲任齐相时，实行改革，"设盐官煮盐"是其重要措施之一。由于齐国得渔盐之利，所以经营数年，国富民强，终成霸业。利津境地始见发达和兴旺。古制盐业，对齐国富足强盛做出了重要贡献。[1]

对于渠展之盐的价值，曲金良先生则指出，"齐国擅海盐之利得以存在，又因盐之利成为春秋五霸之首、战国七雄之一，盐甚至可以说是齐国的立国之本。在自然经济条件下，拥有海盐资源的山东在政治生活中比其他地区发挥大一点的作用也是情理中的事"。[2]

---

[1] 参见山东省地方史志办公室《2005 年度地方志资政文集》上册，山东省地图出版社 2007 年版，第 160 页。

[2] 曲金良主编，陈智勇本卷主编：《中国海洋文化史长编·先秦秦汉卷》，中国海洋大学出版社 2008 年版，第 214—228 页。

(一) 齐国"渠展之盐"的生产进程和优势[①]

生产进程：对渠展之盐的生产进程，学者们进行了或详细，或简略的描述，这里不一一介绍。只是特别指出，燕生东先生在渤海南岸地区从事田野考古工作十余年，其对渠展之盐生产进程的论述应该是很具有说服力的。（见前文有关章节）

优势：研究齐国盐业的学者们几乎都对渠展之盐的优势进行过或多或少的描述，基本都强调了这里出产海盐的有力的自然条件和地理环境。燕生东先生在《商周时期渤海南岸地区的盐业》中就有精到描述。

潍坊著名文化名人孙敬明先生也指出，临淄面对莱州湾口，北濒海有广阔的滩涂，是发展浅海捕捞和煮盐牧马的理想境地。并且循海东西，可分抵燕赵，与辽东胡地。文献称："燕有辽东之煮，齐有渠展之盐"，孙敬明先生在《齐币流通论》中已指出"渠展"，即古代弥水所冲击形成的滩涂，自古至今一直是最大的产盐基地。[②]

学者郭丽也有相似论述：渠展之盐得益于齐地丰富的自然资源条件。根据考古发现，渤海南部地区在殷商时期和西周早期就开始煮盐。这里的卤含盐量特别高，质量特别好。王青等学者经过研究认为，莱州湾南岸富存地下卤水，以广饶、寿光、寒亭和昌邑沿海储量最大，含盐浓度比正常海水高4—5倍。这些浅层卤水是全新世高海面时期海岸线深入内陆，海水经强烈蒸发浓缩后埋藏形成的。鲁北沿海浅层卤水的分布范围，和煮盐用的盔形器的密集分布带基本重合，即在现今海拔9—10米线附近以北地区，而不是仅限于滨岸。《管子》所说的"煮海为盐"，实际上只占很小一部分。那些远离海岸的大部分地域，应是利用地下卤水生产盐，而"煮沛水为盐"的"沛水"则是特指"卤水"，这个卤水在很大程度上亦即来自地下的"卤水"。齐国北部沿海一带丰富的卤水含量，为齐

---

① 曲德胜：《"渠展之盐"说略》，www.chinaqi.net/ztsb/2014/0504/4b041.html。

② 孙敬明：《从货币流通看海洋文化在齐国经济重心之发展形成中的作用——论临淄、海阳、临沂所出土的大批货币》，《山东金融》1997年1月号。

国煮盐业的高度发展带来极为便利的条件。① 具体来说，包括以下几个层面：

第一，齐国北部淤泥质海岸地势平坦。海滨有大片低地泥滩，蓄水条件好，不易使卤水下渗，这里天气多晴、日照充足，是煮海为盐极为有利的场所。尤其"马常坑"这个自然海湾的周边，有绵延200里的滩涂，潮涨潮落，渗卤日久，掘坑即涌，沙滩板结，风吹是盐，具有良好的产盐条件：身处海边却远离惊涛骇浪，进湾捕鱼竟风平浪静，也是盐民难得之生存佳境，渠展之盐因势而兴。在《管子·轻重乙》中，齐国大夫隰朋曾"报告"过这一地区的具体情形："北方之萌者，衍处负海，煮沸为盐，梁济取鱼之萌也，薪食。"对照隰朋的这份"报告"，我们是不是可以这样去想象——古老的渠展之地，东倚渤海，滩涂广袤。在地势平坦的"海袖子"周边，有茂密茁壮的柽柳林，在莺飞鱼跃的河海交汇处，是铺天盖地的芦苇荡，这一切都是"煮沸为盐"的优越条件。

第二，春秋时期齐国北部的沿海地带，卤水储量巨大。这一带地下卤水含盐浓度之高，也是全国仅有的，即使今天的山东莱州湾西岸，仍存有大量地下卤水。卤水是古人煮海为盐的原料。许多盐业遗存表明，古代卤水在渤海西南岸埋藏较浅，甚至可以挖沟引卤。

第三，齐国的淄济运河，使渠展之盐运销畅通。西周初期，齐国就在沿海发展盐业，及至春秋时期，齐国的渠展之盐已蜚声四海，远销梁、赵、宋、卫等诸侯国。桓公时管仲凭借滨海的地理优势，"兴渔盐之利""通舟楫之便"。并且，为了发展与中原地区的水运交通，使渠展之盐运销畅通无阻，齐国利用临淄城下的淄水与济水邻近的有利的地理条件，在淄、济之间开了一条运河。这条运河由临淄附近开渠北上，借时水运道至博昌（今博兴东南），再引渠入济，《史记·河渠书》所说"于齐，则通菑、济之间"就是指

---

① 参见郭丽《齐桓公时期盐业制度初探——以〈管子〉为中心》，《哈尔滨工业大学学报》（社会科学版）2011年第2期。

的这条运河。淄、济二水沟通以后,齐国的船只由淄入济,由济入漯,很便捷地把马常坑周边堆砌如山的海盐直接运往中原各地。齐国淄济运河的开凿,使渠展之盐更加兴盛。正因为具备了上述生产要素,渠展之盐才能够产销两旺,为齐国强盛发挥了重大作用,对社会发展也产生了深远影响。

(二) 渠展之盐的产、运、销

盐为"食者之将"[1],人人仰给;无盐则肿,百姓不食盐则四肢乏力。因此,盐的运输和销售历来受到重视。早在商代末年,就有从事盐业的名人胶鬲。西周初年,太公望封于齐,吕望正是从"通商工之业,便渔盐之利"入手,即从重视运输和商业出发,来推动社会生产力的全面发展。就食盐而言,主要是从解决运输和销售来促进食盐的生产发展。

在产、运、销方面,春秋时期之前是民间的自发行为,民产民销,政府不参与经营。夏、商、周三代王室用盐主要来自各地的贡品,只是作为税赋的一种征收而已。《周礼》和《禹贡》所说的"九贡"都将食盐包括在内。然论及民间民众用盐,政府不强加干涉,听凭民众自产自销,盐商可以从中获利。

到了春秋战国时期,"官营"成为渠展之盐的主要方向。对于春秋战国时期盐的生产、运销和经营,燕生东先生在其新作中结合《管子》轻重篇的原文作了精到的概括性阐述:首先,食盐的民产、官征收制度。其次,实行食盐官府专运专销制度,无论本地产还是由外输入,皆由政府统制经营。最后,食盐的官卖除食盐出口和转手贸易外,管仲特别强调在国内的官卖,提高或控制食盐价格,课以盐税,按人口卖盐征税。《管子·海王篇》"海王之国,谨正盐筴"。所谓"盐筴"就是按人口册籍出卖食盐,以稳收盐利。

如果将渠展之盐的产、运、销等流程展开,具体包括以下几个层面:

---

① 《汉书·王莽传》。

1. 生产方面的民产、官收

《管子·轻重甲》说"齐有渠展之盐，请君伐菹薪，煮沸水为盐，正（同征）而积之"，"十月始正（征），至于正月，成盐三万六千钟"，盐是征收而来，说明是制盐非官为；又说"孟春既至，农事且起"，"北海之众，毋得聚庸而煮盐"。看来，政府对民产的控制，主要表现为对食盐资源的管理和生产者时间上。① 并且随着盐业生产的发展，已经出现大盐业主，采用雇佣方式，集中大批劳动力从事盐业生产。

2. 运输

运输方面总体上是官运。因为"恶食无盐则肿，守圉之本，其用盐独重"，盐是社会经济生活的独特资源和战略物资，控制食盐运输，是管仲盐业政策、盐业战略的重要环节。管仲提出"以四什之贾（价），循河、济之流，南输梁、赵、宋、卫、濮阳"等无盐之国，且通过齐长城的修建，把食盐西运之途控死，以此达到在经济、政治上控制西南诸国的目的。为了垄断盐业资源，管仲还提出"因人（家）之山海假之"，即把不产于本国的盐廉价收买，加价"而官出之"，即经过转手贸易，把天下盐利收于一国。

3. 销售

该时期主要形式和渠道是官卖。盐为"食者之将"，人人仰给，"无盐则肿"，为了实现食盐专卖，国家对人口进行彻底登记，官府按户口定额售盐，稳收盐利，使民众于不觉间，无从逃税，"盐利收入，其数必巨"，"国用已足"，以尽收"国无海不王"之效，被史家称为"千古盐政之祖"。管仲的盐禁制度，在中国盐业发展史上具有重要的地位。食盐之官营，虽不大利于民而大利于国家。《左传·昭公二十年》记载，晏子批评齐景公暴征其私，导致民人苦病，"山林之木，衡鹿守之；泽之萑蒲，舟鲛守之；薮之薪蒸，虞候守之；海之盐、蜃，祈望守之"。这也

---

① 燕生东：《商周时期渤海南岸地区的盐业》，文物出版社 2013 年版，第 293 页。

或可说明当时的盐业活动确实受到过政府的严格控制。据《左传·昭公三年》和《韩非子·外储说右上》记载，春秋晚期，田氏为了笼络百姓，"鱼、盐、蜃、蛤，弗加于海""泽之鱼盐龟鳖赢蚌，不加贵于海"，施行了与姜齐不同的政策——对盐销售不另加盐税的惠民策略。[①]

自此，秦汉以降的历朝历代，盐业管理制度继承了管仲的食盐官营政策并日趋严密。《史记·齐太公世家》提到，西周初期"太公至国，修政，因其俗，简其礼，通商工之业，便鱼盐之利，而人民多归齐，齐为大国"。《史记·货殖列传》和《汉书·地理志》也有同样记载，齐太公的政策改革"便渔盐之利"，应该就是政府参与了盐业的生产和贸易活动。据《管子·轻重甲》《管子·地数》《管子·海王》篇记载，东周时期齐国首次施行了食盐官营制度。[②]

春秋战国时期，盐业经营权收归国有，看似国家扼杀了盐商存在的可能性，实则不然。一是由于这一时期人口在短时期内的急剧增加对食盐的需求量大增；二是一向重视商业发展的齐国这一时期给予盐商尽可能多的支持。首先，齐国为商业创造了四通八达的交通条件。《管子·五辅》载："修道途，便关市，慎将宿，此谓输之以财。导水疗，利阪沟，决潘渚，溃泥滞，通郁闭，慎津官，此谓遗之以利。"水路方面，可以从《国语·齐语》的记载："齐桓公北伐山戎、刜令支、斩孤竹而南归；滨海诸侯，莫敢不来服。"几个诸侯国，特别指出是临海的几个诸侯国都纷纷拜服齐国。发达的交通为盐商等商人的活动提供了基础性条件。[③] 其次，齐国为盐商等商人的商业活动提供了各项优惠条件。《管子·侈靡》："开国门者，玩之以善言"，体现出齐国开放的治国风气。《管子·轻重

---

① 燕生东：《商周时期渤海南岸地区的盐业》，文物出版社 2013 年版，第 294 页。

② 参见燕生东《商周时期渤海南岸地区的盐业》，文物出版社 2013 年版，第 293 页。

③ 参见祁培《先秦齐地盐业的形成与演变》，硕士学位论文，华东师范大学，2014 年，第 38—39 页。

乙》载："为诸侯之商贾立客舍，一乘者有食，三乘者有刍菽，五乘者有五养，天下之商贾归齐若流水。"这些政策无疑大大促进了商业的发展，而齐国又是以盐立国的，所以对盐业和盐商的支持无疑是最明显的。

燕生东先生也认为，通过考察汉朝的资料也发现，在汉人眼里，齐国通过解决盐的生产、运输和销售，促进了食盐和商业的发展，最终使齐发展为国强民富的东方泱泱大国，齐桓公还成为春秋首霸；齐国盐政的制度可提早到齐太公时期，齐桓公和管仲继承、加强之，汉代只是延续了太公和管仲之法而已。

第四节　山东盐业遗址的考古现状及未来

山东盐业遗址的考古是建立于山东沿海悠长的盐生产史上的。《尚书·禹贡》就有海岱地区"厥贡盐、绨，海物惟错"的记载。《管子》一书也从不同侧面记载了春秋齐国发达的盐业。在如此发达的盐业基础下，自然能够出土大量的盐生产遗迹。但盐业考古发现，尤其是盔形器物的发现，并不是多早的事情。

20 世纪 50 年代，山东北部沿海在疏浚河道工程中曾大量出土一种盔形陶器，山东省文物管理处派员调查，1959 年《山东文物选集》（普查部分）出版，收录了高饶县（应即广饶县）王家岗、寿光县南袁村发现的盔形器，杨子范在该书前言中根据调查人员提供的线索，推测这种陶器可能是战国时期齐国引海水煮盐的器具，同时一直有人相信它是晒盐工具。这是山东古代制盐遗存首次进入学术视野。[①]

对此，燕生东先生在其著作中也有过客观的介绍。[②] 他指出，20 世纪 50 年代初兴修水利工程时，利津、沾化、滨县、广饶等县市沿海地带就曾出土过大量的盔形器。1955 年，文物部门还对沾化县杨

---

① 参见王青《山东盐业考古的回顾与展望》，《华夏考古》2012 年第 4 期，第 59 页。

② 参见燕生东《商周时期渤海南岸地区的盐业》，文物出版社 2013 年版，第 4—6 页。

家遗址（群）进行了试掘。王思礼先生根据这类器物多分布在渤海沿岸、出土数量又多、器形特殊的特点，遂认定为东周时期煮盐工具，并首次公布了盔形器的图片①。60 年代，北京大学考古实习队在弥河、潍河流域的寿光、青州（益都）市一带进行文物调查时也发现过盔形器②。70 年代，滨州市文物管理处在滨城兰家、卧佛台、小赵家等商周遗址调查、钻探和试掘时，新发现了一批完整盔形器或残片，还大体了解了这些遗址的埋藏和堆积情况③，重要的是在沾化县杨家、利津县南望参等遗址（群）发现了可能是烧制盔形器的陶窑群（应该是煮盐的灶）。自 60 年代以来，滨县、广饶、寿光、寒亭、潍坊等县市文物部门就征集了大量完整盔形器④。80 年代以来，考古工作者在内陆地区青州市赵铺⑤、凤凰台⑥、寿光市边线王⑦、章丘市宁家埠⑧、王推官庄⑨、邹平县丁公⑩等商周时期遗址发掘时，也发现了少量完整盔形器。这些盔形器出土单位（水井、灰坑、地

---

① 参见王思礼编《惠民专区几处古代文化遗址》，《文物》1960 年 3 期，第 91—92 页；山东省文物管理处、山东省博物馆合《山东文物选集·普查部分》，文物出版社 1959 年版，第 1—3、65 页。

② 资料现存于山东省文物考古研究所临淄工作站。

③ 参见常叙政主编《滨州地区文物志》，山东友谊书社 1992 年版，第 5—13 页；山东省利津县文物管理所《山东四处东周陶窑遗址的调查》，《考古学集刊》第 11 集，中国大百科全书出版社 1997 年版，第 292—297 页。

④ 这些器物多保存在当地博物馆或文管所，参见李水城、兰玉富等《鲁北——胶东盐业考古调查记》，《华夏考古》2009 年第 1 期，第 11—25 页；山东大学东方考古研究中心等《山东寿光北部沿海环境考古报告》，《华夏考古》2005 年第 4 期，第 3—17 页；滨城文物管理所、北京大学中国考古学研究中心《山东省滨州市滨城区五处古遗址调查简报》，《华夏考古》2009 年第 1 期，第 26—38 页。

⑤ 参见青州市博物馆（夏名采）《青州市赵铺遗址的清理》，张学海主编《海岱考古》第 1 辑，山东大学出版社 1989 年版，第 183—201 页。

⑥ 同上书，第 141—182 页。

⑦ 参见贾效孔主编《寿光考古与文物》，中国文史出版社 2005 年版，彩版第 44 页。

⑧ 参见济青公路文物考古队宁家埠分队《章丘宁家埠遗址发掘报告》，山东文物考古研究所《济青高级公路章丘段考古发掘报告集》，齐鲁书社 1982 年版，第 5—114 页。

⑨ 参见山东省文物考古研究所《山东章丘市王推官庄遗址发掘报告》，《华夏考古》1996 年第 4 期，第 27—51 页。

⑩ 参见山东大学历史系考古专业等《山东邹平丁公遗址试掘简报》，《考古》1989 年第 5 期，第 391—398 页，图版一；山东大学历史系考古专业等《山东邹平丁公遗址第二、三次发掘简报》，《考古》1992 年第 6 期，第 496—504 页。

层堆积）的层位关系明确，又与商代末期、西周早期陶器共存。盔
形器的年代可早至殷墟晚期、西周早期已得到共识。桓台县史家商
代水井、灰坑里还发现了一批完整的殷墟早期盔形器①。

2001 年春，山东大学考古系在淄博市淄川区北沈马遗址的西
周早期堆积内发现了若干件盔形器标本②。2001 年春至 2002 年冬，
山东省文物考古研究所鲁北先齐文化与齐国早期都城研究课题组发
掘了桓台县前埠、唐山、李寨，博兴县寨卞等遗址，在殷墟一期至
四期至西周初期的灰坑和水井中发现了少量盔形器，这样则进一步
证实了盔形器的年代可早至殷墟文化一期③。

此年，山东大学东方考古研究中心等单位以探讨鲁北海岸线变
迁为目的对寿光市北部的大荒北央西周早期遗址进行了试掘，发现
该遗址属于典型制盐遗存，所见盔形器的数量占陶器总量的 90%
以上，还见摊灰刮卤堆积及淋卤坑等制盐遗迹④。2003 年夏，山东
省文物考古研究所等单位在阳信李屋遗址发掘了一个殷墟时期的制
盐村落，该聚落包含了房屋、院落、窖穴、取土坑、窑址、墓葬以
及生产、生活垃圾堆积。出土陶器中，盔形器和日用器皿各占
50% 左右⑤。该年秋，山东省文物考古研究所等单位在山东寿光市

---

① 参见张光明等《桓台史家遗址发掘获重大考古成果》，《中国文物报》1997 年 5
月 18 日第 1 版。资料现存桓台县博物馆。

② 参见任相宏、曹艳芳《淄川北沈马遗址的发掘与研究》，任相宏、张光明等
《淄川考古》，齐鲁书社 2006 年版，第 43—186 页。

③ 参见燕生东、魏成敏等《桓台西南部龙山、晚商时期的聚落》，《东方考古》第
2 集，科学出版社 2006 年版，第 168—197 页；魏成敏、燕生东等《博兴县寨卞商周时期
遗址》，《中国考古学年鉴·2003 年》，文物出版社 2004 年版，第 207、208 页。

④ 参见王青《寿光市北岭新石器时代遗址和大荒北央商周时期遗址》，《中国考古
学年鉴·2002 年》，文物出版社 2003 年版，第 235 页；山东大学东方考古研究中心、寿
光市博物馆《山东寿光市大荒北央西周遗址的发掘》，《考古》2005 年第 12 期，第 41—
47 页。

⑤ 参见燕生东、常叙政等《山东阳信李屋发现商代生产海盐的村落遗址》，《中国
文物报》2004 年 3 月 5 日第 1 版；燕生东、赵岭《山东李屋商代制盐遗存的意义》，《中
国文物报》2004 年 6 月 11 日第 7 版；燕生东《山东阳信李屋商代遗存考古发掘及其意
义》，北京大学震旦古代文明研究中心编《古代文明研究通讯》2004 年总第 20 期，第
9—15 页；山东省文物考古研究所、北京大学中国考古学研究中心等《山东阳信县李屋
遗址商代遗存发掘简报》，《考古》2010 年第 3 期，第 3—17 页。

北部双王城一带发现规模巨大的商周时期盐业遗址群，并在随后的几年内，陆陆续续进行了一系列考古工作。不仅初步了解了该盐业遗址群的分布情况，还发现了与制盐有关的卤水坑井、各类坑池、盐灶等遗迹①。

2007 年之后，自多个盐课题（如教育部人文社会科学重点研究基地北京大学中国考古学研究中心重大项目"鲁北沿海地区先秦盐业考古研究"、国家科技部"中华文明探源工程"重大项目"技术与经济研究课题"、国家文物局指南针计划"中国早期盐业文明与试点"等）立项以及全国第三次文物普查工作开展以来，北京大学中国考古学研究中心、山东省文物考古研究所与各县市文物部门联合对莱州湾沿岸地区的昌邑、潍坊市滨海经济技术开发区、寒亭、寿光、广饶、博兴和黄河三角洲地区的东营、利津、沾化、无棣、滨城、惠民、庆云、乐陵和黄骅等沿海一带进行了系统考古调查工作，共发现了龙山时期、殷墟时期至西周早期、东周时期、汉魏时期、宋元时期的上千处制盐遗存。

其中，新发现和确定了广饶县东北坞、南河崖、东赵、坡家庄，寿光市双王城、大荒北央、王家庄，潍坊市滨海经济技术开发区央子及东营市刘集、利津县洋江、沾化县杨家、庆云县齐周务等十余处殷墟时期至西周初期大型盐业遗址群，单个盐业遗址数量超过 300 处，说明该阶段是渤海南岸地区一个盐业生产鼎盛期。而规模和数量与这时期相匹配、制盐工具不同的东周时期盐业遗址群的发现，显示东周时期是该地的第二个盐业生产高峰期②。目前，已确定了昌邑市唐央、廒里、东利渔，潍坊滨海开发区西利渔、烽台、固堤场、韩家庙子，寿光市单家庄、王家庄、官台、大荒北

①　参见燕生东、袁庆华等《山东寿光双王城发现大型商周盐业遗址群》，《中国文物报》2005 年 2 月 2 日第 1 版；燕生东《山东寿光双王城西周早期盐业遗址群的发现与意义》，北京大学震旦古代文明研究中心编《古代文明研究通讯》2005 年总第 24 期，第 30—38 页。

②　参见燕生东、田永德、赵金、王德明《渤海南岸地区发现的东周时期制盐遗存》，《中国国家博物馆馆刊》2011 年第 9 期，第 68—91 页。

央，广饶县东马楼、南河崖，东营市刘集，利津县南望参、洋江，沾化县杨家、无棣县邢家山子，海兴县杨埕、黄骅市郭堤等 20 多处遗址群，上千处遗址，发现了卤水坑井、沉淀坑、盐灶等制盐遗存和房屋、院落建筑遗迹、墓地等。这些发现不仅为渤海南岸地区古代盐业生产水平、制盐方式、生产性质、管理形式等提供了考古依据，为研究该地区商周时期盐业诸多问题提供了对比资料，也便于把商周时期盐业考古资料放入一个长时段发展过程来考虑。

2008 年春，山东大学考古系等单位对广饶南河崖编号 GN1 遗址进行了发掘，清理面积上千平方米，发现了若干座盐灶、淋卤坑、卤水坑、房址（盐棚）及摊灰刮卤等制盐遗迹①。自 2008 年春至 2010 年冬，为配合南水北调东线工程山东段双王城水库建设，由山东省文物考古研究所、北京大学中国考古学研究中心、寿光市文化局等单位组成的考古队对水库建设所占压的编号 07、014A、014B 和 SS8 四处盐业遗址进行了大规模发掘工作，清理面积超过上万平方米，暴露了多个商周时期制盐作坊区，发现了卤水井、卤水沟、沉淀池、蒸发池、储卤坑、大型盐灶、灶棚、生产和生活垃圾等商周时期制盐遗存②。自此，对渤海南岸地区殷墟时期和西周早期的制盐单元结构有了基本了解。此外，与盐业生产相关的科学分析和研究工作如环境、制盐技术、陶器产地、盐工生计等方面也陆续展开。③ 盐业考古证明，古代的海盐是我国盐业生产的主项，而最初的海盐生产应以渤海湾为中心，尤其是山东半岛北部，是我国早期古代盐业的主要地区。考古发现从一个侧面说明了古代的山

---

① 参见王青等《山东东营南河崖西周煮盐遗址考古获得重要发现》，《中国文物报》2008 年 7 月 11 日第 7 版；山东大学考古系、山东省文物考古研究所等《山东东营市南河崖西周煮盐遗址》，《考古》2010 年第 3 期，第 37—49 页。

② 参见燕生东、党浩等《山东寿光双王城盐业遗址群》，《中国文物报》2008 年 2 月 17 日，中国十大考古新发现展示材料；山东省文物考古研究所、北京大学中国考古学研究中心等《山东寿光市双王城盐业遗址 2008 年的发掘》，《考古》2010 年第 3 期，第 18—36 页。

③ 参见燕生东《商周时期渤海南岸地区的盐业》，文物出版社 2013 年版，第 6 页。

东盐业的重要地位。①

从考古研究的状况看，山东盐业考古研究，成果斐然。这里列举特别具有代表性的论著。燕生东的《商周时期渤海南岸地区的盐业》即是一部盐业考古研究的力作。该书运用聚落形态考古研究的理念和方法，对主要包含山东北部沿海在内的渤海南岸地区殷墟至西周早期盐业生产情况进行了系统研究，详细分析了这个时期盐业聚落群的年代、分布特点、制盐工艺流程以及盐业生产组织、生产规模、生产性质等。在此书中，作者指出，殷墟时期，渤海南岸地区属于商王朝的盐业生产中心，并出现了中国早期盐业官营的雏形。另外，刘伟《先秦鲁北地区盐业经济地理初探》（硕士学位论文，暨南大学，2008 年）也让我们了解到鲁北地区盐业考古的成果。该文从历史地理学的角度考察先秦鲁北盐业经济地理状况，力图复原当时鲁北盐业生产分布流通的历史场景。盐业考古研究的繁荣一方面由于山东的寿光、潍坊、利津等多地多处的盐业遗存被发掘，另一方面也由于山东本土学者的不懈努力与钻研。其中，有多位学者，如王青、燕生东等充分发挥专业所长，结合考古发现和已有研究成果发表了系列有分量的论文并出版了专著，将山东盐业考古研究推向深入，值得重视。②

但是，必须正视的是，由于方方面面的原因，山东沿海的盐业考古工作还有很多工作要做，不少问题需要考古的进一步深入和证明。比如，海盐制盐技术流程的问题。这一问题是山东盐业考古的另一个研究重点，产出的成果也比较多。但学术界的认识分野还较为明显：王青认为应是原始的淋煎法即淋灰法技术流程，而燕生东则依据发掘资料提出了先挖井获取地下卤水，再经由沉淀池和蒸发池，然后设灶煎卤、破罐取盐的说法。两种说法之所以不同，在于以下三点需要深入研究：如何看待煮盐遗址发现的大量草木灰、如何复原盐灶及周围诸多遗迹的功能、如何对待我国古代制盐方面的

---

① 参见纪丽真《20 世纪以来山东盐业研究综述》，《盐业史研究》2014 年第 1 期，第 64 页。

② 同上书，第 65 页。

文献史料问题。[1] 相信随着考古工作的深入，这个问题会得到解决。这个例子说明，山东盐业考古尚有很大的深入发掘空间。

第五节　山东沿海出产海盐的优势和条件

海盐生产主要是露天生产，受自然条件的影响很大。山东沿海，尤其是莱州湾南岸，无论是自然资源还是气候条件都非常优越，这是山东沿海出产海盐的先天条件。

一　丰富的卤水资源

渤海南岸地区地下卤水储藏丰富而且容易获取，这为盐业生产提供了取之不尽的原料。渤海地区的浅层卤水广泛分布于渤海沿岸的黄骅、海兴、无棣、沾化、河口、利津、垦利、广饶、寿光、寒亭、昌邑、莱州等距海岸线 0—30 公里范围内的滨海地带（图 3 - 10）。仅山东地段就已探明总面积就超过 2197 平方公里，卤水资源量约为 82 亿立方米，氯化钠储量达 1.65 亿吨。浅层地下卤水的浓度一般为 5—15 波美度，最高达 19 波美度，是海水的3—6 倍（渤海湾海水浓度不足 3 波美度）。浅层卤水共分三层，上部为潜水含卤层，底板埋深 0—22 米，形成于全新世。中层含卤水层形成于 2 万—4 万年，底板埋深 20—32 米。下层含卤水层形成于 8 万—10 万年，底板埋深 35—60 米。三层含卤水层间都有隔水性能较好的黏土、粉砂黏土层[2]。渤海南岸地区山东境内地下卤水分布带大体可分三大区，一是莱州湾沿岸高浓度卤水区，二是沾化县秦口河至无棣县漳卫新河之间的马山子中、低浓

---

① 参见王青《山东盐业考古的回顾与展望》，《华夏考古》2012 年第 4 期，第 63—64 页。

② 参见韩有松等《中国北方沿海第四纪地下卤水》，科学出版社 1994 年版，第 13—20 页；孔庆友等编《山东矿床》，"山东地下卤水矿床"章节，山东科学技术出版社 2006 年版，第 522—536 页。

度卤水分布区，三是今黄河三角洲地下卤水分布区①。这三区内都有商周时期盐业遗存分布。②

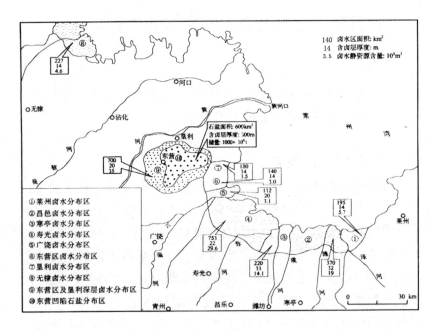

图 3－10　渤海南岸地区已探明地下卤水分布及储量预测示意图

（据《山东矿床》第 535 页图 4—3—27 绘制）

在渤海南岸，莱州湾海水盐度高，地下卤水储藏极为丰富。据测量，莱州湾近海表层海水盐度，"上半年为增盐期，下半年为降盐期，到 6 月份达到最高值"③。卤水浓度的高低直接关系着海盐产量的高低，而莱州湾南岸滩涂的地下卤水含量非常丰富。从掖县虎头崖往西，经掖县井滩区、昌邑、潍北寒亭、寿光、广饶至垦利的 6 县区滨海地带，是山东省浓缩海水储存量最大、浓度最高的集中

① 参见张林泉《中国鲁北盐区遥感调查研究》，山东科学技术出版社 1989 年版，第 90—99 页。

② 参见燕生东《商周时期渤海南岸地区的盐业》，文物出版社 2013 年版，第 29—30 页。

③ 山东省盐务局：《山东省盐务志》，齐鲁书社 1992 年版，第 150 页。

地区。经勘探和调查查明：莱州湾卤水矿区总面积约为 1500 平方公里，这一带地下卤水储量达 74 亿多立方米。①寒亭北部"盐区地下埋藏着 9—17 波美度的卤水，含盐量一般在 100—150 克/升，最高达 190 克/升，是海水含盐量的 5—6 倍。盐卤分三层垂向分布在 80 米深的粉砂层中，由南向北，厚度和浓度增加，分布面广"。②潍坊寿光盐区地下卤水蕴藏丰富，"地下卤水储量：在整个盐区中，储量为 58.32 亿吨，占整个莱州湾沿岸卤水带储水量的 78.41%"，"胶莱河、弥河下游局部有高浓度块段，中心浓度高达 19 波美度"。③昌邑市北部盐区，东起胶莱河口，西至虞河口，"地下卤水，分为潜水卤水层和承压卤水层。潜水卤水层一般为 7—11 米，卤水浓度为 6—12.2 波美度；承压卤水层，卤水浓度为 6—12.5 波美度"。莱州湾沿岸的地下卤水分布面广，埋藏浅，储量多，浓度高，宜于开发。莱州湾南岸滩涂地下储量丰富的高浓度卤水，为海盐业发展提供了丰富的自然资源。

　　其中，莱州湾南岸是地下卤水浓度最高、储量最大的集中地区。黄河三角洲地带，受古今黄河和其他河流河水的冲淡影响，浓度一般不高。目前，所发现的商周时期盐业遗址群多分布在高浓度南侧和远岸地区的低浓度带上（图 3 - 11）。当前，渤海南岸地区的制盐原料主要是抽取深层（地下 60 米）高浓度地下卤水晒盐，该地区已是中国沿海地区最大的产盐基地之一。地方文献表明，明清时期，该地主要是挖掘盐井汲取地下卤水来晒盐或煮盐。最近的考古发现表明，商周时期和金元时期也是利用地下卤水来制盐。

----

① 参见姜波《潍坊市盐和盐化工发展的现状及前景》，《海洋开发与管理》1991 年第 2 期。

② 山东省潍坊市寒亭区史志编纂委员会：《寒亭区志》，齐鲁书社 1992 年版，第 278 页。

③ 潍坊市地方史志编纂委员会：《潍坊市志》，中央文献出版社 1995 年版，第 588 页。

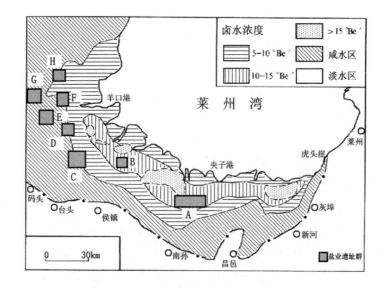

图 3-11　莱州湾南岸地区地下卤水分布带与盐业遗址群关系示意图

A 央子遗址群，B 王家庄遗址群，C 双王城遗址群，D 大荒北央遗址群，E 东北坞遗址群，F 南河崖遗址群，G 东赵遗址群，H 坡家庄遗址群

（燕生东：《商周时期渤海南岸地区的盐业》，文物出版社 2013 年版，第 29 页）

二　气候条件适宜

莱州湾的制盐最早是煮盐，东汉文字学家许慎在其《说文解字》中载："盐，卤也。天生曰卤，人生曰盐"，这证明了古代人们利用卤水加工成盐的事实。从夏、商、周时期到元朝以前，鲁北制盐主要采用煮盐或者煎盐方式，技术简单，易于制作。元朝以后，制盐的方法得以提升：由煮盐、煎盐改为晒盐。

原盐自实行摊晒方式以来即是露天生产，气候条件对摊晒海盐起着决定性作用。这里四季分明，年降水量较少，夏季雨水集中，年蒸发量大，光照充足，不仅有利于盐场的建设和维护，而且有利于卤水的蒸发。尤其是春季至夏初这段时间，气温回升快，风多且大，降水稀少，蒸发量很高，非常有利于盐业生产。具体来说，影响制盐的气象要素主要包括：第一，蒸发量大。蒸发量是决定海盐产量高低的最重要的因素，山东盐区全年蒸发量的平均值大致是北

高南低，西高东低，"除黄河三角洲和羊口盐场以外，莱州湾沿岸
的年平均蒸发量均在 2200—2400 毫米"①，其中羊口盐场的蒸发量
最高为 294.6 毫米。水汽的大量蒸发，加速了盐晶的形成。第二，
降水量。降水量的多少也是决定出盐快慢的重要因素。降水量大，
湿度就大，出盐就慢；反之，降水量小，相对湿度就小，蒸发量就
大，出盐就快。莱州湾位于山东北部，特别是潍坊市北部区域占据
绝大多数，此区域属于降水偏少区域，"年平均降水量在 600—650
毫米"② 相对湿度较小，卤水蒸发较快。第三，光照时间充足。山
东省盐区每年平均日照时数为 2398—3021 小时，莱州盐场全年日
照时间为 2809 小时，羊口盐场为 2699 小时。光照时间决定了太阳
辐射的强度，莱州湾南岸潍坊的"年辐射量为 125 千卡/厘米^2·年
以上"③，其中春季（3—5 月）达到 39 千卡/厘米^2·年以上，夏季
（6—8 月），达到 38 千卡/厘米^2·年以上，秋季辐射量较低，仅为
25—27.8 千卡/厘米^2·年以上，占全年总辐射量的 21%—22%。
莱州湾盐区日照时间长、太阳辐射量强度高、地面气温高，是莱州
湾区域海盐生产的又一重要因素。第四，风力条件优越。在经济发
展中，干热风对于农业是灾害性天气，而对于海盐生产则是理想天
气，特别是春季是盐业生产的黄金季节，俗有"小满前后出神
盐"④ 之说。莱州湾南岸盐区，因地处蒙古高压的东南部，常有一
股股冷空气爆发南下，因而经常出现较大范围的偏北大风，且风速
较大。特别是夏季温度高，经常出现干热风，这对于盐田来说无疑
是一个福音，有利于盐的结晶和盐产量的提高。⑤

---

① 山东省盐务局：《山东省盐业志》，齐鲁书社 1992 年版，第 106 页。
② 同上书，第 109 页。
③ 同上书，第 115 页。
④ 青岛市史志办公室：《青岛市志·盐业志》，中国大百科全书出版社 1996 年版，第 27 页。
⑤ 参见于云洪《论鲁北莱州湾南岸区域盐业的发展》，《盐业史研究》2014 年第 2 期，第 9 页。

三 地理环境优越

山东沿海，尤其是莱州湾沿岸和黄河三角洲地区之所以出产盐，离不开其地理环境的优越。渤海南岸在地理单元、地貌特征、海岸类型上大体分为莱州湾沿岸及古、今黄河相互套叠的复式三角洲地带两大区（渤海湾西南岸属古黄河三角洲地区）。莱州湾南岸地带，广泛发育了全新世中期以来形成的海河积平原，沉积物主要是粉砂淤泥质。黄河三角洲一带，沿岸多为被海洋动力改造的黄泛平原，沉积物主要为淤泥、泥质粉砂及粉砂质泥。特殊的自然环境和丰富的卤水资源，使这里成为古今制盐的理想场所。当然，仔细分析，莱州湾南岸地带和黄河三角洲地区的微地貌还有些差别。莱州湾是山东最大的海湾。沿岸地带主要包括莱州、昌邑、寒亭、寿光、广饶五县市的西北和北部地区。海岸以低平、岸线平直、潮滩宽阔均匀为其特色。滨海平原系海相沉积物及胶莱海、潍河、白浪河、弥河、淄河、小清河等几条较大河流的冲、洪积物叠盖而成[1]。莱州湾南岸地带地貌形态自海岸至内地呈条带分布，依次为潮滩、海积平原、海、河积平原、冲积平原、冲洪积平原（山前平原）和泰沂山地丘陵及河谷平原，地势由北向南逐步增高。[2] 并且，潮滩宽阔平坦，大海潮特别是风暴潮经常浸及该地，无农作物生长，居民点稀少。

黄河三角洲地区的情况是：历史上黄河在该地区南北摆动，形成了复式三角洲地带。这里也是著名的黄河支津九河古道区[3]。该区地貌自海向西依次为潮滩、滨海平原（海积、河海积平原）、黄

---

① 参见李道高等《莱州湾南岸平原浅埋古河道带研究》，《海洋地质与第四纪地质》2000年第20卷第1期，第23—28页。

② 参见燕生东《商周时期渤海南岸地区的盐业》，文物出版社2013年版，第19—20页。

③ 参见吴忱、许清海等《黄河下游河道变迁和古河道证据及河道整治研究》，《历史地理》2001年第十七辑，第1—28页；刘起釪《〈禹贡〉兖州地理丛考》，《文史》第三十辑，中华书局1988年版，第25—45页。九河是指覆釜河、洁河、鬲津河、钩盘河、简河、胡苏河、马颊河、徒骇河、太史河等。

泛区平原。地势低洼而平缓，土层深厚。该区由于受黄河等携带泥沙常年淤积的影响，冲积物由疏松的合成陆源物质堆积而成。该地区海岸低平，水浅，无港湾，无基岩露出，高潮岸线曲折多端，低潮岸线比较平直。一系列高差不大的河道、高地、河间和垂直于海岸的河沟纵横交错，把广阔的海积平原划分成了一个个小区域。

与地理环境联系在一起的，是特殊的土壤和植被。山东沿海的海积平原和海、河积平原广泛分布着滨海盐土。土壤表层积盐重。土壤和地下水的盐分组成与海水的盐分组成一致，均以氯化物占绝对优势。植被群落从海岸至内陆（即积盐程度由强至弱）的顺序是：稀疏黄蓿菜群落，以盐蒿、碱蓬为主的盐蒿群落，以马绊草、碱蔓菁、芦苇、柽柳为主的獐毛群落，茅草群落。滨海平原地区的土壤含盐量高，被严重盐渍化，很难开垦种植农作物，发展农业，所以盐业生产也就成为可能的选择。

在本章结束之前，特别恳望各界思考和关注的一个问题：山东的海盐文化资源除了盐业遗址还有哪些？这些遗址等海盐文化资源是否受到了应有的关注和保护？尤其是保护、利用问题。山东的盐业遗址等文化资源存在巨大的学术价值和经济、社会价值，但如何保护和利用包括海盐遗址在内的盐文化资源呢？

第四章　山东海盐旅游资源及其保护、利用

　　旅游业是世界最大的经济产业之一,近年来其增长速度一直高于国内生产总值和国际贸易的增长速度。目前,我国有24个省、直辖市、自治区把旅游业列为支柱产业和重点产业,还有一些省、直辖市、自治区把旅游业列为优势产业和先导产业。作为旅游大省的山东,除了继续大力宣传"一山一海一圣人",还要不断挖掘包括盐文化资源在内的文化底蕴,抓住目前全国努力保护文化遗产、山东大力建设"海疆历史文化廊道""海上丝绸之路"的时机,充分挖掘、大力发展海盐旅游。

　　海盐作为旅游资源可以分为不同的类别,如曾凡英、王红在《论盐文化的内涵与特征》中,将海盐文化旅游资源分为物质文化旅游资源、制度文化旅游资源、精神文化旅游资源。根据前人的研究和我们的调查,这里将山东的海盐旅游资源分为物质形态的海盐旅游资源和非物质形态的海盐旅游资源两大类。

第一节　物质形态的海盐旅游资源

　　物质形态的海盐旅游资源,是指海盐生产场地、工具、运销码头、器具、盐政管理官署建筑、碑刻、盐民日常生活场所、用物等,现在仍有遗迹可觅或形象可观的文物。这里,我们主要介绍的是盐业遗址、海盐生产的古村镇、盐场、独具盐业经济特色的地方饮食文化等。

一　遗址

从旅游的视角看，山东沿海海盐遗址众多，这里仅仅列举很有代表性的杨家盐业遗址群、双王城盐业遗址群、烽台盐业遗址群等。

（一）杨家盐业遗址群

杨家盐业遗址群，作为全国重点文物保护单位，自发现至今，先后经历了五次发掘调查，每次调查都令世人瞩目，目前至少已发现 22 处盐业遗址。

2007 年，当时还是北京大学震旦古代文明研究中心博士的燕生东先生，以遗址保护碑为中心向四周做了勘查，仅在保护碑周围 15 万平方米的范围就发现了 10 处商周时期制盐遗址、2 处东周时期制盐遗址。2011 年底，山东省考古研究所进驻古窑址现场对该遗址组织了最大规模、最大面积的一次考古勘探，共完成探区面积 217 万平方米，发现各类遗迹 22 处，此外，还发现了数量巨大的盔形器、滤器、灰陶簋口沿、灰陶豆等器物，多为盐业生产所用。此次勘探不仅对研究商周时期的制盐历史、流程、聚落特点、盐业运输具有实证价值，而且对研究当地的历史文化、地理风貌也大有裨益。

在这里的多次发掘考证，考古专家们一致认为，杨家古窑址群不仅是滨州市和整个黄河三角洲地区目前发现较大的、保存较完整和最有价值的商周盐业遗址群，而且还是黄河三角洲地区商周时期的一处独立的核心制盐区。该遗址不仅具有很重要的历史文物价值，同时也具有开发利用的旅游文化价值。

（二）双王城盐业遗址群

该遗址的状况在前面已经作出较为详尽的介绍，在这里不再赘述。把双王城盐业遗址放在这里，主要是从旅游的角度而言的。作为山东寿光的一大旅游景观（现在是景观，未来应该更是），双王城水库位于山东省寿光市羊口镇，北距大荒北央、菜央子商周制盐遗址（群）也有 10 余公里。双王城盐业遗存的年代多为西周早期，个别遗址可能早到商代晚期。整个遗址群有 39 处盐业遗址，集中分布在原双王城水库周围 8 平方公里范围内，每平方公里近 5 处。其中，在北部 3.5 平方公里范围内，已发现 30 处遗址，每平方公里达 9 处。制盐遗存分布如此密集、制盐规模如此之大，这在山东乃至全国属首次发现。从旅游的角度看，以这一遗址为主基地打造的山东盐业遗址公园的前景很好。

（三）烽台盐业遗址群

烽台盐业遗址群处于弥河、虞河入海口之间，海拔低，为渤海潮汐入侵范围，滩涂广阔，土地盐碱度高，地下卤水资源丰富。气候属北温带季风区，背陆面海，属暖温带季风型半湿润性气候。四季分明，春季风多雨少；夏季炎热多雨；秋季天高气爽，晚秋多干旱；冬季干冷，寒风频吹。

对包括上述盐业遗址在内的海盐遗址的保护，目前应该首先做到以下几个方面：第一，继续加强田野考古工作。田野调查和发掘工作是实现保护和制订保护规划的基础。在这方面最近几年来取得了很大进展，特别是在莱州湾南岸发现制盐遗址 500 处以上。当然，还有大量工作要做。对那些还未发掘的遗址，应尽快选择典型遗址进行发掘，在全面探究遗址内涵的前提下，制订保护规划。第二，进行遗址文保档案建设，并尽快对遗址进行保护评级。目前已发现的遗址中，绝大多数为近十年新发现的，相关文保档案做得还很不够，应尽快进行这项工作；各遗址的保护评级也非常欠缺，双王城已经申报并批准为国保单位，其他属于省级、市级、县级的文保单位相对较少，多数遗址未定保护级别，这是很大的遗憾。目前应尽快对这些遗址进行评估并制定、落实保护策略。第三，有条件的遗址，学习双王城的思路，尽快建立遗址博物馆和遗址公园，保护和展示盐文化遗存。在进行这些工作的过程中，一定要注意加强与地方政府的协调，争取地方尽可能多的支持。方方面面的资料表明，近些年，以莱州湾沿岸为代表的山东沿海经济发展迅猛，各种经济方式在滨海竞相开放，且不说盐场、养殖场等传统的经济项目，光是近些年的沿海经济区超高规模的建设和拓展，已经和正在对这些盐业遗址造成破坏。① 所以，积极与地方政府协调保护工作，及时制止破坏行为已经刻不容缓。

二　盐村和盐场

山东沿海的不少地区，制盐业是支柱产业，如在经济基础比较薄弱的滨州河海区域，制盐业更是其重要的经济收入。隆庆年间曾任利津知县的贾光大有诗描述："古城谁筑在荒陬，遗址犹存动客愁。草色连天迷望眼，潮头喷雪簇渔舟。乍经茅屋人民少，惯见沙洲狐兔游。空有盐花堆似玉，年年辛苦几时休。"与贾光大同时期的兵备副使甄敬也写诗说："村市依流曲复斜，上墙茅屋带烟霞。潮声夜动千门雪，盐蕊晴开万顷花。斥地经春无草木，商船入夏足鱼虾。观风暂驻皇华节，泛海难从博望槎。"从这些诗咏中可以看出，山东沿海的盐场在当地的经济环境与人文环境中都占有最瞩目的位置。

在山东滨海海盐生产的各个历史时期，产生了许许多多因盐业生产、商贸、运输等集散凝聚形成的盐村。盐村是指因食盐生产而建立的村庄或者以从事盐业生产为主的村庄，如羊口的官台村、丁家央子、任家庄子；央子的烽台渔村、蔡家央子村；寿光的大家洼村、河套村、筏子口村、西周疃村等。

山东沿海开发的海盐，主要包括莱州湾和胶州湾周边的盐场。其中，莱州湾盐场的制盐原料主要采用埋藏地下的卤水，建成的制盐卤水基地有寿光、昌邑、寒亭、广饶、莱州等。采用海水晒盐技术的莱州湾盐场和胶州湾盐场开采历史悠久，远在春秋时代，齐国的管仲就在这一带沿海致力于盐业生产。汉代史学家司马迁在《史记·夏本纪》中曾经记载"海岱惟青州……海滨广潟，厥田斥卤……厥贡盐、绨"。到了周朝初期，齐国已经是"通渔盐之利"，到南北朝时期，"青州以北置盐灶五百四十有六"，表明盐业生产已经具有一定的规模。元朝初期，山东渤海沿岸已经有 19 处盐场。

---

① 参见王青《山东莱州湾南岸盐业文化遗产的现状与保护》，《东方考古》2011 年12 月（第 8 集），第 90—91 页。

清朝初年莱州湾沿岸的海盐产量近万吨。新中国成立前，仅胶州湾北岸的胶澳盐场每年产盐 20 多万吨。总的来说，山东沿海的盐场在半岛南、北两侧均匀分布，大中型盐场有 8 处，以潍坊的羊口盐场规模最大，年产原盐达到 40 多万吨。其他还有如青岛的东风盐场、掖县莱州盐场、掖县盐场、寿光莱央子盐场、卫东盐场、惠民地区的埕口盐场等。这里，以潍坊滨海的盐村和盐场为例，从旅游的角度谈一下山东的海盐物质文化资源。

潍坊滨海的盐村和盐场，为了叙述的方便，在这里采用地域划分法，从潍坊滨海经济技术开发区、寿光、昌邑三个大的部分来陈述，每一地域内采选较具代表性的盐村和盐场。

（一）潍坊滨海经济技术开发区的盐村和盐场[①]

潍坊滨海经济技术开发区的盐村、盐场众多，在这里主要介绍颇具代表性的两个地方。

1. 烽台村

烽台村[②]是潍坊市滨海开发区央子街道所属的一个行政村。该村也是滨海开发区东北向最靠近海边的村庄。烽台村东邻西利渔村，南接崔家央子村，北靠渤海湾，西靠央子镇 5 公里，南离潍坊市 40 公里。该村虽然西邻白浪河下游，但是因为靠近莱州湾，属于典型的沿海滩涂，地势低洼，地下受海水侵袭严重，土壤盐碱化，地下富含卤水资源，因此成为滨海区域历史上有名的以晒盐为主的盐村。村中淡水资源缺乏，农业主要以种植棉花和花生为主，农业收入很低，大部分村民都选择浅海捕捞和盐业生产作为自己主

---

① 参见潍坊市滨海经济技术开发区、潍坊学院海盐文化研究基地《滨海（潍坊）盐业文化资源调查》（内部刊物），相应部分。

② 烽台村是一个历史发展悠久的村庄。据说，早在唐朝初年，唐高祖李渊于武德年间东征高丽，唐朝大将耶律秃曾在此安营扎寨。当时带兵指挥的秦王李世民，也在此设过烽火台。由此证明这里曾是隋唐时期东征的根据地，军事战略地位非常重要。到了明朝洪武初年，因为朱元璋从山西往东部地区大规模地移民，以充实被元朝末年因为农民战争的破坏而荒芜的土地，王姓由山西洪洞县迁此立村。因为这里地势较高，又因唐朝时期在此筑建烽火台，故取村名为烽台村。后又传说，曾有凤凰落过烽火台上，故又改村名为凤台庄。后来考古学家曾在该地考证有烽火台遗址，所以又改回了原名"烽台村"。

要从事的行业。这里属于渤海湾南湾，盐滩广阔，地下卤水丰富，所以有很多人选择了开盐滩晒盐。现在该村拥有 220 户，耕地 1640 亩。大约有三分之一的人从事农业生产，有小部分人出海捕鱼，其余的人从事盐业生产，是一个历史悠久的老盐村。2009 年，在潍坊寒亭发现的古代盐业遗址群，其中烽台盐业遗址群面积超过 5 公里，共发现西周早期盐业遗址 2 处，东周时期盐业遗址 35 处。

2. 大家洼

2007 年，大家洼街道划归寒亭区管辖。大家洼街道，位于潍坊市北部，地处渤海莱州湾南畔，寿光市东北部，东西长 19 公里，南北宽 12 公里，形似铆钉，总面积 205 平方公里。北倚羊口镇，西南距离寿光市 34 公里，西毗邻营里镇，南与侯镇接壤，东邻潍坊市寒亭区，现与央子街道组成山东潍坊滨海经济技术开发区。大家洼自古是一片盐碱滩，现在经过几十年的工业发展，加上海化集团的投资，大家洼已经成为一处现代海洋化工基地。

大家洼地处滨海浅平洼地，地势西南高东北低。大家洼南部属于盐化潮地，北部属滨海滩地盐土，东南部弥河下游土地广阔，北部有较长的海岸线，滩涂广阔，卤水资源丰富，有发展水产养殖业和盐业生产的良好条件。国家特大型盐碱联合企业——海化集团位于街道办事处北部。目前，大家洼街道经济形成了以制盐、盐化工、海水养殖为主，农、渔、建筑建材、运输、饲养、商贸服务业为辅的经济局面。大家洼镇就是海化集团的所在地，目前就生产规模和市场占有率而言，海化集团纯碱、硝盐产量世界第一，氯化钙、三聚氰胺、水玻璃产量亚洲第一，原盐、溴素、溴化物等多种产品产量位居全国第一。

该街道的大家洼村，位于滨海经济技术开发区以东，村庄占地 693 亩，南邻八里村，西邻原大家洼镇区，北临海化集团生活区，东临东大家洼村，南距寿光市区约 40 公里，距潍坊市区约 50 公里。村北有铁路，站名为大家洼站，北临渤海湾，南有多条高速公路经临。村办企业有建筑公司、水泥预制厂、木器厂、装饰公司、车队、大修产。现拥有盐田 10000 公亩。据史料记载，清顺治年间，李龙功从现在的田柳镇王里迁此立村，因地势低洼，常年积水，村名遂称李家洼。至乾隆年间，杨氏从现在的营里镇孙家庄迁入，繁衍生息，人口增多，逐渐形成大村庄，遂更名为大家洼。

大家洼村北面有一个早年莱州建的盐场，叫莱州盐场洋口段，还有一个是安徽人建的盐场。据村中老人介绍，那个盐场是国家用一个安徽的茶厂换来的，这几个盐场最后合并为一个盐场，改名为蔡央子盐场。1962 年，为解决羊口盐场原盐外运的问题，盐务总局和省盐务局共同投资 212.5 万元，修建了大家洼到昌乐火车站的运盐专用铁路线。

（二）寿光的盐村和盐场

寿光是最早的海盐生产地和海盐工场生产技术发源地，煮海盐历史悠久，自秦汉时设置了盐官。根据已有记载，东晋时期（安帝隆安年间，即 397—401 年），南燕慕容德在乌常泽（今营里镇黑家子村，秦始皇东巡筑台观海即在此）附近设置盐官。元朝时期（元世祖至元年间，即 1264—1294 年），寿光设有官台场，为当时山东 19 盐场之一。清朝时期，盐制仍沿袭旧制，由户部管理全国盐务，宣统二年（1910）由户部尚书兼任督办盐政大臣总摄。产盐地区设都转运使司，或以盐法道、盐粮道兼理，使司以下设分司机构。当时全国 40 省共 178 场，山东共设 8 场，供 4 省销用。清雍正年间（1730）潍县固堤场并入寿光官台场。清宣统年间利津县永埠场被黄河决口淹没，山东巡抚李秉衡奏准在官台场大量避难。

寿光卤水主要分布于寿北侯镇重盐碱地区，地下波美 7 度以上的卤水净储量达 39.6 亿立方米，富含盐、溴、镁、钾、碘等几十种物质，含盐总量约 4 亿吨。埋深一般在 2—3 米，年开采量约 1620 万吨。羊盐牌工业盐是山东羊口盐场生产的优质工业盐。1958 年开始生产，利用海水和地下卤水，采用先进的"新、深、长"生产工艺精制而成，产品具有晶体大、颗粒均匀、纯度高、色泽正等特点。产品质量稳定，符合 BG 5462—85 国家标准。该产品 1985 年被评为省优产品，1990 年又荣获轻工部优质产品称号，产品销往全国各地包括安徽、山西、湖南等 6 个省，是潍坊纯碱厂、齐鲁乙烯厂的定点供应单位。

1. 羊口镇的官台

羊口镇位于寿光市最北部，莱州湾西侧，小清河下游，小清河入海处的南岸，东临莱州湾，南与营里镇毗邻，北部、西部与东营市接壤。既有舟楫之便，又有渔盐之利。清朝末年即为山东沿海四大商埠之一，美丽而富饶，被誉为莱州湾畔的一颗明珠。

官台村是山东省寿光市羊口镇的一个行政村，位于镇境中部偏南，东靠营子沟，南距寿光市区 30 公里，北距羊口镇 13 公里，西距寿光林海生态博物园 5 公里，村西由盐古路南北贯通。周边有营子村、王庄村和清水泊盐场和国营菜场。其位于河流入海口的冲积平原上，周围地形平坦，视野开阔。由于地下卤水资源丰富，该地土地盐碱化严重，所以该地农作物产量不高，土地面积 1500 亩，均旱地，村民将大部分土地种植棉花。村西、北、东三面多为碱滩，盐井大小有上百眼，知名的有：晋家地井、龙车井、古央滩井、斗滩井、三眼井、大滩井、西南岭井、常央子井等。

据考，明初杨氏从山西洪洞县迁至寿光北 60 里处立村，因村北有元朝盐官台场，而取名官台。早在 1321 年这里兴建过官办盐署（相当于今天的盐务局）。由于天灾，村民经过数次迁徙，据说大水冲了官台，村民逃难到侯镇，到 30 年代（具体日期无考）又回到羊口镇。"官台"由来说法不一，一种说法是雕龙碑的台子盐衙门在附近建立盐公署，姓齐的、姓王的建村便从中各取一字取名"官台"。另一种说法是村里出过两个大官在盐公署工作，公署附近挨着台子，于是村名叫官台。

官台村相传以"打草、捕鱼、煎盐"为生，据冯氏家谱记载，迁民初来时，吃皇粮，交灶粮（即上交国家，比其他村庄的"民粮"交得少）。古村面积大，周边全是洼地，有高家洼、大鱼洼、齐家洼、冯家洼、朱家洼等，这里的海拔不足 10 米，海潮时常漫滩，但经过夏季雨水冲刷，洼地的芦草又会长起来，还会出产大量的淡水鱼，较高的地方退潮之后就是盐碱滩，被太阳一晒，泛起一层白茫茫的盐硝。古人便在这潮起潮落的地方，一代代延续着制盐维生，改进着制盐工艺，从煮海为盐到铜铁盘煎盐，再到盐锅熬盐，清代以后改为晒盐。

正如上文所提及的，官台存有元朝盐业衙门的古遗物——雕龙碑。该碑是燕生东先生 2012 年在寿光羊口镇官台村的荒地里发现的，2013 年，此碑曾被不法文物贩子盗窃，后被公安部门追回。尹延明、赵守祥等 5 位行业人士和考古专家通过对碑文拓片认真研究，多方查考历史资料，基本还原了碑文内容，总共 1000 余文字，为研究寿光制盐历史提供了实物佐证。

据专家考证，目前发现的这块碑是元朝时期盐运司衙署碑，表明官台村早在元朝时期就是盐业衙门，即官台场所在地。该石碑距今近 700 年，属国家三级文物。整座石碑由青石雕刻而成，分为雕龙碑帽、碑身、赑屃碑座三部分。碑文中详细记载了元朝官台盐场的生产情况。文中提及了盐场面积和范围，当时官台盐场方圆 200 余里，东边到弥河，西边覆盖淄河，南边与斟灌古城相接，东北边至海（渤海），此地到处是广阔的盐碱地。另外，文中记载了官台制盐的管理机构以及产盐量。元世祖忽必烈至元初年即公元 1264 年，元朝在此设立了专门的盐业官员——官勾，管理官台场这一带的盐务。当时就有五灶煎盐，从业的灶民接近 400 人。每年产盐达 680 万斤，折合为 3400 吨。这一产量在现在看来非常少，但在生产力十分落后的古代，仅靠人力熬卤制盐，付出的劳动量可想而知。在当时全国范围内，官台盐场已经是有名气的制盐场所。

1321 年武公到官台盐场上任，面对现实情况，改变了压榨灶民完成课盐数额方法，转而恢复盐场生产。以前逃亡的灶民络绎不绝返回家园，有秩序地来到盐署衙门登记注册。灶民回归，盐产量大幅回升。民众感激武公的德绩并为其立碑，请人写记及对武公的评价等，最后点明武公名、字和籍贯。当地老百姓对武公在任期间的所作所为很是感激，请人写文章记载此事。专家们表示，史料记载和雕龙碑的发现足以证明，寿光官台村就是几个朝代盐运司所属衙门的所在地，雕龙碑的发现对于研究寿光悠久盐政文化具有重要意义。《创修公廨之记》碑文的译读，为元代寿光的制盐历史提供了内容翔实的实物佐证，对丰富中国盐业史是有益补充。

对于官台村村民们来说，虽然他们看不懂上面的文字，更不知道上面记录的内容，但世代居住在此的村民都有一个"习惯"，那就是每逢重大节日或者土地干旱时，都到碑前祭祀。在村民眼中，雕龙碑是村里的"守护神"，是"镇村之宝"。在当地有个风俗，只要遇到重大节日或者遇到灾年，村民都会不约而同到石碑前祭拜、祈福。

2. 侯镇的丰台岭村

丰台岭村位于侯镇境东北部，与潍坊市滨海开发区大家洼街道办事处紧紧相连，东邻岔河盐场，大—九路（大家洼至九山路）和郭—丰路（郭家洼至丰台岭）两条公路分别从村中经过，北距大家洼 15 公里，南距侯镇 15 公里，西距寿光市四五十公里。据《郭氏族谱》考：清嘉庆年间，郭显由东岔河迁此立村。传说有一土岭，其上有一台，曾落过凤凰，故名凤台岭。1957—1958 年人民公社化运动，将"凤"改为"丰"，是期盼丰收的寓意。自此称为丰台岭村。

在该村，有这样的民谣："过年年午更，南风收盐，北风不收盐。"它讲的是大年三十晚上午夜的时候观察风向，如果是南风这一年的盐业会丰收，如果是北风这一年收成会很差，虽然不一定有科学依据，但这是世代老盐工的经验，说明该村的盐业发展有一定历史。村中盐民积累了大量的制盐经验，比如，旧工艺中老盐工看卤水卤度，把大豆放到卤水中看豆子的浮尘深浅来判断卤水卤度，这是原始的测卤度方法。新中国成立后，该地还有盐兵，专门抓私自贩卖盐的盐贩。

盐场几经风雨到现在具有较长的历史。1940 年前后，日本侵华到此，霸占盐场对外改名为"盐园子"。他们采取重税收盐控制当地盐商，强制盐工劳动，掠夺当地的盐资源。新中国成立初，盐场被郭姓把持，改名为郭园盐场，盐业发展进入一个快速发展时期。"文化大革命"时期响应中央号召改名为东方红盐场，那时候大搞政治运动，劳动力欠缺，盐业生产趋于停滞。现在进入大规模机械化生产时期，改名为"大地盐场"。盐场不再是单一的生产，盐场与化工厂、农药厂、油厂联合生产销售。村子北部与西部有永康药厂，负责溴素再用加工生产药品出口。永康药厂是富康药厂的分厂，2013年迁过来。村子南部是寿光联盟化工厂，是一家集煤化工、石油化工、生物化工于一体的综合性大型化工生产企业。下辖山东联盟化工股份有限公司、山东天力药业有限公司、寿光市联盟磷复肥有限公司、寿光市联盟石油化工有限公司、山东联盟特种装备有限公司、寿光市新丰淀粉有限公司6个生产企业和山东联盟燃料有限公司、山东联盟物流有限公司、联盟置业公司、联盟投资公司4个经营性公司，他们负责将盐场卤水提出溴素深加工生产尿素复合肥等。原盐制成品主要用作工业用盐（工业碱），另外也可用于建筑材料、铁矿、化纤制品、有机盐、生理盐水等多种用途。对于老盐的处理，以前是挖一个大坑放到里面熬成盐块卖给盐贩子，现在是盐田统一回卤。

（三）昌邑的主要盐村和盐场

昌邑盐业生产，可追溯到春秋时期，由管仲相齐大兴渔盐之利，迄今为止已有2600余年历史。一代代智慧勤劳的昌邑盐人，历经沧桑，积累了丰富的制盐经验，生产规模不断扩大，生产工艺不断创新。尤其在改革开放以来，昌邑盐人坚持"以盐为主，盐化并举，大搞多种经营，积极发展海产养殖"盐业发展的新思路，大力吸引外资，发展外向型经济，让昌邑盐业走向世界。昌邑经济发展为盐类、化工、海产养殖三大类20多个品种的综合经济体。

1. 青乡盐村

青乡隶属昌邑，位于昌邑县城17公里处，东隔潍河与东冢乡相望，西与龙池乡为邻，南与柳疃镇毗连（2001年青乡镇并入柳疃镇），北濒莱州湾。土壤分为河淤土滨海潮盐土、盐化潮土、河淤水稻土。多洼地、湾塘，适产芦苇、棉槐、红麻。北部有广阔滩涂，地下石油资源丰富。青乡盐场位于灶户盐化公司南邻，始建于1972年，该场原是柳疃人民公社的社办企业，业务上归盐业公司领导。1980年划为青乡管辖。2001年，柳疃、青乡两镇合并为柳疃镇，青乡盐场改名为昌邑市青乡盐场。该场拥有职工 160 余人，盐田 4870 公亩，固定资产原值 6588 万元，年产原盐上万吨。2001 年起实行租赁经营。其盐村主要有：

（1）灶户村。灶户村位于原青乡村北 3 公里，东临灶户——上游公路，明隆庆年间，徐姓自山东省惠民县迁此定居，因入富国场灶籍①，以煮盐为业，得名灶户。聚落呈长方形。以煮盐历史悠久、质优著称。著名灶户盐场位于村北，现名为山东昌邑灶户盐化有限公司，是昌邑市盐业龙头和骨干企业。

（2）渔尔堡。曾名鱼二铺、鱼儿铺。在原青乡村东北 10 公里，东临潍河，元末立村。因北靠渤海，为便于捕鱼，搭铺居住，取名鱼二铺。明隆庆二年（1568）渤海大潮，周围村舍塌尽，因此村居高处幸存，改名渔尔堡。曾名渔儿铺，后演变成今名。主街十字状，聚落呈长方形，有织布厂、砖窑厂、盐场，盛产鱼虾贝类。明朝曾在此设渔儿镇巡检司。

（3）西陈村。西陈村在柳疃镇委西 1 公里。柳龙路北，村北有小龙河。金代建村，取名仪唐村，明初陈姓由四川成都迁入居住，人丁兴旺，改名陈家庄。1947 年以村中南北大道为界，分为东陈、西陈两村，该村居西得名。1985 年拆除旧砖瓦房，新建美观的楼房。居楼沿南北大街两侧扩展，呈长方形。现村中共有 293 户，1005 余人，分为 7 个村民小组，耕地 1200 亩，人均耕地 1.1 亩，主要种植棉花、小麦。副业以纺织为业。村中有集体盐场，名为昌邑市柳疃西陈盐厂。

2. 卜庄镇主要盐村

昌邑市卜庄镇位于胶莱河西畔，渤海湾南岸，距县城东北 16 公里。土壤分为河淤土、河潮土、洼黑土、轻盐土、河淤水稻土、盐碱土六类。境内地势平坦，属于胶莱河冲积平原，水源丰富。地下蕴藏石油，北部沿海拥有 18 公里长的海岸线，10 万公亩优质盐

---

① 参见清朝人所修《长芦盐法志》载："长芦历辽金元，皆二十四场，至明隆庆间……裁之为二十场。国初又裁为十六场，复于雍正十年，裁为十场。"这十场，北起山海关，南到天津沿海。天津境内占了三个，名为兴国场、富国场和丰财场。

田，沿海滩涂湿地面积广阔，养殖鱼虾、贝类。该镇的盐村主要有：

（1）廒里村。廒里村位于新海路以北，濒临胶莱河沿岸，坐落于滨海（下营）经济开发区，现有243户810口人，耕地4000亩。原属卜庄乡，距离卜庄北15公里，北濒莱州湾，漩河下游西岸。明洪武年间，李姓自四川迁来定居，以熬盐为业，故名曾称灶户，后称廒里。主街东南向，聚落呈长方形。主产粮棉，产芦苇，富产原盐，地下蕴藏石油。廒里村有自办盐场，位于廒里村东北1公里处，1962年建滩，职工30人，盐田面积5000公亩，固定资产50万元。2005年，生产原盐1.6万吨，创利润30万元。在廒里还有市属的山东昌邑廒里盐化有限公司，盐田有效面积3万公亩，员工250人，始建于1960年。该公司是昌邑市盐业重点企业之一，所产"水晶牌"工业盐品质高，纯度达96%以上。

昌邑市蒲东盐场位于廒里盐区蒲河东岸，1980年建场，行政上属于卜庄镇，现属于下营镇。该场拥有盐田有效面积7362公亩，固定资产原值1400万元，职工100余人。该场建场时，坚持高标准、高起点、严管理。因此，长期以来，盐田有效面积单产、产品质量、盐工实物劳动生产率、人均创利均属于同行业上游水平，2005年，生产原盐5万吨。

廒里村东，有昌邑市卜庄盐场，是1972年建成的乡办企业。建场时只有27人，盐田面积800公亩，年产原盐1900吨。1989年，盐田发展到8000公亩，职工67人，年生产原盐8000吨。到2005年，固定资产达到460万元，原盐产量达到2.8万吨。该场已实行租赁经营，期限自2002年至2031年。廒里村东北部，有夏店盐场，是一处镇办集体企业。其前身是下营盐场，2001年下营、夏店镇合并后，始归夏店镇管理。该盐场始建于1971年，当时盐田只有600公亩，年产原盐1000吨，到2005年，盐田面积达到4000公亩，年产原盐1.3万吨。

（2）北王家。曾名漩河王家。在卜庄北8公里，漩河东岸。明代王姓自四川成都迁此立村，因坐落在漩河畔，取名漩河王家。

1958年成立人民公社时，为区别同名村，改称今名。主街十字形，聚落呈块状，村有盐场。

（3）孙家。曾名孙家村、西孙家村。在卜庄北4公里，西临漩河，东靠卜庄——廒里公路。清康熙年间孙姓立村，始名孙家村，后有县城西道孙姓迁来村西定居，取名西孙家村。清末两村合并，称今名。主街南北向，聚落呈块状，富产渔盐。

（四）大型盐业企业

潍坊滨海的盐场，不少已经发展成大规模或者较大规模的企业或者公司，现列举主要如下：

1. 山东海王化工股份有限公司

山东海王化工股份有限公司是一家以盐溴化工为主导产业，集科、工、贸于一体的大型综合民营企业。位列全国化工企业500强和潍坊市工业企业100强，并被认定为山东省高新技术企业。曾先后获得潍坊市发展民营经济突出贡献奖、山东省优秀民营科技企业、山东省百佳民营企业、山东省盐业系统先进企业、山东省重信誉守合同企业等荣誉称号。

公司位于渤海莱州湾南岸，距潍坊市中心30公里、潍坊港15公里，北海路、新海路、威乌高速公路和大莱龙铁路从场区穿过，公司拥有铁路专用线，交通十分便利。公司所处地域有丰富的地下卤水资源，地下卤水浓度为12—16波美度，含溴量260—360克/立方米，并且埋藏浅、易开采，在盐、溴化工等方面有着得天独厚的资源优势。

公司占地面积30平方千米，下设制盐、化工两个事业部，共有3个制盐分场和6个化工厂。以原盐、溴素、溴化物生产为主营业务，年产原盐100万吨，溴素1.8万吨；溴化物产品中，年产十溴二苯醚3000吨，十溴二苯乙烷4000吨，氢溴酸1.2万吨，生产能力均居全国同行业前列。

公司建立了完善的技术创新和质量保证体系，拥有省级技术中心，并通过了ISO 9001质量体系、ISO 14001环境管理体系和OHSASI 8001职业健康安全体系认证，"世纪海王"牌工业盐被评为山东省名牌产品。

公司按照"发展循环经济，实现可持续发展"发展思路，在稳定原盐和溴元素生产的基础上，加大技术和资金投入，围绕卤水综合利用这一主题，大力发展溴素、原盐的深加工产品，拉长产业链条，使企业规模得到迅速发展壮大。

2. 山东龙震集团

山东龙震集团位于潍坊市滨海经济技术开发区东北部，渤海莱州湾南岸。公司成立于2004年，现有员工1000余人，固定资产10亿元，是一家迅速崛起的现代化民营科技企业集团。公司下设山东龙震集团有限公司、山东龙震集团镁化责任有限公司、山东龙震集团群盛盐化公司、山东龙震集团潍坊海龙路桥开发有限公司、山东龙震集团民俗发展有限公司。

这里地下卤水资源丰富，卤度含量高，公司占据得天独厚的地理和资源优势，围海建坝21公里，按照政府发展循环经济的指导思想，拉长产业链条，采取地下卤水先提溴素再晒盐最后制取氢氧化镁的生产模式，建设了全国单场生产能力最大的溴素厂，年产溴素8000吨；建设高标准盐田16万公亩，通过推广"深水结晶、新卤结晶、长期结晶"的"深、新、长"工艺和塑苫与平晒相结合的先进技术，所产原盐粒度好、晶体规则，提取率高，各项化工指标全部达到一等品标准，年产原盐100多万吨；以晒盐的副产品苦卤为主要原料，建设了年产10000吨氢氧化镁生产线，其生产技术、工艺和产品质量均达到世界先进水平，并填补国内空白。2006年，企业实现销售收入3.5亿元，上缴税金1000余万元。2007年，完成销售收入5.4亿元，上缴税金1986余万元。2008年，完成销售收入6.4亿元，上缴税金3000余万元。连续三年进入潍坊市民营经济和工业经济"双百强"行列。

公司不但有雄厚的经济实力，也有强大的科研队伍和技术实力。拥有市（地）级企业技术中心，科研体系完善、健全。共有科研人员89人，直接从事科研开发的人员68人，其中有享受国务院和省政府特殊津贴的化工专家2人，拥有高、中级技术职称的专业人员 32 人。科研队伍常年与山东大学、济南大学的等科研院校合作，年投入科研经费 300 万—500 万元，取得了丰硕成果，得到了政府及有关部门的认同。公司被山东省经贸委命名为"山东省循环经济示范企业"，被山东省科技厅认定为"山东省科技创新企业"，被山东省盐务局评定为"盐业系统先进单位"，被潍坊市科技局评定为"民营科技企业"，被诚信企业评审委员会评定为"诚信民营企业"。

3. 山东潍坊龙威实业有限公司

山东潍坊龙威实业有限公司位于渤海莱州湾底部，坐落在全国最大的海洋化工基地——山东潍坊滨海经济技术开发区内。公司成立于 1984 年，现发展成为以制盐、盐化工、溴素、溴化物生产、氯化钙生产、海水养殖、海水育苗、贝类养殖、冷藏加工、食品加工、海洋捕捞、海洋运输、汽车运输、建筑安装及综合服务于一体的大型民营企业。建有制盐、养殖加工、化工、物流四大产业。公司依托丰富的资源和科技优势，初步构筑起以原盐为主导，并形成了以海水养殖、苦卤化工、溴系列、精选化工系列为有机组合的发展产业链。

公司建立健全完善的组织管理机构。在管理上实行"以人为本、科学管理、拓展市场、追求完美、持续发展"的质量方针，坚持"以质量求生存，以诚信求发展"的经营理念，实现了公司的快速高效发展。公司先后荣获全国盐业系统先进企业、山东省百强民营企业、省级农业产业化重点龙头企业、省级守合同重信用企业、山东省盐业系统先进企业、山东省农行 AAA 级信用企业、山东省文明诚信企业、潍坊市十强企业等称号，2003 年被国家农业部确认为全国乡镇大型企业。公司董事长袁荫龙同志先后被评选为"山东省优秀乡镇企业家""全国优秀转业退伍军人企业家""全国乡镇企业家""潍坊市第十四届、十五届人大代表"。

公司占地总面积 200 多平方公里，年产优质原盐 200 万吨，溴素 1 万吨。总公司位于潍坊滨海经济技术开发区，制盐面积 1607.49 公亩，其中塑苦面积 684.44 公亩，全部采用机械化浮卷塑苦；在寿光市羊口镇投资成立龙威集团寿光制盐场，制盐面积833.95公亩；在寿光市营里镇投资成立寿光宏宇化工有限公司，制盐面积745.54公亩；在昌邑市龙池镇成立昌邑龙信盐业有限公司，制盐面积111.11公亩；在莱州市投资成立莱州名帅盐业有限公司，制盐面积56.81公亩；在沾化县投资成立沾化金华盐业有限公司，占地面积60多平方公里，建设防潮大坝30公里，为沾化县重点招商引资项目。作为龙威集团子公司，公司成立以来一直致力于沾化的福祉建设，在围圈滩涂内加大基础投入，进行海水养殖、盐化项目与开发。公司生产的原盐获"国家市场名牌产品"称号，在国内率先通过ISO 9001质量管理体系认证和ISO 14001环境管理体系认证。

公司的产、供、销各个环节紧密联合，近年来，公司产品的生产和销售有了长足的进展，生产原盐销往山东、江苏、浙江、福建、河南、河北、辽宁、山西、上海等省市，产品质量和售后服务深受用户好评。

下一步公司将顺应国家产业政策和市场竞争的潮流，积极主动地搞好盐业规划调整工作，适应市场变化和市场竞争，不断提高产品质量；满足用户需求，搞好用户服务，使企业效益在竞争中得到稳步提高。

4. 山东默锐盐盟化工有限公司

山东默锐盐盟化工有限公司位于中国的盐都菜乡——山东省寿光市，这里地下卤水资源丰富，发展原盐生产条件得天独厚，交通便利，公路南接济青高速，距济南、青岛各2.5小时路程，荣乌高速纵贯东西，羊林铁路和建设中的德大、黄大铁路贯穿寿光境内，海运北临国家二级沿海口岸——羊口港，运输畅通。公司现有员工780人，其中管理人员42人，工程技术人员20人，公司注册资本1000万元，整合盐田107900公亩，实现年产原盐30.5万吨的能力，工业产值5114万元，年创利税614万元。公司下辖行政中心、财务中心、营销中心、服务中心、盐业合作中心，设羊口、岔河、老河口盐业基地办事处，是集生产经营、内外贸易、科研开发、信息服务于一体的大型盐业龙头企业。

　　山东默锐盐盟化工有限公司是依据国家发改委、省盐务局、潍坊市政府进行制盐结构调整、整合资源、走集约化经营的要求，在地方政府和行业主管部门的重点扶持下，由默锐集团发起控股，联合部分企业和盐场共同出资，于2007年7月正式成立。公司经工商行政部门注册，产权关系清晰明确，符合现代企业法人治理结构要求，公司本着"服务盐民，方便企业客户"的宗旨，进行了资源整合，走资产联结、整合盐场生产、集约经营的路子，是具有一定技术生产能力的公司制企业。

　　公司为响应国家制盐企业结构调整的指导意见，将位于羊口镇北部的基础管理较好、生产技术能力较强的莱央子村盐场、羊口镇东工地盐场、齐庄村盐场、北海滩涂盐场等四家盐场签订入股合同，以盐田入股的方式进行整合，整合后公司有效制盐面积达到11万亩，工业盐年产能达到30.5万吨。

　　公司为提高盐业集约化经营水平，同时为两碱企业搭建稳固的供应平台，为盐场建立畅通的销售渠道，采取了与盐场同时出资的办法，加强了资产联结。默锐集团、恒祥置业以现金出资，盐场以盐田产能入股，产权清晰、统一管理、统一销售，形成了共存共赢的新机制。

　　为节约资源，统一管理，提高产能和产品质量，公司成立了由总经理为组长，基地主任、生产安全员、技术员为成员的生产技术管理领导小组，同时在默锐集团建立了高标准的原盐化验室，做到了每批都能化验。公司还建立了工艺纪律、生产设备管理制度、安全生产管理制度、安全操作规程、企业质量保证体系、财务管理制度等一系列举措，为盐场生产管理制度和技术进步提供指导与建议，从而使盐场产能和产品质量明显提高。同时，公司依托默锐化工和恒祥置业两家企业在资金和物流运输等方面的优势，为盐场的生产和销售提供保障。

　　5. 寿光市卫东化工有限公司

　　寿光市卫东化工有限公司由原国家大型骨干盐化企业——寿光

市卫东盐场整体改制组建，于 2003 年 12 月 27 日正式挂牌成立。公司地处寿光市北部，环抱海滨重镇——羊口镇，北靠小清河，东与渤海相望，羊临公路、益羊铁路、羊口新港均与公司相接，公路、铁路、水运四通八达。公司占地面积 22.5 平方公里，现有员工 1500 余人，年可生产工业盐 39 万吨，工业溴 2500 吨，氢溴酸 50000 吨，十溴二苯醚 10000 吨，RDT - 3 环保阻燃剂 10000 吨，溴丙烷 5000 吨，氰尿酸三聚氰胺（MAC）5000 吨，新型无卤环保阻燃剂（FR - NP、FR - MP、APP、DOPO 等）共计 20000 吨，RN8018 溴氮结合型阻燃剂 2000 吨，工业六氟化硫 1000 吨，甘氨酸 10000 吨。公司属省级高新技术企业，为国内最大的阻燃剂开发生产基地。

公司奉行"质量第一，信誉至上，建设一流现代化化工企业"的宗旨，依托丰富的地下卤源优势、先进的高新技术优势和科学的内部管理优势，在狠抓原盐生产的同时，开发了溴及溴系列产品和跨行业的精细化工产品，尤其是阻燃剂的开发与生产已在国内乃至国际阻燃剂市场占据了重要地位，具有万吨生产能力，并覆盖国内市场，企业规模不断壮大，经济实力日益增强。"银光玉"牌系列产品畅销全国各地，并已打入欧美、日本、韩国、东南亚等国际市场，深受广大用户青睐。

6. 山东莱央子盐场

莱央子盐场创建于 1959 年，位于寿光市北部、羊口镇以南，横跨羊益公路，自然形成东、西两个半场，地处北温带，地下蕴藏着 40 亿立方米较高浓度的卤水，为盐业开发提供了丰富的资源，系山东省盐业总公司直属省内最大的国家食盐定点生产企业。经过 50 多年的发展，已形成"以原盐为基础，食盐为主导，化工为开发重点"的三大系列 100 多种产品成产经营新格局。产品畅销鲁、浙、苏、闽、湘、京、沪、冀、徽、辽、吉、黑等十多个省市，并出口欧美、日韩、印巴、东盟、非洲等国家和港台地区，产品年销售收入 4 亿多元。

莱央子盐场食盐精加工始于 1996 年，经过不断投入改造，形成了以精制盐为主导，粉精盐、粉洗盐、绿色海盐、海藻碘盐、低钠盐、日晒盐、肠衣盐、多品种营养盐、足浴盐、沐浴盐等100多个品种的食盐生产格局。原盐是莱央子盐场的基础产品，近年来该场积极实施清洁生产工作，抓住经济开发区建设的机遇，加大盐田设施的投资改造力度，同时强化工艺落实，狠抓产品质量提升，原盐生产管理水平不断跨上新的台阶。

7. 山东省昌邑市厥里盐化有限公司

山东省昌邑市厥里盐化有限公司前文已经稍有介绍，它地处昌邑市沿海经济发展区北部，主要从事盐以及盐化工产品的开发、生产、销售。其主要产品及产量为：工业盐30万吨以上；溴素5000吨以上；十溴二苯乙烷及DL－苯甘氨酸也分别为1000吨以上。年创产值1.3亿元，是昌邑市盐及盐化工重点企业，连续多年被评为"山东省轻工系统先进单位""潍坊市百强民营企业""省级守合同重信用企业"，"水晶牌"原盐荣获"山东省著名商标"称号。

2006年，公司在昌邑市沿海经济发展区投资建设了化工工业园区——昌邑市银江生物科技有限公司，先后建成年产1000吨的十溴二苯乙烷及1000吨DL－苯甘氨酸项目，十溴二苯乙烷是一种新型溴系列阻燃剂，DL－苯甘氨酸是医药中间体，市场发展潜力巨大。

公司始终坚持"以人为本，科学发展"的企业理念，积极引进人才，努力探索现代企业制度，着力推动技术改革和技术进步，呈现出生机勃勃的发展局面。

8. 山东昌邑灶户盐化有限公司

山东昌邑灶户盐化有限公司位于昌邑北部沿海，辖区面积20平方公里，盐田10万公亩。现有员工600人，总资产2亿元。辖制盐、制溴、染料3个分公司，有6个合资合作公司。主要产品有原盐、溴素、六溴、六氯、溴氨酸、色盐蓝染料中间体及氯霉素缩合物、氨基酸盐医药中间体等十几个品种。原盐年生产能力50万吨，溴素5000吨，其他化工产品10000吨，是省重点盐及盐化工生产企业。2008年，公司实现销售收入21976万元，实现利税

3090 万元。

　　该公司于 2003 年 9 月改制为股份有限责任公司。历史上，该公司归属名称几易其变：1958 年 5 月称昌邑县灶户盐场；同年 9 月称昌邑柳疃人民公社盐场；1960 年称昌邑县盐场第二工业园区；1962 年称昌邑县盐业合作社；1975 年称昌邑县灶户盐场；1994 年 9 月称昌邑市灶户盐场；1995 年 11 月称山东昌邑盐化（集团）有限公司灶户盐场；2003 年 9 月始称山东昌邑灶户盐化有限公司。灶户盐化有限公司积极探索现代企业制度，大力推动技术改造和技术进步，加快招商引资步伐，立足盐、溴生产优势，逐步向溴系列加工方向发展，主要以染料中间体和医药中间体为主，推进沿海资源综合利用，走可持续发展之路，先后与上海染化八厂、青岛双桃集团、浙江横店家园化工集团合作开发了染料及医药产品。

　　灶户盐场有限公司蕴藏着巨大的开发与发展潜力，各种设施完善，交通资源、能源等内外发展环境、条件优越，海陆运输便利。经过全体干部员工的不断努力，公司全方位创造了产销两旺、生机勃勃的发展局面。公司先后荣获"省盐业系统先进企业""省级守合同重信用企业""省轻工系统明星企业""潍坊市百强民营企业""潍坊市北部沿海开发先进单位"等荣誉称号，并已通过 ISO 90012000 质量管理体系认证，注册并使用在原盐上的"昌飞及图"商标为山东省著名商标。

　　这些古村、盐场和盐业企业，记载并见证了山东滨海海盐生产的历史，也存留了海盐文化的很多符号，如海盐歌谣、传说、地名、信仰等，而这些，都是构成山东海盐旅游资源的重要组成部分。

三　盐饮食

　　一个地区饮食习俗的形成，往往与当地的自然条件、经济发展水平有着较为密切的联系。山东滨海地区海盐生产历史悠久，深深地影响着当地人们的生活和习俗。随着山东滨海地区海盐业资源经济的开发，这里集聚了越来越多的来自全国各地的大量人口，他们各自不同的饮食方式和习惯口味汇聚在山东滨海海盐产区，并深深地打上了盐的烙印。山东沿海地区最具地方特色的食品几乎都与盐有关。例如，咸蟹子、一鲁鲜鱼、咸鲅鱼、虾酱等。

一鲁鲜鱼是将野生鲜鱼用盐腌制后再烹调食用，也称为一卤鲜，一卤鲜是山东沿海渔家世代相传的一种古老的传统美食，具有悠久的历史。过去的年代没有冰箱，也没有冰块，出海捕捞的渔民怕打上来的鱼坏掉，就将打上来的鱼先用盐腌上，保证到岸后鱼还能不变质也便于日后保存和销售，人们逐渐发现这种腌制过的鱼做熟后肉质更加洁白、细嫩、鲜美可口、别有风味。这种卤过的鱼比鲜鱼还要鲜，渔家人就称之为"一卤鲜鱼"，又叫作"一鲁鲜鱼"，有一卤鲜天下的意思。一鲁鲜鱼就像火腿、腌肉一样是我国人民世代相传的传统美食，它是中华美食文化的重要组成部分。

咸蟹子也叫呛蟹子，是莱州的特产。具体的做法很简单：准备好容器，最好是有盖子的坛子。烧开水，冷却后，把半袋盐放在水中溶化，制成腌制蟹子的卤水。把鲜活的蟹子洗干净后，放在盐水里，水要没过蟹子，蟹子入水后，拼命地喝盐水。把锅盖盖上，约一个小时后，就可以装入坛子中，盖好盖子，放入冰箱，七八天以后可以尝尝味道，太咸可加冷开水，咸蟹子就制成了。咸蟹子做酒肴，是下酒好菜，咸蟹子就饭吃，更是佐餐佳品，也就一点都不稀奇了。

咸蟹子以莱州湾产的三疣梭子蟹—雌蟹为原料腌制而成，蟹体表面光洁，背部呈淡青色或青褐色；蟹膏肥满，膏似凝脂，色红艳丽；肌肉紧密，洁白肥满；口感滑润、咸香、鲜美，风味独特。随着历史的发展和工业化程度的不断进步，冷藏、风干、真空包装等多种形式的现代化加工方式虽然大大提高了水产品的保鲜水平，但采用古老腌制方法而成的咸蟹子，例如，羊口咸蟹子以其口味独特、工艺讲究、品质优良、"鲜而不咸"的美味，依然深受消费者的青睐，产品销往全国各地，是代表寿光特产的产品之一，为农产品地理标志产品。2008年10月，寿光市渔业协会应运而生，以寿光市银海水产养殖公司冷藏厂为基地，实行"企业＋协会＋基地"

的经营管理模式，并注册了"小清河"牌咸蟹子商标，全面系统地加强对"羊口咸蟹子"的开发与利用。

第二节　非物质形态的海盐文化旅游资源

非物质形态的海盐文化旅游资源，是指海盐生产的变革、运销形式的发展、管理政策的变化以及通过文字、口传等方式流传至今的重要历史事件、重要历史资料、哲学思想观念、文艺作品、民俗风情等。可以说，海盐文化的精神遗存更多的是通过非物质文化的形式流传下来。非物质形态的海盐文化旅游资源主要包括盐信仰、盐习俗、盐地名等。

一　盐信仰

在生产力极其落后、物质产品极为匮乏的原始社会，人们认为，自然界是一种完全异己的、有无限威力的、不可制服的力量，而且与人们相对立，并统治着人类。于是，在人类发展的历史长河中，人类崇拜一切与他们生活息息相关的物质和现象，如水、电、海、风、雷、盐、天、地等。崇拜的重要方式是在想象中构建了一种超越时空的力量，也就是把它们加封为神灵，并施以祭祀、祈祷等崇拜行为。人们相信，此类行为能感动或感化神灵，让神灵为人们造福，解救人世间的苦难与厄运。这种民间信仰是人们为了满足生存与发展的需要，特别是心理安全的需要而创造和传承的一种文化现象。

清纪昀在其所著《阅微草堂笔记》中指出："三百六十行，无祖不立"，"行行都有自己的祖师爷"。在中国各类手工业行业中，盐业的从业者，从生产者到销售者再到管理者，人员种类繁多；此外，盐业本身又分为海盐、池盐、井盐、岩盐等，盐场分散又相对封闭。因此，盐业的行业偶像和神祇数量很多，构成了一个庞杂的体系。

历史悠久的中国盐业，在漫长的发展和演进过程中，在不同的产盐区和不同的时段，盐业的经营者、生产者树起了众多的盐业偶像和盐业的行业神。这些盐业偶像和盐业神，无论是真实的开业宗师、附会的行业鼻祖，还是虚构的技艺神灵，都形成了一种权威，成为团结同行业人员的精神支柱和该地区该行业所应遵守的道德行为规范的精神监督力量。在山东滨海海盐产区的海盐信仰主要包括对宿沙氏、胶鬲、管仲等的崇拜。

（一）对宿沙氏的崇拜

《中国盐政史》这样说，世界盐业莫先于中国，中国盐业发源最古在炎黄时代宿沙初作煮海为盐，号称"盐宗"。

在先秦文献中，有不少关于宿（夙）沙氏的记载。成书于战国时期的《世本·作篇》载："夙沙作煮盐。"汉宋衷注曰："夙沙卫，齐灵公臣，齐滨海，故以为渔盐之利。"①《世本》所说"夙沙作煮盐"当非宋衷所说的齐灵公之臣宿沙卫，宿沙氏的时代要远早于宿沙卫。宿沙卫为齐灵公的幸臣、宦官，曾任少傅，其事迹见于《左传》。而宿沙氏曾经是炎帝时的诸侯，因反叛炎帝而发生内乱。

关于宿沙氏的活动地域，应该在山东半岛或胶东半岛的原始部落或者氏族。宿沙氏煮海为盐，对海盐业有开创之功，"依礼，有益于人则祀之。"古代祀典，对于有功德于民的，都要立祠庙祭祀。大凡某一领域的开创者或作出重大贡献者，都会被后人记起，以崇其德报其功，这些人物也常常被神化为某一行业的行业神。宿沙氏就是被后人作为盐业鼻祖来纪念的。宿沙氏作为"盐宗"被后人认同，在我国广大海盐和池盐产区，普遍奉宿沙氏为"盐宗"。更为重要的是，宿沙部落将食盐的生产规模化、规范化，不仅成为后来胶莱半岛乃至整个沿海地区海盐业发展的基本模式，也为促进内陆井盐和池盐的发展提供了精神动力。因此不论海盐、池盐和井盐业都尊宿沙氏为"盐宗"，宿沙氏成为古代盐业的精神领袖也是理所当然的②。

---

① 宋衷：《世本》，茆泮林辑，中华书局1985年版，第120页。
② 王仁湘：《宿沙部落的踪迹——关于山东寿光商周制盐遗迹的思考》，《中国文物报》2010年4月16日，第7版。

（二）对胶鬲的崇拜

《孟子·告子篇》中有一段著名的论述："舜发于畎亩之中，傅说举于版筑之闲，胶鬲举于鱼盐之中，管夷吾举于士。"过去盐商常用一副对联，叫作："胶鬲生涯，桓宽名论；夷吾煮海，傅说和羹。"联中所举的四人都和盐业有关，其第一人便是胶鬲。此外，流传下来的先秦文献记载中关于胶鬲的还有两条：

武王至鲔水，殷使胶鬲候周师。（《吕氏春秋·慎大览·贵因》）

（纣王）又有微子、微仲、王子比干、箕子、胶鬲，皆贤人也。（《孟子·公孙丑下》）

胶鬲生活的年代应在商末周初的纣王至武王时期，在没有被重用以前从事与渔盐有关的行业，后来周文王把他举荐给商纣王，官居上大夫，遭遇商纣之乱以后，隐遁经商，贩卖渔盐。从《孟子·告子下》这条记载的语境看，所列举的人在未成名之前都应是从事生产第一线工作的，所以可推测出，胶鬲早年从事的是渔盐生产行业。关于胶鬲的活动地域，史籍上未留下线索，但从他所从事的行业可推知，很可能是在沿海地区活动。由此联系到更早的有鬲氏。据《左传》"襄公四年"和"哀公元年"的记载，夏朝早期曾发生了东夷人后羿"因夏民以代夏政"的政变，后来少康在有鬲氏等东夷部落的帮助下得以复国。晋人杜预注曰："有鬲氏，国名，今平原鬲县"，即现今山东德州东南平原县一带。

（三）对管仲的崇拜

管仲，名夷吾，又名敬仲，字仲，春秋时期齐国著名的政治家、军事家。《管子·轻重甲》中记载："管子曰：'今齐有渠展之盐，请君伐菹薪，煮水为盐，正而积之。'桓公曰：'诺'。十月始正，至于正月，成盐三万六千钟。"《管子·海王》又载："桓公曰：'然则吾何以为国？'管子对曰：'唯官山海为可耳。'桓公曰：'何谓官山海？'管子对曰：'海王之国，谨正盐。'"管仲出任齐国的丞相后，协助齐桓公在齐国推行了一系列的重大改革。在这些改革措施中，影响最大、效益最显著的改革是推行"官山海"。所谓

"官山海"，也就是指实行盐、铁专卖，因为盐和铁都是人们生产、生活中一日不可或缺的物资，在生产力处于较低水平的春秋时期，盐、铁无疑是特殊的产品，具有战略意义。管仲认为，实行盐、铁专卖，国君就可以依靠盐、铁之利保证国家机器的正常运转，无须开辟其他税源。而要实行盐的专卖，首先要正盐策，也就是按照人口数预算耗盐量，将人头税附加到盐价中，不再另征人头税，这样任何人都无法逃避，在不知不觉中缴纳了税收，寓税于盐还比单纯征税多获利，而且不致激化矛盾。为了限制盐的产量，而且不误农业生产，管仲规定："孟春既至，农事且起……北海之众无得聚庸而煮盐。若此，则盐必坐长而十倍。"（《管子·轻重甲》）从"聚庸而煮盐"看，当时的生产规模较大，场面也比较壮观。

管仲还看到，那些没有海盐资源的诸侯国必然要依靠齐国供给海盐。于是，管仲建议齐桓公"请以令粜之梁、赵、宋、卫、濮阳。彼尽馈食之也。国无盐则肿，守圉之国，用盐独甚"。（《管子·轻重甲》）为了获取最大的盐业利润，管仲还看到单靠齐国的生产能力难以达到目的，他向齐桓公提出了"因人之山海"的策略。"通齐国之鱼盐于东莱，使关市几而不征"，即免除关税，从东莱进口盐（每釜十五），齐国再以官价（釜一百）出卖，从中赚取了6倍多的差价。用这种人人都必须消费的特殊商品作为一种贸易手段，大大增强了齐国的经济实力。无盐之国明知齐国故意加价，无奈本国没有盐百姓会浮肿，不得不源源不断地进口齐盐。显然，管仲把盐当成了削弱邻国、充实齐国的工具。

管仲做丞相期间，齐国境内的煮盐业，有计划地组织生产，然后由官府统一收购、定价、销售，并且建立了盐外贸体制，进出口贸易也由官府垄断。管仲独善盐利的政策，促进了齐国的盐业和社会经济的发展，为齐桓公五霸称雄打下了坚实的基础，是真实的开业祖师。

由此可见，管仲是中国盐政的创始人，其盐政理论要点有二：一是确立盐税为人头税，二是确立盐专卖政策。"盐政"一词由此得来，至今延续了两三千年。因而管仲被尊为祖师、先师，成为盐业的行业偶像和神祇。在山东海盐生产中，管仲更被认为是盐业的偶像，淄博市临淄区齐陵街道办事处北山西村建有管仲纪念馆。

盐业偶像和行业神祇，说明了盐这个行业的起源，通过供信仰、供奉神灵，团结、约束同业、同地、同行帮人员，以达到维护行业或行帮利益的目的。盐业神祇如同一条条纽带，促使盐业人员形成的统一观念和认同意识。"同行都是一个祖师爷，要互相有碗饭吃"，成为共同的信条和准则。有了信仰，就会有相应的建筑，也就是盐神庙。全国不少地方都建有盐神庙，如泰州盐宗庙、甘肃礼县盐神庙、四川资中县盐神庙等。山东无棣县马谷山也有一座盐神庙。马谷山东麓到魏晋时仍是大海，是海盐产地，所以亦称"盐神山"。《寰宇记》载："月明沽西接马谷山，东滨海，煮盐之所也。"曹操歌咏的"东临碣石，以观沧海"，即是此地。马谷山上历来有碧霞元君祠、文昌阁、吕祖祠、关帝庙、盐神庙、天爷庙、奶奶殿、魁星阁、二郎庙、阎罗殿、清凉庵、观音堂等。至今，附近仍保留着"灶户信""灶户张"等村落名称，所谓灶户就是盐民。《魏书》记载，无棣"有盐山神祠"，就是指这里。

在渤海湾沿海地区，农历正月十六日是盐神节，盐民和从事盐业生产的人都要庆贺和祭拜神灵，祭拜的主要对象就是宿沙氏族和管仲。这天，来自潍坊、东营和烟台等地的数万名渔民、盐民和滨海当地居民汇聚此地，祈求在新的一年里四海平安，风调雨顺，渔盐丰产，国泰民安。新中国成立前，在国民党统治下的旧中国，经济衰落，盐业凋敝，盐民人数日趋减少，过盐神节的风俗也几近消失，但崇拜神的意识却在盐民中世代流传下来。新中国成立后，特别是改革开放之后，盐业发达，成为国民经济中的支柱性产业。盐民经济收入迅猛提高，过盐神节的风俗又兴盛起来。

二　盐习俗

山东沿海与盐有关的习俗很多，这里主要以潍坊滨海为例，介绍盐习俗中的两大类：生产、生活习俗和节庆习俗。

（一）生产、生活习俗

潍坊自古负渔盐之利，渔盐生产历史悠久，许多渔盐风俗也世代相传。

1. 生产习俗

盐民在生产习俗中，与渔民和农民有很大不同。尤其是体现在以下几个方面：

首先，对天气的态度。尽管盐民、渔民和农民都有观天的习惯，但所求天气状况却是不一样的。盐民盼望天气晴朗且刮风，因为太阳主宰盐的生产，刮风可以加快水分的蒸发。所以，每年夏秋之际，沿海灶民（即盐民）都有烧香拜太阳神的习惯。农民的希望则不同，农民盼望的是风调雨顺，最害怕久旱不雨；而渔民出海打鱼最害怕的则是狂风巨浪和暴雨潮涨。如潍坊所在的莱州湾沿岸盐区的人们相信"三月三、九月九，神仙不在江边走"，出海时要尽可能避开这两天。而盐民则不考虑这些，只要天气晴朗，天天都是好日子。

其次，不同的"辞灶"习俗。农民一般每年腊月二十三辞灶，而盐民就没有"送"的习俗。盐民靠烧灶煎盐为生，一日熄灶不煮盐，就一日吃不上饭，又叫"熄火穷"。因此，盐民就是过大年也绝不辞灶。

再次，禁忌的有无和差异。相对于盐民和农民，渔民的禁忌要多得多。渔业生产的所有环节都讲究吉利，出海捕鱼有许多规矩和禁忌，如渔船上乃至渔村中的任何人都忌讳"翻"。他们在言谈中尽量避免使用"翻"字，如果真的有东西需要翻过来时，他们也用"划过来"代替"翻"字。再如，对女性的态度。渔民不让女人下海，因为渔民认为女人下海不吉祥，会带来风浪，导致翻船等危险。但盐民就不一样，盐民中不歧视女性。因为在熬盐过程中，所有劳动力都需要，挑灰、淋卤、晒等需要的劳动量都很大，不仅男人要干，女人也得干。有时男人病了，女人还得领头干活儿。

此外，盐民还有给盐神过生日的习俗，如在淮盐地区，相传每年正月初六为"盐婆婆"生日。盐民对此十分重视。早晨,由家主带着灶丁们到产盐的亭场或灶房边烧纸磕头,祈求盐婆婆的显灵开恩,年内多产盐,盐色白。

2. 生活习俗

在以潍坊为代表的山东沿海,人们的生老病死礼仪中都有盐的影子。

(1) 与出生有关的盐俗

一个婴儿刚诞生,还仅仅是一种生物意义上的存在,只有通过为他举行的出生礼,他才能获得在社会中的地位,所以,出生礼是非常重要的。在山东沿海地区,因为人们的生活与海洋有密切的关系,因此海盐在婴儿的出生仪礼上占据了重要的地位。尤其是在一些东部海岛上生存的人,这种仪礼更加突出。

出生的婴儿必须在落地一昼夜后,才可以吃奶。这第一口奶,俗称"开口奶"。"开口奶"有两种情况:一是产妇无奶,要请其他人为婴儿喂奶,但这喂奶之妇必须选岛上儿女双全、福大命大的妇女,一般以高产渔老大的妻子为多。二是这第一口奶并非是奶,而是黄连汤。喝了汤以后再喝奶,所谓"先苦后甜"。还有的是把醋、盐、黄连、勾藤和糖分别让婴儿尝之。比喻人生的"咸酸苦辣甜"五味俱全。更有甚者让婴儿先喝一口海水,再吃奶,俗呼"尝咸"。因为海岛的孩子长大后要一辈子与海水打交道,开口"尝咸",将来就不怕被咸苦的海水淹死,所谓"先咸后甜"。[①]

除此之外,在很多国家地区及我国少数民族的出生仪礼中,盐都在其中占有较重的角色。比如在西方地区,很多西方人的心目中,洁白的盐象征着纯洁美好的品质。罗马天主教徒至今还有一种洗礼仪式,即把少许盐放在孩子的嘴里,表示他从此纯洁无瑕。在早期的欧洲,甚至将婴儿放在盐水里浸泡来洗礼,后来改为在嘴里

---

① 姜彬主编,金涛副主编:《东海岛屿文化与民俗》,上海文艺出版社2005年版,第390页。

放盐，或将盐放在婴儿车中；在中国内蒙古地区，婴儿出生第3 天、第 5 天、第 7 天时，要举行洗礼或入摇篮仪式。用盐水或茶、盐、"阿日其"（松柏香枝）等煮成的汤给婴儿洗浴，祝福婴儿茁壮成长；在塔里木河流域的维吾尔族族群中流行着把婴儿的脐带放在晶体盐块上割的习俗，用来求吉祈福。当地人从"很少的一勺盐就能使一锅饭有滋味"进行联想，认为婴儿的脐带放在坚硬的盐块上割，会影响婴儿的秉性，使孩子具有天赋，这样长大后就能成为本事大、福分大的人。但是同一个地区也有人持对立的观点，他们认为把婴儿的脐带放在盐块上割，这个孩子将来会冲撞父母、不敬不孝，成为说话刻薄的人。因为人们认为过量的盐分会使食物咸苦难吃。所以在同一地区，也有人将孩子的脐带放在绿色叶片或土坯上割，希望孩子长大后性格柔顺善良。两种对立的观点都是因为盐本身的特性给人们带来的联想；而傣族的婴儿出生时，父母为防止他生病，就拿一块盐和孩子过秤，然后找一块重量和孩子体重相同的盐拿去祭鬼，表示用盐巴换来了孩子本人，孩子以后就不会生病或少生病。

（2）与结婚相关的盐俗

婚姻是维系人类自身繁衍和社会延续的最基本的制度和活动。男女双方通过结婚而组成一个新的家庭，必须得到社会的认可。举办盛大的婚姻仪礼即是将婚姻关系昭告亲友邻朋的一种重要方式，而盐在婚姻仪礼中起到的作用是其他物品不可替代的。在潍坊寿光地区的订婚习俗中，盐作为订婚需准备的物品之一，起着一定的作用。

寿光地区的订婚俗称"送柬"，通常由女方提条件，媒人传话，直至双方协商一致后，男方选择吉日订婚。送柬有大送、小送之分，大送准备的东西比较烦琐。男方送去订婚书、年命礼钱、包袱一对、袜子两双、头巾两块、丝腰带两根、盘头用的卡子两板，还有订婚戒指，条件好的还送项链、耳环。这些东西颇多讲究，其中年命礼钱就是女方要的嫁妆钱，包袱是取"包福"之意，丝腰带是"带来贵子"的谐音。讲究的人家还用红纸包上盐、头发，意味

"投缘",取"盐"与"缘"的谐音。用红纸包上麸子、引子,取"福、引来贵子"之意,也有包艾草的,意为夫妻恩爱。大送,还送衣服、毛毯、太空被等物品。

不仅是在山东沿海,在不少少数民族地区,盐在结婚礼俗中也占据重要地位。如在维吾尔族中,就有"盐块为礼"之习俗。维吾尔族人称盐为"土孜",和所有突厥民族一样把盐看得很神圣,对盐的崇拜属于一种灵物崇拜。在婚嫁等喜庆礼仪中把盐作为美好祝愿的佳品赠送。早年参加维吾尔族人的婚礼送盐块是很重的礼物。直到如今维吾尔族人订婚时,男方给女方的彩礼中必定有盐。维吾尔族婚礼分两天进行。第一天在女家举行出嫁仪式。这天的上午,由男方的伴郎们簇拥着新郎,吹吹打打去女家娶亲。举行仪式时,客人分男左女右两厢,由阿訇居中主持婚礼,念《古兰经》,然后问新郎新娘是否愿意结婚,得到肯定的回答后,阿訇将一块馕掰成两块,蘸上盐水分别送给新郎新娘,当场吃下,表示从此就像馕和盐水一样,同甘共苦,白头到老。婚礼中新郎新娘互相争抢盐馕,因为人们普遍相信,新郎新娘谁先抢到盐馕吃掉,以后谁的话就有分量。还有一种理解是认为新郎和新娘要吃蘸过盐水的馕,寓意无灾无难,永不变心。另外,维吾尔人赌咒发誓时如果脚踩着盐,则表示所说句句属实,绝无谎言,这是发誓中最厉害的形式。

在西双版纳傣族习俗中,盐可以作为谈情说爱的代名词,起到传递情感信息的作用。每年10月中旬后,天气渐渐凉爽,三五个傣族姑娘相约一起,在某家的院子里燃起一堆火,把木制纺车摆在火塘旁边,"呜噜呜噜"地纺起线来。她们每人都有两张小凳子,一张自己坐,另一张是留给情人来坐的,备用的这张凳子是用筒裙的下摆盖着的。这时,三三两两的小伙子或吹着"必"(类似笛子),或拉着"定"(类似二胡)串纺线场来了。他们用优美、抒情的"必"声或"定"声向姑娘们求爱,似乎在说:"阿妹啊,阿妹,你是一朵最香最美的鲜花,阿哥是闻到花香才来的。"这样,小伙子就靠近了自己喜欢的姑娘。要是姑娘喜欢渐渐靠近她的小伙子，她就会向他提出风趣而寓意深刻的问题："阿哥呀阿哥，你今天晚饭是用南瓜下饭还是用盐巴下饭？"如果小伙子说"用南瓜下饭"，姑娘就会高高兴兴地把凳子拿出来请他坐到自己身旁，这就代表他俩是相爱的。要是小伙子回答"用盐巴下饭"，就表示他不是真心爱这个姑娘，而是因为有事才来找她的，姑娘就不会把备用的凳子拿出来。这是为什么呢？原来，傣家有两句谚语："用南瓜下饭，对姑娘满心喜欢；用盐巴下饭，有困难才来洽谈。"

在傣族婚礼的拴线仪式上，盐也是不可缺少的物品。在塔吉克族婚礼中有一项仪式为"撒面粉""喝盐水"。新郎骑着高头大马前去接新娘，下马后，新娘的奶奶要向孙女婿的肩上撒些面粉，表示祝福。新娘和新郎在晚上还要举行宗教仪式——"尼卡"。阿訇要为这对青年人证婚，为他们祈祷，还要共饮一碗盐水，象征他们的爱情是永恒的。在滇西大理地区，盐被作为订婚必备的礼品。在冀中一带乡村，至今流传着一种盐打新郎的习俗（人们认为男人用盐打一下，也会杀杀他的性子，使其失去夫权的威风，在迎娶当天进夫家之前娘家先给新郎一个下马威，以免婚后新娘会受夫家的气）。四川人则用盐腌榨菜做嫁礼：四川农家女儿自出生起，每年用盐腌制一坛榨菜，直到女儿出嫁时，选择一坛腌制最好的让女儿带到夫家。

（3）与丧葬有关的盐俗

在人类史上，绝大多数人都把死看作旅程的一种转换，葬礼被看作将死者的灵魂送往另外世界的必经程序。在这一程序中，盐在丧葬习俗中亦发挥了一定的作用。首先，盐可以用作弥留之际的查验。山东地区"丧礼多近古"，自先秦以来的种种丧葬礼俗一直延续到了现代。在死者弥留之际，查验其是否还有呼吸的做法，在先秦时期是"属纩以俟绝气"，发展到近代的山东地区，是"堆盐于碟置腹上，盖以验其复生与否"，如果死者有呼吸，盛盐的碟子自然会动。除了勘验，还用盐来驱邪。至今，在山东沿海地区仍有撒盐米驱邪的场面。对此，存在很多文字记载。曾发生在山东潍坊诸城地区的以盐驱邪的故事就被记录了下来。①

除山东地区外，我国其他地区亦有用盐驱邪的习俗。青海地区自古产青盐，李时珍的《本草纲目》记载：西海有盐池，所产青盐可明目、消肿。"西海"就是青海湖。过去的青海交通不是很发达，视鞭炮类的东西为奢侈品，一般农家是无力购买的。但大年三十的驱邪除鬼活动还是要进行，怎么办？那就是"爆盐"。"爆盐"用的盐必须是茶卡出产的大颗粒盐。……"爆盐"时，先用柏木或松木劈柴垒好一个宝塔状的"松蓬"，里面放好大颗粒的青盐，时辰一到，就把松蓬点燃，于是，青盐在热力的作用下不断地发生爆炸，那噼里啪啦的声音比鞭炮还响！现在的人们不再用"爆盐"法来驱邪和渲染喜庆气氛了，但在湟源一带的农家，过年或娶媳妇时，还是要垒一松蓬，老人们也会往里面放些颗粒盐进去，让其爆响，但营造喜庆氛围的还是鞭炮，"爆盐"仅成了一种驱邪的遗俗罢了。青海有盐缺米，驱邪时就用青盐中混以青稞的方法来代替。南方很多地方家人去世、出现灾难等，至今还有用掺了盐的米来泼洒以驱恶的习俗。日、韩国家在殡葬结束后，给宾客撒盐用于驱邪。

（二）节庆习俗

从古至今，盐都与潍坊滨海地区人们的生产、生活密切相关。一方面，由盐衍生的盐业是国民经济的重要组成部分；另一方面，随着社会的发展，盐的属性也在发生着变化，从单纯的物质内化为

---

① 清代著名文学家袁枚的短篇小说集《续子不语·卷八》中有"黑眚畏盐"一文：丁宪荣，诸城人，言其地有殷家村在城外，多古圹。旧传圹中有怪物，形如人面，无质，仅黑气一团，高可丈许，每夜出昼隐。其出也，遇人于途，隔一矢地，辄作啸声如霹雳，令人心震胆落，惟见者闻，他则罔觉也。啸毕，以黑气障人，至腥秽，触鼻晕绝。里人相戒，视为畏途，昏暮无行者。有盐贩某市盐他所，贪饮，醉中忘戒，误蹭其地。时月上，已二鼓，前怪忽突出，遮道大啸。某以木挑格之，若无所损，骇极，不知为计，急取盐撒之，物渐逡巡退缩入地，因举箩中盐悉倾其处而去。晓往踪迹，见所弃盐堆积地上，皆作红色，腥秽难闻，旁有血点狼藉，此后怪遂绝。"眚"在传说中是一种因水气而生的灾祸。因为水在五行中为黑色，故名"黑眚"。袁枚之后的清人梁章钜在他的《浪迹三谈》中，全文收入了《续子不语》中的《黑眚畏盐》。引文之后，梁章钜加一"按"曰："盐米皆可驱邪，今人尚习其说。"

人们的精神、信仰和习俗。盐习俗首先表现于一般性节日中。

1. 春节中的盐民俗

春节是我国人民古老的传统节日，也是我国最重要的习俗之一。一般认为，正月十五之前都属于春节。这半个月，中华儿女徜徉于过大年的节日气氛中。在潍坊滨海，盐民的春节中即有不少"盐特色"：盐民以农历正月初六为盐神婆婆的生日。盐民认为盐是盐神婆婆恩赐的，所以，这天也是盐的生日。盐民们对这一天十分看重，要处处图吉利，祈求盐神婆婆高兴，保佑全年的天气好，盐有个好收成。为了盐婆婆生日，盐民们宁可少吃几顿，也要在年前就备好香烛纸马，到正月初六的清晨，家长要带领全家能上滩干活儿的人，到滩头或风车头放鞭炮，烧纸砖头。烧纸名叫"烧盐婆纸"，又叫"烧滩头纸"，要边烧纸边祷告：请盐婆婆显灵开恩，保佑今年产盐多，盐粒大，盐花白。然后所有的盐民都要手持锹锨等工具到滩上动动手，干点活儿或转转风车，戽几斗水；或挖几锹泥，动一动盐席，做象征性的开工，表示一年晒盐从今天开始。

2. 盐神节

这是潍坊滨海的一个重要节庆。潍坊寒亭传统的盐神节，在每年的农历正月十六日。在渤海湾沿海地区，盐民和从事盐业生产的人都要庆贺和祭拜神灵，祭拜的主要对象是盐神爷：春秋时期的齐国贤相管仲。盐神节的活动内容大体有：祭拜盐神、放鞭炮庆贺、在盐垛上插小旗测风向预测原盐收成年景：风和日丽，西南风吹拂，预兆原盐丰收；阴天，刮东北风，盐民们就会认为是歉年。旧时还有测量月影预测年景的形式，现在已经消失。节日这天，乡邻会相聚饮酒，与其他地方过节不同的表现形式是饮酒不在家中，而是男人们走出家庭聚饮庆贺。这里表现出的盐民豪放之气，正是古代"乡饮"风俗的遗风表现。同时，家家户户还包饺子改善膳食，其节日景象如春节一般。千百年来的民间习俗，潜移默化地影响着齐地滨海盐民后人。正月十六日祭拜盐神活动从几千年前一直流传至今。

3. "二月二龙抬头节"

"二月二,龙抬头"。在每年的农历"二月二",靠晒盐捕捞为生的当地渔民和进行盐业生产的盐民拜祭龙王和"盐神"管仲,祈求在新的一年里四海平安,风调雨顺,渔盐丰产,国泰民安。

农历二月初二这天,即将出海的渔民和进行盐业生产的盐民会自发组织一些祈福活动,祭拜龙王,祈求在新的一年里出海的人能平安归来,盐业生产喜获丰收。这就是"二月二龙抬头节"。盐民和渔民为什么祭拜龙王呢?这应该是对远古时期沿海先民"煮海为盐"的一种诠释。当地盐民介绍:天气的风云变幻,年景旱涝祸福,全由龙王爷们说了算,龙王掌管着下雨,不仅决定能否出海打鱼,还直接决定着盐场的产量。因此,盐民也有祭祀龙王的习俗。据民间讲述,"二月二龙抬头节"在这里传说了好几千年了。现在龙王爷和盐神爷在一个庙里,要拜盐神管仲先得敬龙王,否则,龙王爷就不买盐民的账。关于"二月二"祭拜龙王在潍坊滨海一带有着丰富的民间传说。相传很久以前,有母子二人在海边相依为命,以打鱼为生。一天,儿子出海打鱼,突然刮起了大风,不慎落入大海,生命危在旦夕。此时,被巡海夜叉救回龙宫,经龙王治好,待"二月二"送回家乡,母子团聚。以后,乡亲们就把每年的"二月二"定为纪念龙王的日子。"二月初二龙抬头节"由此而始。

以"二月二龙抬头节"和"正月十六盐神节"为内容的渔盐文化节,已被列入潍坊市非物质文化遗产重点保护项目。自2007年首届渔盐文化节举办,到2015年已成功举办九届,这成为潍坊市传承发展北海渔盐民俗文化的一张靓丽名片。每年"正月十六盐神节"和"二月二龙抬头节"这两个节日,村中盐民都会到"北海渔盐文化民俗馆"庆祝节日,当地人称该馆为"真龙庙"。

真龙庙也就是北海渔盐文化民俗馆,坐落于潍坊市寒亭区央子镇北部,渤海莱州湾南岸,在新修建的拦海大坝西北角。民俗馆四周以水缭绕,再向东南,有面积16余万公亩广袤的盐田。该馆依据古典民族建筑风格设计,主体高达21米,占地20亩,于2007年1月14日落成,是一组颇具规模的古典建筑群。整个民俗馆由

山门、钟楼、鼓楼、龙门殿、盐神殿、永宁殿组成。北海渔盐文化
民俗馆由山东龙震集团董事长蔡沥皆捐资1000万元，副董事长孟
庆元、崔旭德各捐资500万元，依据古典民族建筑风格设计建造。
山东龙震集团是一家大型盐业化工股份企业，公司依托北海丰富的
卤水资源快速发展，下设"山东龙震化工有限公司""山东龙震镁
化有限责任公司""潍坊群盛盐化有限公司""潍坊海龙路桥开发
有限公司""潍坊龙震民俗开发有限公司"5个公司。其生产的氢
氧化镁达到了国际标准。图4-1为北海渔盐文化民俗馆山门。①

图4-1 北海渔盐文化民俗馆山门

（王俊芳 摄）

潍坊滨海渔盐文化节规模逐年增大，参与人数逐年增加，成为
潍坊滨海经济技术开发区一道独具韵味的民俗文化风景线。本届渔
盐文化节以"传承千年渔盐文化，擦亮民俗旅游品牌"为主题，以
北海渔盐文化民俗馆为依托，将滨海浓厚的历史文化积淀与现代民

---

① 参见潍坊市滨海经济技术开发区、潍坊学院海盐文化研究基地《滨海（潍坊）
盐业文化资源调查》（内部刊物），相应部分。

俗文化旅游相结合，除了传统的拜祭龙王活动外，还举办舞龙、舞狮、京剧、歌舞、秧歌等丰富多彩的文化表演，民俗性、参与性和娱乐性突出，百姓感受到了浓浓的民俗文化气息，戏剧歌舞、民间秧歌、民间特色表演、民俗文化展示等，展示着滨海特色渔盐文化的独特魅力和滨海文化建设的蓬勃活力。

第三节　山东海盐旅游资源的保护和利用

　　海盐旅游资源的保护、利用和开发，已经成为学者和社会关注的话题。不论是物质形态的海盐文化旅游资源，还是非物质形态的海盐文化旅游资源，在社会前进的步伐中，都需要进行合理的保护和利用。例如盐业遗产，即使消失了生产功能，仍可将其转化为认知功能，让后人知道前人的生产方式。而发展山东滨海海盐文化特色旅游，不仅有利于保护海盐这一传统文化，形成独特的文化特色，树立独特的文化形象，而且有利于丰富当地的文化内涵，从而树立良好的主体形象，通过旅游市场的开发来促进山东滨海传统文化的保护和传承，具有重大的现实意义。将海盐文化资源通过旅游景点景区表现出来，让游客感受到原汁原味的传统文化风俗，既有利于传统文化的保护，又有利于当地旅游业的发展。

　　山东滨海拥有很多海盐文化旅游资源，但是由于其文化内涵尚未得到合理开发，大多数的遗址、村落、盐场等分布较分散，缺少一个能够支撑起山东滨海海盐文化旅游品牌的景点景区，整个山东滨海的海盐文化旅游资源没有形成统一规划、统一营销的区域布局，从而缺乏整体形象和品牌效应，旅游者对山东滨海的海盐文化旅游也缺乏深刻的认识。

　　在海盐文化旅游资源的保护和发展过程中，应该区分不同的类型，针对不同类型的海盐文化旅游资源进行保护和利用。

一　海盐遗址的保护和利用

　　必须承认，在时下的中国，包括海盐遗址在内的各类遗址的保护与利用的确是一个较为庞大的课题，它涉及文物保护、城市规划、生态环境、园林、旅游、农业生产等方面，遗址保护完全可以成为城市文化复兴与城市建设开发的聚合工程，即聚合城市文化提升、城市名片打造、城市文化旅游开发、城市休闲房地产开发的大型工程，是城市经营创新的新模式。遗址最重要的价值是其历史文化与科学价值，它是城市发展中重要的历史文化资源和城市空间拓展可依托的基础。遗址建设中必须处理好保护与利用的关系，使遗址保护区各项事业协调发展。如果单就保护方面谈遗址保护，很难达到预期效果。因为遗址规模比较大、占地面积广阔，每年需要投入大量资金进行维护，仅员工工资就占据维护费用的一大半。由于很多遗址仅是普通的参观，甚至有的地方谢绝参观，开发不到位致使大遗址区出现了严重的资金缺口。如何在保护基础上利用大遗址进行旅游经营，最大限度消除我国一般遗址的观赏效果差、经济收益低的现状，成为盐业遗址保护和开发方面面临的重要课题。

并且，旅游资源的开发需要体现真实性，山东海盐生产的遗址和现场就是山东海盐文化的载体和基础，没有这些遗址，海盐文化的内涵就是不完整的，对游客而言也是不真实的。盐业遗址与其他种类的遗址有很多不同之处，盐业遗址的保护和利用往往更困难。

盐业遗址的规模一般比较大，如山东寿光的双王城盐业遗址群，考古发掘面积达到30平方公里，其上的遗址面积广大，这给遗址保护带来了很多难题。首先，保护人员不够，很难实现对遗址全方位、全时段的监管巡护；其次，在如此大的面积内加筑保护建筑（如顶棚、围墙等）并不现实，结果就是任凭自然因素如风吹、日晒、雨淋等对遗址进行侵蚀。一些人为因素也给遗址保护带来新的难题。以寿光双王城盐业遗址为例，"南水北调"工程刚好要经过遗址保护区，为保护遗址南水北调工程，"南水北调"建设管理局虽然主动为遗址"让道"，将该地区水库原设计面积由17平方公里调整为12平方公里，但是依然影响到12处遗址。还有一些遗址面临着油田开发等问题。一方面是经济发展，另一方面是遗址保护，矛盾时有发生。另外，盐业遗址一般埋藏不深，也使得保护难度加大，可能不经意的施工、土地耕种等都会对遗址造成破坏。

为了最大限度地保护遗址群，寿光市政府出台专门的保护公告，不妨抄录如下：

寿光市人民政府关于加强双王城盐业遗址群
保护管理的公告

根据《中华人民共和国文物保护法》、《中华人民共和国文物保护法实施条例》、国务院《关于加强文化遗产保护的通知》和《山东省文物保护条例》等相关法律法规规定，现将我市国家级重点文物保护单位双王城盐业遗址群保护管理事宜公告如下：

一、加强双王城盐业遗址群保护管理的重要意义

双王城盐业遗址群是环渤海沿岸最大的商周盐业遗址群，它位于寿光市羊口镇双王城水库周围，南界至寇家坞村西南，北至六股路村南，东至新沙公路，西至新塌河东岸。遗址群面积达 26 平方公里，发现古遗址 80 余处。2008 年 4 月至 2010 年底对遗址的发掘，全面揭露了殷商晚期到西周早期完整的制盐作坊单元及金元时期制盐工艺流程，弥补了文献记载的不足之处。2009 年 4 月，此次发掘被评为 2008 年度全国十大考古发现。2013 年 5 月，双王城盐业遗址群被国务院核定公布为第七批全国重点文物保护单位。

近年来，由于双王城周围各类工程的开展，改变了 2009 年以前的地貌，部分盐业遗址被覆盖和占压，使遗址群遭到较大破坏。除双王城水库大坝的建设外，寿光大西环、林海博览园以南地带的工程建设、水库南岸的农田改造、寇家坞新农村建设、地面植被种植等，都对遗址群造成了极大的破坏。因此，进一步加强对遗址群的保护，禁止进一步的破坏行为，尽可能地逐步恢复原有地貌，迫在眉睫。这对推动我市文化、社会等和谐发展，增强我市软实力，具有重要意义。

二、保护范围及建设控制地带

（1）地理坐标为北纬、东经。保护范围包括重点保护区和一般保护区。各遗址点皆为重点保护区；（2）各遗址点周边120米为一般保护区。遗址群四至范围内划为建设控制地带。

三、保护措施

1. 成立双王城盐业遗址群文物保护管理处。组长由分管副市长刘广斌同志担任，副组长由文广新局局长张文升同志、双王城经济开发园区主任孙继业同志、规划局局长李建东同志担任；成员包括财政局、文广新局、公安局、发改局、国土资源局、住建局、林业局、水利局、双王城经济开发园区等部门和单位。

文物保护管理处负责组织保护规划落实工作，制定遗址保护范围及建设控制地带内文物保护与日常管理工作规划，依法加强双王城盐业遗址群的文物保护和环境整治工作；全面征集、整理有关文物及文字、图片、资料、碑刻等社会散失文物，为遗址群的保护建设提供翔实的历史文物资料；组织成立历史文化研究课题组全面收集、挖掘、整理、研究、古遗址的历史文化，为保护、抢修、建设故城做好文化准备。

财政局要为遗址的保护建设提供资金支持，将遗址保护工作经费列入市财政预算，并做好上级下达的保护建设经费的落实使用。

文广新局要加强对遗址保护和管理工作的指导，配合文物保护管理处做好故城保护建设的各种项目上报、申报工作。

公安局负责依法处置一切损坏、破坏和偷盗遗址文物的行为。

发改局负责将双王城盐业遗址群遗址保护规划纳入我市经济社会发展计划和城市建设规划，做好文物保护规划与各项规划的有序衔接配合，做好相关项目的申报工作。

国土资源局负责开展双王城盐业遗址群遗址保护范围及建设控制范围内的土地详查工作，迅速查清目前的土地权属、性质、类别及地面附着物的状况。同时依据有关法规及上级批文开展土地利用总体规划、土地权属、使用的变更意见，并积极争取建设用地指标，确保遗址保护开发利用所需用地。

住建局负责对城市规划进行修编，将双王城盐业遗址群保护建设纳入城市总体规划。配合文物保护管理处做好落实双王城盐业遗址群保护规划的工作。

林业局负责开展双王城盐业遗址群遗址保护范围内的林地、树木及植被情况的详查工作。做好遗址保护建设所占林地、林木的调配、审批、审报等工作。

水利局负责对双王城盐业遗址群遗址保护范围内的取水、供水设施进行详查，对违法、违规设施予以取缔或改建，为文物保护管理处在遗址保护建设的工作上提供水利、水文等有关资料并提出意见、建议。

双王城经济开发园区负责配合遗址保护规划中涉及的土地调整、土地征用、房屋拆迁、地面附着物补偿等工作；及时协调解决文物保护管理处在工作中和当地群众产生的矛盾、纠纷等问题，为严格执行保护规划提供优良环境。

各有关单位要完善领导机制，落实工作职责，把双王城盐业遗址群的保护和管理工作列入重要议事日程，要定期研究、及时解决工作中的突出问题。双王城盐业遗址群文物保护管理处作为遗址保护和管理工作的牵头单位，要切实承担起执法主体的责任，切实履行文物管理的职责。要建立完善部门协调机制，加强沟通交流，发改、文物、公安、财政、国土、住建、水利、林业等部门要密切配合，积极支持文物保护和管理工作，确保各项工作顺利推进。

2. 严禁任何单位和个人在保护范围内建设新的建筑物或修建新公路以及进行原有道路的扩建；确需在建设控制地带内建设新的建筑物或修建新公路以及进行原有道路的扩建的，开工前须向相应文物主管部门申请，经批准后方可施工。

除种植一般农作物外，严禁任何单位和个人在保护范围内地表以下30厘米进行挖掘、取土等活动，也不得在重点保护范围内种植大型乔木等。

　　本公告自发布之日起执行，待相关文物保护规划制定完成后，望相关单位、部门和个人严格按照文物保护规划的要求进行双王城盐业遗址群的保护。

寿光市人民政府

2014年6月15日

　　诚然，盐业遗址保护困难重重，既要有政府支持，制定科学的开发保护方案，还要依靠全社会的力量。整体来看，山东盐业遗址规模大、数量多，有很高的考古价值，但是遗址保护工作任重道远。随着科学技术的快速发展，保护原则下的大遗址旅游开发也日趋多样化，如在原遗址基础上，依据考古发现及历史记载恢复原貌，供游客参观；或另择他处，按遗址原貌复建大遗址。这些方式对大遗址的保护及其历史文化的传承均具有积极效应。

　　在遗址保护和利用上，海盐遗址所在地可以利用得天独厚的优势，建立海盐遗址博物馆，收藏盐业文物、展示盐业文化，如无棣县的华夏海盐博物馆，展现我国传统的制盐工艺和行业发展现状等。潍坊寿光正在筹建的双王城盐业遗址公园内的盐博物馆就是该思路的表达，也是盐业遗址利用的典型性例证，而从旅游资源利用的角度看，开发又是利用的一个极好表达。只有开发，才能实现这一资源文化从隐性的文化向显性的产品的转变，从而使下一步得到更好保护和可持续利用成为现实可能。下章将详细谈及遗址等海盐旅游资源的开发。

　　海盐博物馆在内容的具体设计上，也一定要立足全国，面向世界收集各类盐的素材。以人类开发利用盐的历史、各种盐工艺品、各式各样的盐产品、盐科普知识、盐生植物、各式盐结晶标本等为主题设立展馆，还制作能展示海盐生产流程的模型，供游客参与制盐，体验盐民生活，感受制盐的苦乐。把现代旅游者对文化遗产的接受转变为

173

一种轻松的休闲旅游模式。可以说，一座海盐博物馆就是一部海盐的发展史。作为收集、典藏、陈列和研究海盐文化遗产实物的场所，人们可以透过陈列的文物与历史对话，穿越时空来俯瞰海盐发展的历史，可以通过博物馆陈列的"有形化"的物品来了解海盐文化遗产，并通过导游人员讲解、图文说明以及视频录像资料等对海盐文化进行深入的探究。这样就将盐的世界系统、科学地展示在观众面前，使人们参观过后产生一种"山东滨海归来不看盐"的效果。当然，博物馆在建筑风格上要新颖、别致，要突出海盐的主题，使其成为山东滨海旅游的一大标志性建筑。在建材上尽可能就地取材，如用经压制的盐砖作为主体建材。在内部装潢上也尽可能充分利用盐作为装饰材料，从而在外形和建材上形成世界建筑一绝。

为了更直观地表现遗址的保护和利用，在这里我们以烽台盐业遗址为例，具体地看一下遗址的保护和利用方略。①

作为山东莱州湾南岸的一处重要的盐业遗址群，遗址范围内发现了盐井、沉淀坑、盐灶等制盐遗存以及盐工的墓地，出土了众多的制盐陶器碎片。烽台盐业遗址群的东周时期盐业遗址数量众多，为研究中国东周时期的盐业历史和制盐工艺提供了丰富的实物依据，对完善中国早期盐业文化具有重要意义。烽台盐业遗址群于2013年被公布为第七批全国重点文物保护单位。潍坊市特别是滨海区也积极行动，起草了具体的保护规划方案并将保护和开发紧密结合起来，"开发"也被提上日程并逐步展开。

（一）保护规划的缘起及意义

2009年秋、冬，由潍坊市文化局、潍坊市滨海经济技术开发区宣传文化中心、山东师范大学齐鲁文化研究中心组成的文物普查队，在潍坊市滨海开发区央子办事处一带进行第三次全国文物普查过程中，发现烽台盐业遗址群，其中西周早期盐业遗址2处，东周时期遗址数量36处，汉魏时期盐业遗址1处，分布非常密集。

---

① 该部分参考了天津大学建筑设计研究院《潍坊烽台盐业遗址群保护规划》，2014年9月。

2010 年 12 月，为做好烽台盐业遗址群的保护与管理，申报全国重点文物保护单位，山东潍坊滨海经济技术开发区宣传文化中心、规划局划定了烽台盐业遗址群保护范围及建设控制地带，对遗址基址边界进行了确认。2011 年，燕生东、田永德、赵金、王德明等人发表《渤海南岸地区发现的东周时期盐业遗存》，报告了烽台盐业遗址群以及其他渤海南岸地区发现的东周时期盐业遗址群的资料，重点介绍了盐业遗址群分布、规模、堆积特点、年代、出土制盐用具及其所反映的制盐工艺流程和生产性质。2014 年 5—6 月，由山东海岱文化遗产保护咨询服务中心与山东师范大学齐鲁文化研究院组织专业力量，对烽台盐业遗址群进行了整体调查和勘探，更加深入地了解到盐业遗址的分布情况、各个盐业遗址保存情况、遗址内部堆积情况、重要遗址的内部结构情况，以及不同盐业聚落的内部功能划分等情况。

烽台盐业遗址群位于潍坊滨海经济技术开发区，所在位置现为一般农田，古遗址多被农田、现代盐田和工厂占压，并且随着烽台盐业遗址群所在的潍坊滨海经济技术开发区于 2010 年 4 月被国务院批准成为国家级经济技术开发区，正在编制中的潍坊滨海经济技术开发区的总体规划尚未考虑到近期被发现的烽台盐业遗址群，总体规划中所确定的产业布局、基础设施建设以及相关建设规划，有可能对遗址本体与环境造成严重干扰。

中共中央十七届六次会议提出推动文化大繁荣大发展，潍坊滨海经济技术开发区亦贯彻中央决定，把培育文化软实力提高到事关开发区竞争的高度加以重视，对文物保护事业十分关注，烽台盐业遗址群作为国内首次发现的大型东周盐业遗址群，开发区政府对加强烽台盐业遗址群保护的要求十分迫切。

为实现烽台盐业遗址群的全面、持续、有效的保护，遵循着"保护工作，规划先行"的基本原则，2013 年 5 月，受潍坊市滨海经济开发区宣传文化中心委托，天津大学建筑设计研究院、天津大学建筑学院承担了《烽台盐业遗址群保护规划》的编制工作。在规划中，特别指出，该规划依法审批后，将作为烽台盐业遗址群保护的法规性文件。凡规划范围内的一切保护与利用活动均应在本规划指导下进行。

该遗址群之所以受到如此重视，是因为其存在重要的历史价值与科学价值。从历史价值层面看，它用毋庸置疑的考古发现进一步证实了这里悠久的盐业文化和盐对历朝历代的不同影响。中国的海盐业从山东起源，随着历史的发展和技术的进步，山东盐业的生产规模在不断扩大，其在全国盐业中的地位也在不断变化。由于经济重心转移、生产力发展变化等原因，山东盐业从先秦至明清各个时期的历史地位也经历了从早期的核心区域到边缘的变化过程。近年来对山东莱州湾地区的考古发掘表明，以莱州湾为圆心，沿海岸线15—30公里构成一条面向海湾的弧，在这一范围内据考古学家考证，商周时期，莱州湾一带已经有了大规模生产海盐的场所。经济技术开发区的烽台盐业遗址群处于浅层地下卤水的分布范围之内，当地密集分布的用于煮盐的陶器，以及发掘出土的坑井、盐灶等遗址，都意味着烽台盐业遗址群是一处非常重要的古代制盐遗址。

它以考古实物证明了这里是中国古代制盐中心，该遗址群所在的山东莱州湾地区因宿沙氏族群的制盐活动而成为中国古代盐业的发祥地。这里的制盐为齐国奠定了坚实的经济基础。管仲把齐国的渠展之盐与楚国的汝汉之金、燕国的辽东之煮并列为当时天下最有价值的物质资源。管仲提出轻重理论，关注齐国盐业资源在诸侯国中的商品稀缺性，发挥齐国盐业资源的价值，并在齐国实行盐的专卖政策，开创了盐专卖的先河，为传统中国找到了一个稳定而丰富的税源。管仲通过解决盐的生产、运输和销售，促进了食盐的发展，使齐国盐业成为当时各业之首，奠定了坚实的经济基础，从而使得盐成为齐桓公成就春秋霸业的物质条件。

从科学价值的角度看，它填补了东周时期盐业考古的空白，使得对战国时期盐业遗址的规模、分布情况、堆积形态以及当时的制盐方式有了进一步的了解。据文献记载，东周时期，渤海南岸地区是齐国乃至全国的著名盐业基地，齐国还在中国历史上首次实行了"食盐官营"制度：包括食盐的民产、官征收、食盐官府专运专销、按人口卖盐征税等制度。这次调查所发现的规模巨大的战国时期盐业遗址群，为齐国的盐业生产提供了重要的考古依据。同时，该遗址群还充分体现出中国古代先进的煎卤为盐的制盐工艺。制盐在中国古代社会是一项很重要的产业，但对于早期制盐所需原料、制盐过程，古文献多语焉不详，仅寥寥数字，并不能窥视出当时的整体制盐过程。烽台盐业遗址群出土了大量用于煮盐的陶器，以及坑井、过滤坑、盐灶等设施。制盐作坊内有不同的功能区划，盐业生产存在着统一的组织和管理。这些都为了解制盐流程提供了重要的实物依据。通过对烽台盐业遗址群的调查，发现了一批很有价值的制盐遗存，包括挖取地下卤水的坑井、与过滤卤水有关的过滤坑。随着这些制盐遗存的发现，早期的制盐的技术流程（如前所述）也逐渐清晰。这些都显示出烽台盐业已经超越了煮海为盐的早期制盐阶段，进入到更为先进的煎卤为盐的阶段，这在中国古代制盐技艺的发展史上具有十分重要的意义。此外，其艺术价值亦不可忽视。烽台盐业遗址群出土的制盐器具主要有盔形器和圜底罐（盆）形器，器物风格简朴，表面留有着加工时具有韵律感的痕迹，但其有着朴素、典雅之美，反映着商周时期的生产工具的艺术特征。

（二）保护现状、对策

从保护现状看，烽台盐业遗址群虽公布为全国重点文物保护单位，但还未设立专门的管理机构和保护措施。缺乏有效管理，以及对遗址价值的认识，造成当地的单位和民众随意在遗址内部和周边地区进行农业、工业生产性活动。烽台盐业遗址群出土的大量陶器碎片由潍坊滨海经济开发区宣传文化中心保管，但储藏于一般性库房之中，并未修复成为展现烽台盐业文化的展品，没有发挥见证历史、展示烽台盐业文化的重要作用。遗址本体尚未按照历史文化遗产应有的展示功能进行利用，存在着重大历史文化价值与展示利用不足的状况，也未纳入城市旅游资源系统。对文物本体内涵的认识不足，导致文物本体未发挥有效的作用，并给保护和管理工作带来困难。

山东海盐遗址与旅游资源的调查开发

　　面对以上现状，应在科学发展观指导下，坚持遗产保护与社会经济、城市环境协调同步，同时坚持"保护为主，抢救第一"的原则，首先满足遗址本体的保护需要，特别是针对表面损毁严重的区域；还要坚持与城市建设相结合原则，结合潍坊滨海经济技术开发区近期城市建设项目，启动以烽台盐业遗址博物馆为代表的历史文化产业项目。

　　从基本对策上看，该遗址群的保护可以从以下几个方面考虑：（1）注重遗产的完整性、真实性与延续性，在严格遵守不改变文物原状的原则下，谋求遗产保护总体策略的前瞻性和可操作性；（2）加强对遗址本体的保护，各项保护工程必须遵循最小干预性、可逆性、可识别性等原则，实现保存的真实性和保护的有效性；（3）加强遗址环境的保护与整治，以历史文化为媒介和主题建设城市绿化开放空间；（4）通过建立和加强遗址展示，寻求物质文化遗产和非物质文化遗产的有效结合，扩大文化传播，提升旅游价值和社会效益。遗址宜与渔盐相关的非物质文化遗产相结合，一起形成潍坊滨海经济技术开发区的特色旅游路线；（5）建议城市规划对遗址建设控制地带的用地性质进行严格把控，对遗址周边城市道路做小范围调整，将城市发展与遗址保护纳入统一目标，实现和谐共生，等等。

　　其中，对盐业遗址本体的保护，应该特别注意以下几个方面：（1）对遗址做全面的文物复查和重点调查，一切历史遗迹和有关文献都应当列为调查对象；（2）清理保护区域内建筑物、构筑物和临时堆放物；（3）清理发掘区域地面，勘察土质，采取回填或搭建保护棚的方式予以保护；（4）在遗址保护区内设置防护栏，限制人群进入遗址随意活动，尽可能保护遗址环境不受影响；（5）在保护区或建设控制区内进行考古勘探，依照勘探结果选址建立博物馆；（6）在保护区内绿化时，禁止植入藻类等产生酸性物质的植物，防止遗址被腐蚀。

　　此外，还要特别注意周围环境的整治规划。在保护规划中始终贯彻整体性原则。遗址保护中存在这样的原则：对于具有整体面貌

178

的遗址的保护，特别注意整体性原则，其中的任何一个历史文化遗产是连同其他环境而存在的，因此，不仅要保护其本身，还要保护其周围的环境，特别是对于地段、出土物及周边的生产、生活环境都要关注。这就需要加强对周边环境的综合整治，对与遗址环境风貌不相符的建筑物和构筑物进行改造或拆除；建设控制地带内的用地功能以遗址保护绿带以及其他历史文化遗产资源的文化、休闲、商业和特色居住设施为主，逐步搬迁该范围内其他设施，建设以盐业遗址文化研究与展示为主题的遗址绿化场所。近期要做的，是在建设控制地带内建立烽台盐业遗址博物馆、烽台盐业遗址管理处。远期考虑搬迁静海大街以南的潍坊公路局经纬公司。改造渤海大街以北的烽台村居民区，参照历史街区保护整治模式建设以文化、商业和休闲为主要内容的外延产业和功能设施。

（三）考古与研究规划

从原则与目标上看，烽台盐业遗址群的考古和研究以探明历史上先民各种活动及其遗存为重点，通过考古调查、文物勘探、配合城市基本建设考古发掘和主动考古发掘等手段，进一步明确商周时期潍坊莱州湾南岸的社会生活及相关遗存布局，为科学保护和动态保护提供考古学依据。为此，文物行政管理部门应组织研究机构加强烽台盐业遗址群考古发掘和研究工作的针对性和主动性，开展课题立项和实施工作；建立烽台盐业遗址三维坐标测绘系统，实现考古发掘资料数字化；由文物行政管理部门协调组织烽台盐业遗址群保护管理机构和考古发掘、研究单位完成烽台盐业遗址群现有考古发掘资料的数字化实施工作；加强烽台盐业遗址群价值评估研究工作，通过烽台盐业遗址群与同时期重要遗址的比较研究，确立烽台盐业遗址群在中国和世界早期盐业发展史上的地位。

从工作进程看，可以考虑分期工作。近中期（至2020年）：在以往研究工作的基础上，进一步开展发掘勘探工作，考察记录遗址的埋藏特征，勘测记录遗址的古环境与聚落形态特征，并对以往已调查的遗址进行复查，确定保护区全部覆盖面积内的遗存位置、布局；建立统一的三维坐标测绘系统，实现烽台盐业遗址群考古发掘资料数字化，初步建成烽台盐业遗址群考古发掘地理信息系统和考古发掘资料档案库。远期（至 2030 年）：进一步了解潍坊莱州湾盐业遗址的基本情况，基本掌握商周时期潍坊莱州湾地区盐业生产及其遗存布局，完全建成潍坊莱州湾地区考古发掘地理信息系统和资料档案库，潍坊莱州湾地区商周时期盐业考古调查取得阶段性成果。

为将研究落到实处并出于研究的方便考虑，需要在烽台盐业遗址博物馆内设立烽台盐业遗址研究与保护中心，约 360 平方米建筑面积，包含艺术工作室、研究室、文物修复室、刊物出版室、技术实验室、图书资料室等功能。

（四）利用规划：烽台盐业遗址博物馆的建设及其他

该遗址群颇具开发价值，目前正在规划的盐业遗址博物馆的建设就是对此进行合理开发的一大表达。规划中的烽台盐业遗址博物馆或者直接建立在保护区，或者建立在遗址建设控制地带，以文博展览—公众教育—科学研究三位一体的建筑群功能组成，集中展示烽台盐业历史文化和考古发掘成果。并建立烽台盐业遗址文化与出土文物的展陈体系，制定专项展陈对策和展陈规划。展陈规划要以实物展陈为主，兼以场景模型、图片、文字说明为辅。可以考虑在遗址发掘区上方架设带有玻璃板的构筑物，以步行参观的方式强化遗址实体的展示。同时，可建立考古体验中心，结合一两处遗址发掘区，使民众直观了解和体验烽台盐业遗址的发掘过程，有选择地参与其中，增加公众的参与性，激发对文博保护事业的兴趣，发挥遗产地的社会性价值。

在开发遗址旅游的时候，应该特别注意环境的承载力，好好把握环境容量。因为遗产地旅游必须以保护为主，避免游客超过旅游资源容量和设施容量。据《公园设计规范（CJJ 48—92）》（遗址公园日游览容量 $C = A/Am = 232 \times 10000/100 = 23200$），烽台盐业遗址群每日最佳接待游客量应在 20000 人次以内。烽台盐业遗址群具有较大的游览容量，具备服务外来参观人流及本地居住休闲的潜能，为将来可能的周边的居住区建设以及带来的大量人口，提供适宜的城市绿地，提升居住质量。

需要说明的是，在为文物保护规划编制立项方面，烽台盐业遗址群虽然由于对规划编制的必要性和紧迫性说明不足、内容不全、文本深度不够等原因，没有拿到国家文物局的同意批复（国家文物局：办保函〔2015〕861号：关于烽台盐业遗址保护规划编制立项的意见，2015年6月16日），但对该遗址群的保护和利用一直在努力之中。相信不久的将来，其规划立项一定会获得通过。尤其是在今天"让文物在保护和利用中活起来"和大力发展山东蓝黄经济区的大好形势下，烽台盐业遗址群等旅游资源的利用和保护一定会登上一个更高的台阶。

同时，烽台盐业遗址群可结合潍坊滨海经济技术开发区的观光旅游规划，形成烽台盐业遗址文化游与滨海新城旅游度假区休闲游相结合的线路，以规划建设的高速铁路、荣乌高速和至潍坊市区方向的交通基础设施为依托，并结合白浪河游船线路，搭着"山东海疆历史文化廊道"的顺风车，集中展示烽台盐业遗址群的历史文化价值，提升其在潍坊滨海经济技术开发区旅游文化品位和层次中的作用。

在山东盐业遗址的保护和利用中，还有一颗闪亮之星，那就是沾化杨家盐业遗址群。这是黄河三角洲地区目前发现的最大盐业遗址群，具有重要的保护、研究价值。图4-2为杨家盐业遗址出土的盔形器。

图4-2　杨家盐业遗址出土的盔形器
（《杨家盐业遗址群成国家级保护项目》，《大众日报》2015年7月3日第14版）

单从保护和利用的角度看，该遗址群就有不少可供借鉴的地方。2013 年 5 月，该遗址群被列为第七批全国重点文物保护单位（填补了沾化区没有国家级文物保护单位的空白）。

2014 年 11 月，该遗址群争取到省级大遗址保护专项资金 88 万元，在这一资金的支持下，杨家盐业遗址群得以进行科学规范的调查、勘探并启动《杨家盐业遗址群保护总体规划》编制工作。该规划从保护杨家盐业遗址群的真实性和完整性出发，进一步加强遗址群保护现状、价值和管理等专项评估，制订了针对性的规划措施。特别突出了遗址群及其周边环境的整体保护，制定了相应的管理规定和控制指标。2015 年 4 月它获得国家文物局的批复（国家文物局：文物保函〔2015〕2077 号：关于杨家盐业遗址群保护规划编制立项的批复，2015 年 4 月 29 日），同意了该遗址群保护规划开始编制立项，并对规划编制和遗址群的保护工作提出了明确要求。这也标志着杨家盐业遗址群正式成为国家级保护项目。

为加强杨家盐业遗址群的保护与利用，山东省沾化县建立了县、乡、村三级文物保护网络，即由县文物行政部门、富国办事处文化站、东杨村文物保护员组成的三级文物保护组织，聘请责任心强的文物爱好者担任文物保护员，协助文物部门进行文物保护单位的日常巡护以及提供文物违法犯罪线索等。这是贯彻习近平总书记关于文物保护的重要论述精神，深入实施"七区两带"文化遗产保护片区和重点项目带动战略，切实"让文物在保护和利用中活起来"的具体实践。也是贯彻落实国家"一带一路"和山东蓝黄经济区战略，规划"山东海疆历史文化廊道"（包括黄河三角洲盐业遗产保护与展示）的具体实践。

二　盐村和盐场的保护和利用

不论是盐村还是盐场，都是山东滨海盐业发展的见证，是地方盐业发展史中最为生动、鲜活的组成部分。而盐村本身又具备区别于周边其他村落的重要文化特征。每一座盐村，每一处盐场，里面都有丰富而生动的历史记忆。因此，对于盐村和盐场的历史与民俗，需要及时挖掘抢救、整理保护，甚至开发利用。可惜的是现在真正去关注和研究盐村、盐场的人少之又少。

不论是盐村还是盐场，要在调查的基础上掌握第一手资料，然后针对不同的具体情况进行保护。保护不是简单的不改变其原型原貌，而是在传承、合理开发和利用的基础上进行一种动态的保护。例如，对于盐村，可以在保护其原有特色的基础上，发展渔盐民俗特色的乡村旅游，以观盐文化、吃盐家饭、洗盐水浴为内容，开发建设盐文化展厅、卤水洗浴中心、水产养殖垂钓园、海鲜餐饮城等盐文化旅游项目。特别要深入挖掘盐的健身美体功能，结合中西方的洗浴文化打造盐文化体验型的旅游产品"中国死海"。盐水中含有多种有益于人体的矿物质，可以有明显的镇定、降低血脂以及瘦身效果；盐水中盐分含量高，即使不会游泳的人，在盐湖水里也可以仰卧水面，伸开四肢，随意漂浮，这种盐水漂浮给人的全新感受是其他水体所不能替代的。

对于盐村和盐场的周围，还可以充分利用当地的环境，建设主题景区，例如，山东东营的红地毯，最近几年蜚声海内外，红地毯是一种叫黄须菜的盐碱地上生长的可以食用的野菜。山东潍坊昌邑的柽柳林，也吸引了越来越多的旅游者。除了黄须菜之外，山东滨海盐碱地上的盐生植物还有很多种类，其中不少盐生植物具有较高的利用价值。例如，一些盐生植物的果实、种子、叶片、块根或者块茎等含有丰富的营养成分，可以作为食品原料；有些盐生植物如枸杞子、黄芪及芦苇等可以作为药物；有些盐生植物可以作为纤维原料，如荩茇草、芦苇、灯芯草、大米草、咸水草等；还有些盐生植物可以作为鞣料资源，如秋茄等。此外，有不少盐生植物具有较高的观赏价值，如补血草属花色美丽、长久，适宜制作干花，沙枣花色美丽、芳香，果形漂亮；柽柳美丽，可作为植株绿化；等等。这些滨海盐场、盐村周围的生态环境都等待着人们去保护、开发和利用。

对于盐场，可以在盐业博物馆里用模型进行展示，包括盐场的发展历史、生产工艺、生产技术、生产工具等，来增加人们对它的认识。例如，展示盐业的发展历史，从最早的简单晒盐，到目前大型海洋化工的"一水六用"的卤水利用模式。"一水六用"是指海水首先被用来池塘养殖鱼、虾、蟹等海产品；浓度升高到初级卤水时养殖卤虫；中级卤水和抽取的地下卤水先供工艺冷却；吸收了化工废热之后的卤水送到溴素厂吹溴，提高溴素提取率；吹溴后的卤水送到盐场晒盐；晒盐后的苦卤送到硫酸钾厂、氢氧化镁厂生产硫酸钾、氯化镁、氢氧化镁等产品，基本实现了海水和卤水中有用成分的充分利用。在此基础上进一步积极开展卤水产品的精深加工，延伸形成了上下游产品配套衔接、资源充分利用的产业链条，实现了卤水资源的综合利用和滚动增值，取得了较好的经济效益。例如，以原盐为原料生产纯碱、氯碱、融雪剂、食用盐等；以纯碱为原料深加工生产小苏打、泡花碱、白炭黑、水玻璃、氯化钙等；以溴素为原料生产系列灭火剂、阻燃剂、制冷剂、氢溴酸、溴化钾等；以氯碱产品为原料生产氯化聚氯乙烯、甲烷氯化物及系列除草剂等精细化工产品，形成了盐碱、溴化物、苦卤化工、精细化工四大系列海洋化工产业链，海洋化工产品200多种，企业经济效益稳步提高。这种发展模式，是目前潍坊北部沿海地区综合利用卤水资源最典型的代表。

盐村的古街、古铺、古盐场、盐商会馆、盐商居所、盐工会馆、行帮会馆等古建筑既是海盐文化的载体，更是可观、可感的海盐文化旅游资源。但我们不得不注意的是，不断发展的城镇建设，越来越威胁着这些古城镇和古建筑的存在。这种现象非常普遍地存在于海盐文化旅游资源较集中的城镇。越来越多的文化旅游者越来越不满足于仅仅在博物馆中看到模型或图画，而是希望可以感受数百年前的古老淳朴的气息，看到优雅古朴的古建民居。目前云南的黑井镇的古镇风貌保存较好，给旅游者耳目一新的感觉。所以，我们强烈建议古文化集中的街镇今后的城镇建设应距老街镇一定距离重新选址，使这些地区在现代化发展的进程中，文化资源得到切实保护并能在旅游业中更好地加以利用，产生更大的经济、社会、环境效益。① 盐村的保护和利

---

① 参见王成斌《关于海盐文化与盐城旅游资源开发的研究》，《理论探讨》2012年第3期，第51页。

用也一定遵从这样的原则，在开发中，让能够保留也需要保留的盐文化符号尽可能地保留下来。

三　饮食文化的保护开发利用

在旅游的六要素"吃、住、行、游、购、娱"中，"吃"被摆在首要位置。这深受中国文化的历史惯性的影响。在华夏大地，"民以食为天"。在旅游活动中，历史悠久、独具特色的饮食不仅能为游客带来更多的文化享受，也是彰显中华传统文化的良好平台。这一方面使得传统饮食文化，尤其是那些具有特色的、处于濒临消失状态的饮食，如盐文化特色饮食，得到尽可能保护、传承；另一方面通过这些特色饮食活动，更多地了解当地的民族风情，也能提升旅游的品位和内涵。这样就可以真正实现文化与经济的相互促进、传统文化与旅游经济的协同发展。

正如前面谈到的，山东沿海地区独具地方特色的与盐有关的饮食如咸蟹子、一卤鲜鱼、咸鲅鱼、虾酱等，要充分挖掘，做出特色，并大力宣传，加强包装，还要进一步开发特色饮食，包括开发各种特色小吃和旅游商品，既兼顾开发商和当地居民的利益，还满足了旅游者一饱口福的需求。

四　盐信仰的保护和利用

盐信仰的保护和利用是一个更为复杂的工程。目前能够做的，主要是通过编辑、出版的方式将山东滨海地区人们对盐的信仰转化为旅游商品，从而实现商业化经营。如可以将关于管仲、宿沙氏、胶鬲的传说和故事等编辑成民间故事集、歌谣集等结集出版，以民间书籍的旅游商品形式进行售卖，以一种更符合人们口味的形式展现出来，传承下去；也可以转制成动画片以商品形式出版和售卖；还可以把与管仲、宿沙氏、胶鬲有关的传说和故事改编成影视剧并将其搬上银幕——现在很多旅游目的地都将其反映本地的民间故事、神话等文学内容通过歌舞剧的形式进行展示和传承，这也形成了文化遗产保护和开发的一项重要模式——舞台化模式，并受到了热烈的追捧。

五 节庆习俗的保护和开发利用

仪式及节庆类遗产都承载了本民族、本地域的传统文化，是展示其文化的重要窗口，因此在展示本土文化的过程中，人们很容易想到仪式和节日。在山东滨海海盐产区，最重要的节庆是"二月二"龙抬头节、寒亭盐神节。

在节庆习俗的保护和开发上，首先，要将海盐节庆活动设计为具有现代特色，能吸引大众眼球，提高媒体关注度，知识性、趣味性、参与性强的活动，以增强其商务运作能力，保障节庆活动的长盛不衰。在继承传统文化的基础上不断创新，将海盐节庆活动系统化、具体化、规模化，为潍坊的城市发展和形象建设作出实际贡献。其次，对于节庆的习俗保护和利用，必须采取综合开发模式，注意挖掘节日的深度和广度。在中国，随着社会的发展和变化，不少节庆习俗的气氛在衰减。节庆习俗的保护往往变成了一种政府行为。目前在对节庆习俗遗产保护和开发过程中，往往只注重节庆习俗的形式，而对节日的深层次文化内涵缺少挖掘，导致投入大，收益小。例如在深度上，要对传统节日的文化内涵，如节日服饰、地方饮食、节日饰品以及节日娱乐活动等方面进行全方位的挖掘。最后，最重要的一点就是，对于仪式及节庆类海盐文化遗产保护与开发结合的一个重要的原则，就是在仪式的举办与旅游经济活动结合过程中，不能妄自改变这些仪式及节庆的举办时间和空间，内容上必须保持其原汁原味，也即是将这些仪式活动作为一个平台或者吸引点（不通过这个平台本身谋取经济利益）。

此外，在较大层面上，山东沿海海盐旅游资源的保护和开发还要注意以下几点：

第一，旅游开发是通过适当的方式把旅游资源改造成旅游吸引物，并使旅游活动得以实现的技术经济过程。我国旅游开发市场流行的开发模式多是从开发商的利益出发，排斥社区利益，实施上缺乏"本土文化"的立足根基，这种开发最终是难于成功的。而社区

"参与式"的开发模式，正越来越受到国际社会的重视。作为山东滨海海盐旅游资源的开发，不要把社区排斥在外，要充分重视当地居民的参与，尤其是在盐场和盐村的保护、开发过程中，只有当地居民参与进来，才能增强居民的自豪感和积极性，才能真正地保护好盐村和盐场。

第二，旅游购物是旅游活动的重要内容，也是提高旅游经济效益的重要途径，更是弘扬地方文化的重要手段。目前我国的旅游购物一直是旅游业发展的弱项。实际上，一个城市、一个地区的文化特征是旅游纪念品设计的工作坐标，因为旅游商品中蕴含的文化属性能充分满足游客的精神消费需求。虽然潍坊的风筝、年画作为潍坊的特色旅游纪念品取得了巨大的成功，但是山东滨海海盐旅游商品却呈现出种类少、档次低、品位不高、特色不突出的状况，许多旅游纪念品甚至是购自一些小商品批发市场的小首饰、小挂件等，根本没有山东海盐的地方特色。因此，重视、研制、开发具有山东滨海海盐文化特色的、既精致美观又经济实用的旅游纪念品显得尤其重要。比如可以让游客参与一些模型旅游纪念品的制作，这样既调动了游客的参与积极性，又加深了他们对山东滨海海盐盐文化的印象，同时，他们把这些纪念品带回去后也是对山东滨海海盐盐文化的一种宣传和弘扬。

从上面的阐释中，不难看出，山东拥有丰富的海盐旅游资源，但开发利用的程度较低，并且，仍有很多资源处于未发现、未整理、未保护的状态。所以，我们应该充分意识到肩上的责任。

第五章　山东海盐旅游资源的
开发：以潍坊为例

地处莱州湾沿岸的潍坊，在山东海盐文化旅游资源的开发中颇具代表性；故这里将以潍坊为例，具体谈一下山东海盐旅游资源的开发。

第一节　潍坊开发海盐旅游资源的积淀和条件

从前文的论述中可以看出，以潍坊为代表的山东开发海盐文化旅游资源具有丰厚的基础。这不仅表现为众多的物质形态的遗址、遗迹等遗存，也不仅表现为有众多的神话传说，盐俗、盐信仰等"非遗"资源，还表现为其悠久、发达、至今仍然起到支撑性作用的盐业。这里择其要者，从三个层面展开论述。

一　并非虚构的神话传说

文化永远是旅游的灵魂和归宿。正如于光远先生所言："旅游是经济性很强的文化事业，又是文化性很强的经济事业。"[①] 今天，潍坊发展海盐文化旅游首先得益于悠久的海盐文化积淀，这些文化积淀是打造"海盐之都"的基础条件。在众多文化积淀中，首先需要说明的是有关海盐的神话传说。

在海盐神话传说中，首先应该提及的是"宿沙氏煮海为盐"。

---

① 于光远：《论普遍有闲的社会》，中国经济出版社 2005 年版，第 51 页。

这一传说内容大致如下：远古时期，炎帝神农氏属下有一居住在今胶东半岛的部落。该部落里有位名为瞿子的少年，他聪明伶俐、勇敢坚强。他为了替被海中的恶龙夺去生命的母亲和乡亲们报仇，决定通过煮干海水的办法制伏恶龙。为此，他坚持每天清晨用陶罐煮海水。时间一久，瞿子发现把陶罐的海水煮干后，罐底总要留下些颗粒，只是颗粒的颜色有所不同：有时是白色，有时是黑色，有时则是红色或青色、黄色。为什么会有这种情况发生呢？经过仔细观察，瞿子发现：颗粒颜色的不同归因于他煮盐所烧的燃料，燃料不同，煮出的颗粒就不一样。红松木柴煮出的是红颗粒，芦苇则是白颗粒，而青枫木则是青颗粒……细心的他发现，这是由于柴草燃烧时烟灰裹在蒸汽之中沉入罐底，不同的柴草形成不同颜色的颗粒；但有一点却是相同的，那就是咸涩的味道。该部落的人们把这些颗粒称作龙沙。此后，部落首领带头，安排大量人力专事煮海。多年以后，该部落首领年事已高，他任命瞿子担任首领。炎帝知晓此事后，即详细询问了瞿子煮海一事并封瞿子所在部落为宿沙氏；并封瞿子为臣，让他专门负责煮海制盐。夙代表"早"，宿则代表"晚"，意思是这一部落从早到晚都在辛苦地煮盐。

特别需要说明的是："宿沙氏煮海为盐"的传说并非虚构，它基于客观存在的真实。据后世文献的注解，宿沙氏或称夙沙氏，被称为"黄帝臣"或"炎帝之诸侯"。从地理方位上来说，是"齐滨海"之人。① 段玉裁《说文》注引《吕览》注称："夙沙，大庭氏之末世。"《太平御览》则引《世本》称："宿沙作煮盐。"（《太平御览》卷八六五所引《世本·作篇》）其下专门有注，解释说，宿沙是齐灵公的大臣。《尚书·禹贡》中亦有"海、岱惟青州……厥贡盐、绤，海物惟错"的记载。这些都说明，这一古老的靠海的被称为"宿沙（氏）"的东夷部落地处潍坊一带，并且在远古时代就已经客观存在。

潍坊发展海盐旅游的文化积淀和条件，不仅包括令人信服的神

---

① 郭正忠：《中国盐业史》，人民出版社1997年版，第19—21页。

话传说，而且包含许多言之凿凿的海盐文化符号。

二 言之凿凿的海盐文化"符号"

一方水土孕育一方文化，潍坊的海盐不仅历史悠久，而且早已成为具有浓厚地域文化特色的"符号"，是彰显潍坊文化、发展文化旅游的深厚积淀。在这里，不仅存在鲜活的"咸"地名，独特的盐民俗、民间歇后语和谜语，等等，还有近年发现的规模最大的商周制盐遗址群。这些，都是发展海盐文化旅游的"活化石"。

首先看一下盐地名。在盐地名中，最具代表性的，应该算作"双王城"了。据考察，该地名背后包含着深刻的盐文化内涵："双王"这一名称，最初很可能是"沙王"。因为，据常理分析："双王"二字，从字面意义上讲，应该是两王同时执政。但在中国的文化传统中，存在这样的潜规则："天无二日，民无二主"，无论是一个氏族、一个部落，还是一个诸侯国抑或一个家族，是不允许两王同时掌权的。所以说，"双王城"这一称谓中的"双"字上，极有可能是地名在流转的过程中从"沙"转来的。简言之，"双王"这一称谓最初应为"沙王"；双王城也就是宿沙氏之王的都城。从其他资料特别是近些年的颇有说服力的考古发现看，双王城也的确位于煮海为盐的宿沙部落所在之处。从音韵学上分析，双、沙二字的声母同为 shi（尸）音，而且都是平声。"双"读为"shuang"，"沙"读为 sha。①

客观来说，在地名发展和演变的漫长过程中，由于方方面面的原因，某一地名出现音转、义转是完全合理的，也是很正常的。比如，山东的"蒙山"，古时之称谓为"茅山"或"苗山"，蒙、茅、苗的差异就是一音之转的产物。又如，汉代菏泽市东北有"成阳"之地名，而《帝王世纪》中将其写作"常羊"，"成""常"的差异也是一音之转造成的。再如，寿光的古遗址呂宋台（是一重要的

---

① 景以恩：《寿光盐业遗址与宿沙氏之国》，《管子学刊》2009 年第 2 期，第 121 页。

邦国之中心）则与商始祖契有着千丝万缕之联系。据专家考证，"宋"与"商"的字音、字义在很长一段时间里竟几无差别，对此，徐中舒言："宋、商为一音之转。"王国维亦称："宋、商一义，字音亦近。"① 这样分析，专家考证的"双王"之名初为"沙王"，即"宿沙部落的中心"，也在情理之中。或者说，是完全符合客观实际的。最具有说服力的是，这一推论获得了新近发现的制盐考古遗址的佐证。

2002 年以来，经过多次的调研和发掘，到 2008 年，在寿光双王城附近发现了完整的古代制盐业遗址群。遗址群总面积达 30 平方公里，共发现古盐业遗址 80 余处。其中，主要是商周（西周为主）时期的。这是迄今为止考古史上首次发现的范围大、密度高的制盐遗址，也是目前全世界发现的规模最大的盐业遗址群，还是国内发现最早的海水制盐的作坊。全国盐业问题专家、北京大学教授李水城声言，这一制盐遗址群面积之广、数量之多、规模之大、分布之密集、保存之完好，在全国极为罕见。这一考古发现用铁的事实证明了以上盐地名的说法。

除了双王城遗址群，在潍坊还发现了不少盐业遗址，以下两处特别需要再次提及。一是昌邑盐业遗址群：该遗址群主要包括火道——廒里和东利渔两处盐业遗址群。前者位于昌邑市下营镇火道村东南至廒里村西北，后者位于昌邑市龙池镇东利渔村东北，两处发现历史跨度近 3000 年的制盐遗址总共达 211 处。二是寒亭央子制盐遗址群。该遗址群位于寒亭北部央子镇（今滨海经济技术开发区央子街道），盐业遗址 100 多处，央子盐业遗址群作为"黄河三角洲"盐业遗址群的主要部分已入选为山东省第三次文物普查"十二大新发现"。这些盐业遗址无论从规模、数量还是级别上来说，都具有很高的地位。

同样值得提及的是，2012 年，寿光两张盐场交易契尾的面世，也给该区域的盐业历史增添新的佐证。据报道（《齐鲁晚报》2012

---

① 景以恩：《炎黄虞夏根在海岱新考》，中国文联出版社 2001 年版，第 126 页。

年8月27日），寿光盐务局收获了寿光台头镇侯伟烈捐来的两张盐场交易契尾（他得知寿光要修建盐博物馆，便捐献了出来），其中一张是清同治年间的盐场交易契尾，在寿光系首次发现，所载内容反映出我国盐业管理制度上的一次重大变革，具有非常重要的文物价值和研究价值。

不管是神话传说还是盐地名，抑或考古发现和文物发现，都为潍坊发展海盐旅游提供坚实的文化根基。除了这些，潍坊盐业的发展更是潍坊海盐文化旅游发展的强大根基和深层动力。

三 持久、发达的盐业

谈到盐业，可能很多人都会问及盐业的起源及其属性问题。已有的研究表明：有目的地食用自然盐并非是人类与生俱来的，它更重要的是一种文化现象。① 并且，从广义文化的角度看，盐业属于文化中的物质文化层面也毫无疑问。因此，持久、发达的盐业理所当然地可以算作潍坊发展海盐旅游的文化条件。

潍坊北部濒临渤海南岸，滩地广阔平坦，地下卤水资源丰富且埋藏浅、浓度高、储量大，自古以来人们就利用卤水取盐。考古资料证实，古代的"己"国以寿光为中心，它的富足和强大，基本是依靠海盐做支撑，盐也是其控制鲁北，建立强大的军事联盟和根据地的主要根基。从长时段眼光来看，潍坊盐业不仅是古代诸侯国立国和显达的重要基础，也是今天潍坊经济的重要支撑。今天，这里仍然是全国著名的海盐产区和盐化工基地。这些，都是潍坊发展海盐文化旅游的极好条件和保障。

（一）清以前的盐业

前面已经捎带提及，潍坊自古以来就是著名的盐业基地。这里制盐历史悠久，"宿沙氏煮海为盐"应该是中国海盐制作最早的记载。许慎在《说文解字》中也提到，"古者宿沙初做煮海盐"。

---

① Adrian M. Samuel, *Adshead: Salt and Civilization*, New York: St. Martin's Press, 1992, p. 7.

考古发现也已经证实，被尊为海盐之神的"宿沙氏"的领地主要位于今天潍坊的寿光市境内，以煮盐（我国从商周至清朝以前，盐农制盐都是以煮盐为主。——引者加）为业，首创中国历史上最重要的盐业商品生产和盐业商品贸易……①这证明，潍坊的海盐制造从很早就已经开始了。《尚书·禹贡》记载了禹行九州时，就将海岱地区的青州（古九州之一，管辖地域包括潍坊）之盐定为贡品。

潍坊的制盐业不仅历史悠久，而且影响力颇大。我们可以从古寒国的发达中窥见一斑。据载，早在夏朝之前，东夷族的伯明氏在当今潍水流域的中下游（以寒亭区为中心）建立了古寒国政权。古寒国控制着潍北的大片海盐盐场，昌邑、莱州也曾是它的势力范围。随着盐带来的巨大财富的积累，古寒国的实力越来越雄厚，军事力量也逐渐强大。借此势力，明也被封为"伯"，寒浞也顺利入主中原。客观分析，如果不是依靠产盐区聚集的财富，古寒国是很难有如此大的财力、人力和兵力的。

夏朝潍坊的盐业已经初具规模，并且是全国重要的海盐产地。《尚书·禹贡》记载的"海岱青州，厥贡盐绨"的意思是，夏朝，潍坊的第一贡品是盐，第二贡品是"绨"（细葛布）。越来越多的证据也表明，"《禹贡》记载的青州的盐贡当是事实"。② 商代虽曾多次迁都（商代的王都遗址，至今已发现偃师商城、郑州商城和安阳殷墟三座），但都离海盐产地古青州不远。因为商代王都的人口数量已经较为庞大，三座王都的人口据估计分别达到6万人、10万人、23万人左右。③ 按每人每天食盐的摄取量为2—5克计算④，该朝对盐的需求量已经很大。

---

① 参见景以恩《寿光盐业遗址与宿沙氏之国》，《管子学刊》2009年第2期，第123页。

② 方辉：《商周时期鲁北地区海盐业的考古学研究》，《考古》2004年第4期，第62页。

③ 参见宋镇豪《夏商人口初探》，《历史研究》1991年第4期，第104—105页。

④ Ian W. Brown, *Salt and the Eastern North American Indian: An Archaeological Study*, Peabody Museum, Harvard University, 1980, p. 3.

西周王朝更是高度重视海盐的使用，为此专门设置了"盐人"之职，管理盐的使用，当时这里的海盐仍然是贡品，只供王室祭祀和待宾客所用；即使王室的膳食也不能使用海盐（王室膳食只能以其他盐代替）。夏、商、周三代时期，山东的海盐产量相对较低，春秋时期，封地在此的齐国在其相管仲的倡导下，开设盐专卖的滥觞。由于管仲采纳盐专卖政策，齐国迅速走上了富国强兵之路。战国时期，虽然也有燕国的海盐和河东地区的池盐，但都无法与齐盐（潍坊属于齐地。——引者加）抗衡。[①] 此时，潍坊盐业已经存在官办盐业和个体盐业之分别。西汉时期，汉武帝"笼络天下盐利归官"，东汉时期，改变了西汉盐业专卖政策，开放私煮盐令，一家一户的煮盐由此开始。元朝时期，个体制盐得到了更快的发展。但从发展的长河来看，从东汉到两宋，潍坊制盐业相对低迷。元明时期，这里的制盐业获得了较大的发展。

从经营管理上来看，潍坊的盐业也相当完善，盐业的生产和管理都是有制可循、有规可依的。如唐朝实行"签民煎盐"，灶户入籍；及至清代，盐业的管理更为严格，禁止私煎私晒。总体来看，中国历代的盐业管理都十分严格。

（二）清代以来的盐业

从清朝康熙年间，和许多地方一样，潍坊开始改变制盐方式——由煮盐为主改变为晒盐为主（制盐方式的改变，可以称为划时代的变化）。这一改变，大大提升了海盐的产量。潍坊盐业在清"康乾盛世"时期也获得了较快的发展；康雍年间，"滋生人丁，永不加赋"和"摊丁入亩"政策的实行以及盐业赋税的多次减免，使盐业生产获得了稳定的提升。如自道光十三年（1833）并成的八大盐场，"终清之世无所变更"[②]。从清初到清末，潍坊盐区共开沟滩10处，井滩792副。[③] 清代后期，这里的官台场发展很快，光

---

① 吕世忠：《齐国的盐业》，《管子学刊》1997年第4期，第54页。
② 曾仰丰：《中国盐政史》，商务印书馆1984年版，第67页。
③ 参见张俊洋、殷英梅《潍坊海盐文化遗产旅游开发研究》，《盐业史研究》2011年第3期，第45页。

绪三十四年（1908），其范围东到潍县固堤场东界，南到中疃庄35里，西北到乐安（广饶县）县界，西到李家坞庄80里，共辖有10处产盐地。①

　　随着历史的脚步，潍坊的盐业发展进入近代。民国时期，潍坊的制盐业受到了重创，抗战时期的盐业生产更可谓寸步难行。中华人民共和国成立以后，潍坊的盐业获得了蓬勃发展。到1985年，潍坊境内的国营盐场年产原盐31.15万吨，占全市原盐总量的37%。到1989年，县属集体盐场的原盐产量达到106.2万吨。②

　　并且，随着原盐产量的提高，潍坊的海盐综合利用水平也不断提升，循环经济得以发展。在20世纪80年代以前，盐业主要指的是原盐生产；而此后，随着溴盐联产的不断深入（目前联产率达到95%左右），钙系列产品和苦卤化工的深度发展，一水六用成为现实。并且，行业技术进步可谓日新月异：不仅表现为盐田技术水平的提升和原盐平均含纯量的提高，更表现为盐化工及深加工产品生产技术的不断创新。如溴素生产创造出"空气吹出，酸法吸收，尾气封闭循环"的制溴新技术；山东海王化工与华东理工大合作开发的医药中间体3，4，5——三基氧基甲苯，其与青岛科技大学合作开发的中间体辅酶 Q_0，2，5——二溴甲苯、十溴二苯乙烷、三溴乙酸等产品，均填补了国内外技术空白。③

　　还需要说明的是，新中国成立后特别是改革开放后，与盐田规模的扩展和海盐综合利用水平的提高相伴而行的是，盐业走上了法制化轨道，各级盐业管理部门成为盐政执法的主体，执法水平不断提高。盐业管理体制和经营体制也在不断调整。整体来说，潍坊盐

----

① 参见山东寿光县地方史志编辑委员会《寿光县志》，中国大百科全书出版社上海分社1992年版，第190页。

② 参见潍坊市地方史志编辑委员会《潍坊市志》，中央文献出版社1995年版，第593页。

③ 参见邓华、丁宁、张京明《中国海盐之都——潍坊盐文化史》，中国轻工业出版社2005年版，第72—73页。

业处于良性、健康发展状态。

潍坊盐业的发展表明，潍坊的海盐业不仅开始得早、技术水平不断提高，而且经营管理体制也日臻完善、综合利用水平不断提高。这些，都是潍坊发展海盐旅游、打造"海盐之都"城市名片的良好积淀和条件。今天，盐化工的深入发展更是海盐文化旅游发展的深层动力。

近代以来流行这样一句话：中国盐业看山东，而山东盐业则看潍坊。时至今日，潍坊依然被看作中国著名的"盐都"，享有全国盐价之风向标、晴雨表之称谓，其原盐产量占山东省的3/4，全国的1/4。目前，潍坊的盐化工也是全国最大的盐化工基地之一（海盐化工本身，如工业流程和盐化工产品等，也可打造为颇具吸引力的旅游产品）。所以，在历史和现实的双重积淀下，潍坊应当之无愧地打造为"中国海盐之都"。作为政府和相关部门，应该通过各种渠道为海盐文化旅游的发展提供条件，尽早地把潍坊的海盐文化旅游推向迅速发展的快车道，并努力把以海盐旅游为重要品牌的旅游业发展为潍坊经济的支柱性产业。

当下，就某一具体地方而言，旅游的灵魂在于地域文化的内涵，《中国城市竞争力报告》中指出，"21世纪的区域竞争，将以文化论输赢"。地域文化是旅游文化开发的基础，旅游可以使地域文化得到承载和传播，让文化与旅游发展共赢。潍坊的海盐是具有浓厚地域特色的文化旅游资源，相信在不久的未来，这一历史悠久、内涵丰富的地域文化一定能够催生出独具特色的旅游资源。

尤其值得提及的是，当下盐业的转型升级，为海盐文化旅游资源的开发不仅提供坚实的基础，也为旅游资源的拓展和体验性旅游的打造充实力量。根据《寿光日报》的报道，从新中国成立到2000年，盐业累计上交市地方财政收入19.96亿元，占全市同期财政总收入的54.89%①，这既是寿光市的强大支撑，也是潍坊海

---

① 山东寿光制盐业的发展历程（http://www.sgnet.cc/topic/2013 – 07/15/content_ 1013577. htm），2013年7月15日。

盐旅游资源开发的强大物质保障。

随着盐业经济的发展，以寿光为代表的潍坊盐业发展转型升级也被提上了日程，该业的发展不再是以原盐生产为主，而是适时地步入开发的多渠道以及卤水深加工之路。至此，盐资源开始焕发新的生机和活力，在新技术手段的作用下呈现出新物态。盐化工企业也实现了资源输出型向加工增值型的转变，实现了溴盐联产、一卤多用以及综合利用，发展成提溴、晒盐、精细化工等于一体的环保、可持续发展的产业链条。目前，寿光卫东化工发明的"空中喷淋、立体制卤"新技术已经试验并投产。2012 年 11 月，默锐科技与中科院化学所正式签订的科技合作协议，也对提高潍坊滨海地下卤水资源的综合利用水平产生深远的影响。就此，潍坊滨海不仅成了制盐最早的地区，而且也是盐产业领域的领航者。2012 年，寿光盐及盐化工业规模以上企业累计实现销售收入 180 亿元，利税 15 亿元，在全省乃至全国占有极为重要的地位并颇受关注。寿光也正在从盐业大市向盐业强市跨越。

第二节　潍坊开发海盐旅游资源的必要性与意义

在旅游大发展的今天，作为有着浓厚海盐文化积淀的潍坊，开发海盐旅游资源，发展海盐旅游，更是有着很强的必要性和重要意义。

一　为城市发展提供精神支持和内在动力

海盐及其凝练出的"海盐精神"作为潍坊城市文化的精髓，能为城市发展提供强大的精神动力与智力支持。通过建立共同文化目标与精神文化，能够更好地将城市发展的内在要求转化为人民群众的奋斗目标，使文化成为全社会成员为共同理想而奋斗的精神力量；在此基础上，通过合理的社会制度的指导，可以最大限度地将这种精神文化力量转化为经济以及政治发展的推动剂，从而实现城市综合性的发展与提高。从城市的整合力来看，通过发挥海盐文化的巨大影响力，能够凝聚市民热情，激发市民的城市归属感与自豪感，整合社会力量，使市民的价值观、城市意识、城市认同感等方面都有很大的提高。从而将整个社会的资源最大限度地统一与协调起来，增加潍坊的城市向心力与凝聚力，为城市发展提供无形的精神支持和文化底蕴。①

二 提升区域形象和城市品位

海盐旅游不仅可以促进潍坊经济技术开发区经济的提升和综合实力的增强，还对提高城市的竞争力有很大的作用。在知识经济时代，包括旅游在内的文化实力与经济实力、科技实力一样已经成为竞争力的重要的内容和指标。对于沿海城市来说，海盐文化产业和产品是文化实力建设的重要载体，也是很多沿海地区增强竞争力建设的重要经验。良好的城市形象能够给城市自身的发展带来诸多便利的外部环境，提升自身总体实力，实现长久的良性循环。目前，"经营城市"的理念逐步深入人心，打造"城市品牌"这一系统工程正在全国不同城市竞相开展。海盐开发与利用一定会大大促进沿海地区的发展，使沿海地区成为人口聚集、城市化程度高、经济发达的地区。

和其他沿海城市一样，潍坊作为沿海城市，受盐的浸染不可谓不深，城市的兴衰和发展的全过程都贯穿着盐文化的影响。因此海盐旅游已经和正在凝化成为沿海城市的精神形象，不仅体现着一个城市独特的特色和魅力，也有着巨大的吸引力、扩张力和凝聚力，对于提升和塑造潍坊形象，提高知名度和影响力，是一种巨大的无形资产和城市名片。推进海盐旅游的发展，打造"中国海盐之都"的城市新品牌，不仅从内部自身提高城市的整体文化内涵，也从外部塑造了良好的城市形象，提升城市品位，为潍坊市的发展创造良

---

① 参见潍坊市滨海经济技术开发区、潍坊学院海盐文化研究基地《滨海（潍坊）盐业文化资源调查》（内部刊物），相应部分。

好的人文环境。

三　促进潍坊文化产业的发展

时下的国际社会，文化产业已经成为整个社会经济发展的增长点。美国文化产业的年产值已占到整个 GDP 的 21%，是增长最快的产业之一。英国近年来文化产业的年产值已高达 1125 亿英镑，成为英国仅次于金融服务业的最重要的产业门类。在亚洲，日本文化产业的年产值也达到 100 万亿日元，占国内 GDP 的 18.3%，仅次于制造业，位居第二。[1] 目前，我国文化产业的增长速度明显高于国民经济的增长速度。以北京、上海为例，北京市 2003 年文化产业增加值占全市 GDP 的比重已达 6.7%。上海市 2004 年文化产业的增加值占全市 GDP 的比重为 6%。[2] 继北京、上海、广州、深圳等发达城市编订文化产业发展规划之后，全国各省市都纷纷制订文化产业发展规划，力图使文化产业产值在未来 5—10 年内占 GDP 的 5%—6% 并成为当地经济发展的支柱产业。在文化产业中，旅游占有极大的比重。

对潍坊来说，作为文化的重要组成部分的海盐旅游正在成为区域经济发展的新的增长点。作为潍坊市新的文化品牌，海盐蕴藏着深厚的文化内涵，体现了丰富的文化精神。不仅成为经济增长的新思维，同时也为人们提供了高端的文化产品。在经济发展的基础上对海盐旅游进行合理的规划与综合开发，结合"海盐之都"的品牌优势与内涵，努力使潍坊的精神文明与物质文明得到更高更快的发展，而海盐旅游及其资源的开发，也将进一步带动潍坊其他产业和整体实力的提升。

---

[1]　参见张胜冰、徐向昱、马树华《世界文化产业概要》，云南出版社 2006 年版，第 3 页。

[2]　参见张晓明、胡惠林、章建刚《2006 年：中国文化产业发展报告》，社会科学文献出版社 2006 年版，第 28 页。

第三节 潍坊海盐旅游资源的利用、开发现状

在旅游大发展的今天，潍坊海盐文化旅游受到重视的程度越来越高，但从利用和开发的角度看，仍面临较为明显的问题。如潍坊市知名度不够高，海盐文化资源的挖掘和整理都很不够，海盐文化的宣传力度太小，等等，都不可避免地制约着潍坊海盐文化旅游的开发。从开发的层面看，海盐文化旅游资源的开发程度处于初级的、较为粗放的阶段，旅游产品相对单一。同时，管理体制上的问题和专业人才的相对匮乏也是不可忽视的问题。

一 海盐文化旅游资源的保护和开发程度均较低

潍坊有着悠久的海盐文化，随着时代的变迁，许多海盐文化的符号已经或正在消失，在这种情况下，尽快的、专业的保护是亟须的。海盐文化资源的开发应该把保护放在最前头，才能实现资源的可持续性。但由于方方面面的原因，潍坊的海盐文化旅游资源的保护力度还不够。

这里从民俗和信仰的保护情况，很明显看出海盐旅游资源保护传承的严重不够或者缺失。例如，前面谈到的盐信仰和盐习俗，随着社会的发展，已经渐渐远去，这些习俗，更多层面只存在于老人的回忆之中。对于所有的文化产业资源来说，保存质量和状况并不仅仅是实物的保护，更重要的是要考虑到文化内涵的价值维度。从这个层面上说，对文化产业资源破坏最大的是人为因素的影响。社会的发展使得一些传统的海盐生产、生活方式、习俗有可能逐渐被遗忘与放弃，如果不及时挖掘和抢救，就有可能消失或者是永久地被淹没。一些盐神话、盐民俗的失传就属于此种情况。当然人文因素的破坏作用更显著地表现在开发和保护的错位认知上。许多地方缺乏基本的文化产业资源的保护和维护意识，只看到资源开发的巨大经济效益，却对资源毫不珍惜，根本谈不上有效保护。盲目开发、开发手段低效、以牺牲自然生态环境和文化内核为代价的情况

时有发生，其结果就是造成了开发和保护的相互对立，海盐文化产业资源遭到大面积损害。

从开发的角度看，虽然政府和有关部门已经认识到海盐文化旅游资源开发的价值和必要性，但总体来看开发程度尚低。潍坊现在已经开发的海盐文化旅游资源，主要是渔盐文化民俗馆和渔盐文化节。北海渔盐文化民俗馆是国内首家以弘扬盐、渔、海文化为内容的，但主要表现为传统的观光型旅游项目，影响力远远不够。此外，寒亭（潍坊北海的重要组成部分之一）以观盐文化、吃盐家饭、洗盐水浴为内容，开发建设盐文化展厅、卤水洗浴中心、水产养殖垂钓园、海鲜餐饮城等渔盐文化项目；寿光也以海盐为内容，设计了一些体验参与型的旅游项目。思路不错，但在具体开发时，从时代需求层面看，都仍属较为初级、粗放型的。

客观而言，潍坊海盐文化旅游目前的开发状态是：文化旅游资源优势尚未转化为较大规模的经济优势；悠久和丰厚的海盐文化在开发层面上没能得到充分的体现；以海盐为主要内涵的景点、景区少，投入也不够充足；旅游纪念品单一。就"海盐之都"这一品牌来说，虽有深厚的文化积淀并受到政府的高度重视，但以此为口号和载体的拳头旅游产品尚未开发出来，整体上处于"一流资源、二流开发"的状态。

这种状态的出现，部分原因在于地方政府的重视程度不够。长期以来，潍坊的旅游城市品牌主要定位在"国际风筝之都"方面。不可否认，风筝为潍坊赢得了诸多的荣誉和效益，但随着海盐遗址的发掘，政府和社会都应该在海盐文化开发方面投入更多的关注。目前对海盐文化还未引起足够的重视。

二　旅游产品急需创新

从总体来看，潍坊海盐旅游产品数量不足，亮点不多，同质化较为严重，没有能吸引游客的精品旅游线路，缺少能让游客深度互动参与的旅游项目，更缺乏体现海盐文化的餐饮美食与旅游纪念品。与国内盐城、自贡等城市相比，潍坊的海盐文化产品开发明显滞后，并没有凸显出明显的核心旅游竞争力和地域民俗特色，也没有创新文化产品出现。潍坊要打造"海盐之都"，弘扬海盐文化，必须有精品的海盐产品做支撑。

反观潍坊现存的海盐旅游线路和海盐产品，虽然有渔盐文化节等少数较为成功的海盐旅游节庆活动，但整体上看，潍坊海盐旅游产品极为单调，除了供观光旅游的博物馆、渔盐文化馆和一些露天的盐业遗址等，尚未开发出具有高度吸引力的、适合现代游客和商务办公阶层需要的高端旅游产品，特别是体验旅游和休闲度假旅游产品稀缺。目前开发的旅游资源主要有寿光林海生态博览园、巨淀湖万亩芦苇湿地、小清河北岸10万亩滨海芦苇湿地、南水北调枢纽工程双王城水库、现代盐田油田风光、滨海风电以及现存的官台盐业碑、盐道碑等文化遗迹。从产品开发层次看，观光类占多数，体验类项目少，参与性的项目更少。①

在今天休闲体验旅游成为时代需求的情况下，如果只是单调地开发观光旅游，出路将会越来越窄。自贡就是一个很好的例子。如早在1959年设立的自贡盐业历史博物馆，是"当时中国乃至世界唯一的盐业历史博物馆"。然而，"自贡盐业历史博物馆"的年接待量由20世纪80年代的15万人次降到21世纪初的不足10万人次，在四川省80个景点接待人员排位中，也由第41位降至第53位。② 其实，客观说来，自贡井盐世界闻名并沉淀下不少具有丰厚文化内涵的产品，如古盐场、天车、盐业会馆、古街、古盐道以及毛火锅、火边子牛肉等盐帮菜。只是在早期的开发过程中更多地关注以盐业历史博物馆、燊海井为主的观览项目，使得井盐旅游资源开发的参与性和娱乐性较少。当然，这主要是时代原因造成的。今天，在第二代、第三代旅游发展的背景下，潍坊开发海盐旅游产品时，一定注意时代的需求，创新海盐旅游产品，整合设计出典型

---

① 参见殷英梅《"中国海盐之都"潍坊旅游城市品牌建设对策研究》，《城市旅游研究》2011年9月下半月刊，第74页。
② 参见张弘《四川盐文化资源保护评析与旅游产业开发》，《成都大学学报》（社科版）2011年第4期，第94页。

的、有特色的海盐文化旅游商品，如盐灶模型、盐饮食菜品、海盐康养产品等，才会产生希冀的经济、社会和文化效益。产品的创新尽可能实现这样的目标：游客只要走进海盐文化景观，就立刻进入了颇具特色的文化氛围，产生新奇感、特色感、异质感。

三　受“公地困局”现象和体制落后的制约

在我国，将文化资源固化为文化产品、旅游产品并推向市场的进程中，始终存在着一个具有普遍性意义的悖论：从文化传承的角度，海盐文化资源所有权属于所有传承群体，但文化意义上的全民所有权在产业化实践中是“虚置”的，必须将相关产权让渡给特定的开发主体，由开发主体具体承担开发重任。这就出现了“公地悲剧”及“反公地悲剧”并存的现象。由于目前我国包括《非物质文化遗产法》在内的相关法律对文化资源相关产权都没有明确的制度化厘定，因此，在相关产权转移的过程中，由于涉及公众与具体开发者之间、开发者之间、公众之间诸多的利益纠葛，各利益攸关方会产生激烈的利益博弈和严重的开发内耗。英国经济学家加雷特·哈丁（G. Hardin）和密歇根大学黑勒（Michael Heller）分别将其总结为“公地悲剧”和“反公地悲剧”。“公地悲剧”着重强调了公众滥用社会公共资源的恶果，而黑勒强调了社会公共资源未被充分利用的后果。[①]

就潍坊而言，当地海盐文化资源分布不集中、不均匀，由于分属不同的行政管辖区，缺乏统一管理、统一规划、统一营销。由于各管辖区的具体利益不一致甚至会有冲突，导致潍坊开发海盐文化资源的整体行动不协调，对打造潍坊“海盐之都”这一城市品牌产生了消极影响。

如潍坊的寿光市制盐历史悠久，双王城遗址就坐落于此，在2012年5月，中国盐业协会正式授予寿光市“中国海盐之都”的

---

① 参见鲁春晓《非物质文化遗产开发与“公地困局”问题研究》，《东岳论丛》2014年第10期，第117页。

称号。从积极角度来说，潍坊市下辖的县级市获此殊荣，这对潍坊市打造"中国海盐之都"增加了有力砝码，但是对均有海盐遗址和海盐文化资源的寒亭区与昌邑来说，却并未从中获利，反而削弱了本地区海盐文化的影响力，并不利于上述两个地区的海盐文化开发。2011 年，山东省文物局批复，同意昌邑市建设"山东古代盐业遗址博物馆"的请求，也对寿光建设类似博物馆的计划造成了不利影响。

文化旅游业是一个综合性行业，需要多部门协作开发，而潍坊发展文化旅游（当然包括海盐文化旅游）需要的各环节分属不同部门，存在体制性的障碍。潍坊的海盐旅游资源的开发，牵扯到考古部门、文化局、旅游局、国土局等十多个部门，这种条块分割的管理体制将统一的海盐文化资源人为地分解为不同领域，由不同部门来监管，使得统一的海盐文化资源要素及其功能被分而治之，各部门之间的协调成为海盐文化资源开发的顽疾，致使跨行政区域、跨行政部门的海盐文化资源保护与开发问题难以解决。这导致对海盐旅游资源的开发难以深入。在目前，加大创新力度，建立、健全面向市场需求的文化旅游管理体制不是一时就能解决的问题。这一点，不单单表现在海盐文化旅游资源的开发中，而且在海盐文化旅游资源的开发中表现得尤为突出。我们在多次的调研中也深深感受到了这一点。

四 产业化开发难度大，受众面小

正如联合国教科文组织对"非物质文化遗产"的描述，一种文化如果要传承和发展，就必须借助于"工具、实物、工艺品和文化场所"等物质载体，通过外在物质形态而"固化"才能得以表现和展示。弘扬潍坊海盐文化，离不开对其历史遗迹和其他实物资料的整理与发掘。虽然潍坊的海盐旅游资源众多且具有较高的学术价值，但是对于普通游客和群众，此类遗迹缺乏观赏性，并不会对此产生持续的兴趣和关注。目前，潍坊海盐旅游资源开发过程中对于海盐文化和民俗文化内涵挖掘不够，与规模化、品牌化的要求还存在较大差距，此类遗迹和实物资料大多为初级的静态展示，参观者缺乏体验感和参与感，并不能调动群众参与的积极性。同时，由于此类遗迹大多处于边远地区，周边配套设施极不完善，导致客流量较少。如双王城遗址虽然考古价值极高，但位于寿光城北30公里，周围为农田，且土地盐碱度高，没有自然景观。由于景观缺乏吸引力，除去专家和学者对这一遗址仍保持兴趣外，其他游客很少有跟风者，此类景点的价值基本上只存在于学术范畴，受众范围固定于有关专家和学者。

任何一种文化形式，本质上都渴求全社会的接受、参与和传播，文化的终极意义和价值性正在于此，如不能被广泛接受和传播，文化及资源就会失去存在的终极意义，最终会导致生命力的丧失，终究会被社会淘汰。潍坊海盐旅游资源也必须得到其所在文化生态圈中的民众的理解、喜爱和传承，才能得到真正的发展。如果一种文化的受众范围只局限于少数人，而不被大多数人所认可、所了解，那此种文化难逃没落的命运。如果潍坊的海盐文化缺乏吸引力、"中国海盐之都"的城市形象缺乏吸引力，游客只是浏览，成为匆匆过客，那样给城市带来的经济效益是短期的，与我们前期做出的努力相比，甚至是产出没有投入大，难以产生更多经济效益。要增加城市的吸引力，不仅要从城市硬件设施上做工作，同时也要从更深层次挖掘城市的文化内涵，找出自身与众不同的地方。如何扩大品牌影响力和受众范围，是当务之急。

五　文化旅游人才缺乏

同时不可忽视的是，潍坊在海盐文化和海盐旅游方面尚缺乏具有较大影响力的领军人物，专业人员数量不足、素质参差不齐。在今天，人力资本已经成为海盐文化旅游行业的核心要素。任何一个产业对于人才的要求都很高，而海盐旅游横跨文化和经济两个范畴，对从业者素质的要求更高。首先，从业者需要具备综合的文化素养，尤其是对盐文化内涵有很好的认知、把握和理解。对与盐有关的自然景观、历史、艺术、民俗事象都有较强的领悟力，并具有一定的主观创造力。其次，从业者还应通晓旅游产业资源、产业运作、产品营销等知识。此外，该行业的创意特征明显，无论是产品的开发还是生产、销售，都需要通过源源不断的创意来实现。

而由于学科调整的相对滞后性以及受教育体制、传统观念的影响，潍坊这方面的专业人才极其缺乏，尤其是高层次人才陷入紧缺的困局。所以，潍坊海盐文化旅游的开发面临"人气"明显不足的局面。在专业人才的吸纳方面，有关方面缺乏应有的长远眼光。在开发海盐文化旅游的过程中，应整合各方资源，在规划、文化以及人事管理、人才引进等方面建立有机的联系，以便在人才决策方面少走弯路。

当然，从总体和长远来看，潍坊海盐文化旅游资源的开发机遇明显多于挑战。发展海盐文化旅游，努力推进潍坊旅游一体化，打造文化旅游目的地是潍坊海盐文化旅游的目标所在。

六 缺乏行之有效的品牌运营

要对潍坊的海盐文化进行开发，首先要有城市品牌集聚效应，潍坊以前一直以风筝、年画、潍坊萝卜等作为对外宣传的主打品牌，对外，潍坊的城市形象更多地被定位于"风筝之都"。如今，潍坊要打造"中国海盐之都"，面临两方面困难：一是外部竞争，虽然从海盐产量和重要性角度来看，"中国海盐之都"非潍坊莫属，但是从盐文化的研究和开发角度来看，江苏盐城的"海盐文化"、四川自贡的"井盐文化"、扬州及苏杭的"盐商文化"在国内外都具有较高的知名度，这些城市在海盐文化的开发上先行一步，潍坊与它们的差距很大。二是从自身考量看，潍坊的城市品牌长期定位于"鸢都"，城市品牌效应较为明显，如果以后侧重于"海盐之都"的城市营销，会不会削弱"鸢都"这一已经成熟的城市品牌的影响力，会不会在对外宣传时带来城市形象定位的混乱？从理论层面审视，一个拥有丰富资源的城市当然可以有诸多的城市形象和品牌。但从实际操作层面看，由于资金压力、消费者认知等方面原因，成功的城市品牌宣传还是有所侧重方能取得最佳效果。

因此，潍坊能否在"鸢都"的传统品牌上，再打造一块"海盐之都"的城市品牌，并实现两者的共赢显然不是一个简单的问题。

还必须承认的是，目前潍坊旅游业对外推介主体主要还局限在旅游部门、旅游景点，而各旅行社和旅游饭店处于各自为政、分散决策的阶段，缺乏大局观和品牌意识，没有形成全体市民广泛参与、各阶层、各行业担责的整体意识，因而未能串珠成链。尤其是旅游部门和景点对海盐旅游资源的推介还处于起步阶段，宣传力度明显不够，这使得海盐品牌运营空缺。

第四节　潍坊海盐旅游资源的开发原则和规划

要想实现潍坊海盐旅游资源的良性、可持续性开发，离不开合理的开发原则和规划。

一　开发原则

和资源的保护一样，在目前中国的形势下，海盐旅游资源要进行合理的开发，同样需要坚持合理的原则。

（一）政府主导

在目前中国的形势下，盐业遗存要进行合理的保护和开发，应该坚持政府主导开发。政府主导下的规划和开发，才能使保护真正落到实处，并且实现保护的可持续，同时才可能杜绝破坏性开发现象的出现。大量事实表明，由政府主导遗址等盐业遗存的保护和开发，保护得以实现，开发速度快，投资效益高。

政府主导的保护和开发，有利于解决资金短缺这一"瓶颈"问题。例如，在发展乡村旅游中，国办函〔2010〕121号文件就出台了专门保障旅游资金到位的条款。如在该文件第15条的第二款（中央政府投资重点支持中西部地区重点景区、红色旅游、乡村旅游等的基础设施建设）和第六款（完善"家电下乡"政策，支持从事"农家乐"等乡村旅游的农民批量购买家电产品和汽车摩托车）都做了专门的规定，第16条也有明确的金融支持条款。① 资金问题解决了，很多问题也就迎刃而解了，今天我们在盐业遗存的保护和开发中也实实在在地遇到了这样的"瓶颈"和问题。

政府主导开发，还有利于科学规划，合理布局，制订科学的保护和开发规划。如烽台盐业遗址的保护（当然现在主要是在"保护规划"的拟定）就是政府主导的一个典型案例，保护规划的出台及保护行为的逐步展开，得益于潍坊市文化局、潍坊市滨海经济技术开发区宣传文化中心、山东师范大学齐鲁文化研究中心组成的文物普查队进行的科学考察，也得益于滨海经济技术开发区政府有决心、有能力将其落到实处。

（二）保护与开发相结合

盐业遗存的保护和开发，应该坚持保护第一，开发利用与保护并举，但开发一定得合理，开发服从保护，开发促进保护。保护和利用两者兼顾，并努力争取做到两者的相互促进，达到良性循环。应该以保护为基础，开发和发展为目的。

对这一原则，不少学者已从不同的侧面对它在文化遗产保护或者开发中的重要性有所论及，如朱猛《历史文化名镇保护规划中的特色文化保护与传承——以重庆市巫溪县宁厂古镇盐文化为例》（《重庆建筑》2006年第6期），以宁厂古镇为例，着重探讨了盐文化保护名镇的保护问题。赵丽丽、南剑飞《在自贡盐文化遗产保护现状、问题及对策研究》（《盐业史研究》2010年第1期）中则着力分析了盐文化遗产保护的现状及现存问题，并从内容、原则、方法及策略等方面提出了自贡盐文化遗产保护的具体对策。从这些对策中，我们可以感受到作者深深的文化保护期待。程诚、程可石《浅谈东台草煎盐文化遗存的保护和利用》（《盐文化研究论丛第四辑》，巴蜀书社2009年版）则梳理了东台草煎盐生产文化遗存，希冀在现代旅游业发展的同时，把这里的海盐文化遗迹保护好。刘新

---

① 参见国务院办公厅印发《贯彻落实国务院关于加快发展旅游业意见重点工作分工方案》的通知，国办函〔2010〕121号相应条款。

有等在《历史文化名镇旅游资源的开发与保护——以云南禄丰县黑井镇为例》（《保山师专学报》2006 年第 6 期）中提出的黑井古镇旅游资源的开发策略，深层意旨也是在努力从可持续的层面保护黑井古镇丰厚的盐文化等遗迹遗存。

这一原则在实践中真正得到贯彻，是一件难度较大的事情。山东海盐遗址在开发中应该下大决心将其贯彻进去。

（三）可持续发展

可持续发展是一种在不损耗、不破坏、不占有后代资源和环境的情况下的发展过程。可持续发展的实质是经济、社会、资源与环境的协调发展，盐业遗存的保护和开发，一定注意可持续原则的贯彻。该原则在遗址的保护和开发中，应当同时注意生态的可持续、社会和文化的可持续以及经济的可持续。

张弘从这一原则出发，对自贡地区井盐生态产业开发中存在的问题进行了分析，并提出了以可持续发展理念为指导的投资创新、树立形象、生态饮食等发展路径，相信这些建议能对井盐资源及文化的保护和可持续开发提供很好的理论支撑。张弘还用对比的方法，提出了四川盐文化资源的可持续开发的方法，如建立井盐文化保护区、抢救盐文化的文物古迹、开发特色化的民俗文化景观等。[①]山东海盐旅游资源的开发也应该借鉴自贡的经验和办法。

在这几大原则的指导下，潍坊海盐文化旅游资源在具体的开发过程中，还应该注意原真性、生态性和参与性的贯彻。这方面，淮盐做出了很好的榜样。淮盐文化生态博览园规划中，设计了以淮盐生产工艺为灵魂的非物质遗产历史风貌保护区，也设计了以淮盐文化博览体验为特征的文化休闲娱乐区和淮盐文化创意产业区。这些设计都贯穿着原真性的理念。并且，整个策划可以看作一个以淮盐生态环境保护与修复、淮盐工艺遗产保护与传承、淮盐文化传统发扬与光大为特色的生态博物馆。并且，低碳环保、生态性也是贯穿

---

① 参见张弘《四川盐文化资源保护评析与旅游产业开发》，《成都大学学报》（社会科学版）2011 年第 4 期；参见张弘《基于资源保护基础上的自贡盐文化旅游开发研究》，《阿坝师范高等专科学校学报》2011 年第 4 期。

其中的。同时，其策划始终贯穿着寓教于乐的原则，传统的观光旅游已经不能满足人们的求知愿望和体验冲动。策划者将创造尽可能多的机会和场所让各年龄段的游客亲自参与、亲身体验淮盐文化的魅力。①

（四）全局性统一管理原则

潍坊海盐旅游资源管理分散、条块分割情况严重。由于历史原因，许多海盐遗迹分属多个部门、多个地域管理，涉及不同的部门，地域上又分属不同的区县，管理上的条块分割使规划、管理很难统一进行。单靠某个部门的行政职能很难协调和解决跨部门、跨行业的相关问题。针对这一困境，现在上海、杭州等城市已根据这些情况设立了本市的旅游业管理委员会等机构，潍坊也应予以借鉴，成立专门的管理委员会统筹本市的海盐旅游资源开发，这一委员会应由一名主要领导牵头，市相关部门为成员单位齐抓共管，形成合力。不仅如此，文化产业和旅游产业是高关联度产业，跨行业的整合与调整需求十分迫切。潍坊市应着眼于营造联合协作、共同发展的大行业格局，借鉴青岛市南区的"市南模式"，由政府宏观指导，以"利益共享、企业共赢"为原则，整合辖区有关企业资源，将交通、餐饮、旅游、住宿、商贸等旅游产业相关行业整合在一起，涵盖吃、住、行、游、购、娱等旅游产业相关要素，完善旅游营销网络，打破行业壁垒，实现了跨行业合作，凝聚形成全市文化产业发展的强大合力。

首先，潍坊也应借鉴杭州、上海等城市的经验，建立多元主体联席管理与开发机制，统筹本市的海盐旅游资源开发。对于产权分割和产权碎片化问题的解决，应着眼于降低各个产权主体因为阻碍他人使用而产生的收益的同时，提高产权主体整合产权的共同受益。有资格进行联席管理与开发机制设计和制度建设的主体需要满足三方面条件：第一，具有代表整体利益大局观；第二，具备客

---

① 参见喻学才、李常生、钟行明《盐的未来：关于淮盐遗产保护与旅游发展结合的探讨》，《盐业史研究》2011年第3期，第39页。

观、超然、公正的调解和监管地位；第三，具备相应的权威以维护制度的实施。这就明确了制度建设的主体不应是特定具体部门，也不能是开发主体，而应该是国家和代表国家的政府，只有政府才能从保护和传承人类遗产，维护文化基因和精神家园的高度，公平合理地进行制度设计。其次，多元主体联席管理与开发机制的参与方应具有广泛代表性，主要由政府相关部门、开发主体、群众代表、社会组织共同参加。最后，多元主体联席管理与开发机制应满足专业化分工的要求，海盐文化旅游开发涉及众多领域和部门，需要各参与方通力合作，可借鉴青岛市南区的"市南模式"，形成海盐旅游产业发展的强大推动力。

二　开发规划

在上一章关于海盐旅游资源的保护中，已经较为明晰地阐述了其保护规划，本部分主要针对如何开发海盐旅游资源提出适合的规划方案。

（一）打造三位一体的驱动模式

所谓的三位一体，指的是政府、企业及外来资本、全社会的积极参与三个部分。

首先，打造"中国海盐之都"，弘扬海盐旅游，政府的支持和推动必不可少。在上部分的原则中，政府的作用已经有所提及。潍坊海盐旅游资源开发氛围的营造，城市文化理念的发展与海盐文化品牌效应的扩大，都离不开政府的宏观指导和政策推动。在对海盐旅游资源的开发过程中，政府行为应该体现在科学规划、政策支持、投资引导三个方面，注重宏观指导和管理。下一阶段，政府部门一方面应该借助大众媒体、专业报刊、网络、电视台形成整体传播效应，大力宣传和弘扬潍坊海盐旅游资源；另一方面，政府应该加快城市基础设施和公共服务建设，例如，尽快建立集旅游信息服务、互联网电子商务、行业管理于一体的海盐旅游营销系统，尤其注意旅游开发，给游客提供集"食、住、行、游、购、娱"于一体的电子商务平台，为消费者提供高质量的旅游信息服务。另外，政府应该为相关企业和公司提供良好的投资环境和稳定的政策预期，通过投资引导、政策支持和招商引资，使社会资本和外来资本进入潍坊海盐文化产业化过程。

其次，企业和外来资本是开发潍坊海盐旅游资源的生力军。"发达国家的文化产业发展经验告诉我们，政府'办'文化不是主流，而应由社会或者经济组织来'办'文化"①。具体的海盐文化产品的设计、开发、营销应由有开发意向的企业和公司来承担，而不应一切由政府部门承担。随着文化产业的蓬勃发展，也有很多感兴趣的社会资本、民间资本、外来资本谋求进军文化产业领域，潍坊海盐文化的开发，也应抓住这一有利契机，在国家政策允许的范围内，借力资本市场，通过资本市场上的资本运作，为潍坊海盐文化产业化提供足够的资金，并通过资本运作，推动潍坊海盐文化资源重组和结构调整，迅速将潍坊海盐旅游资源的开发这一文化产业做大做强，这也是 2009 年 7 月国务院发布的《文化产业振兴规划》中的重要政策。

最后，全社会积极参与是潍坊海盐旅游开发的必备条件和基础。潍坊海盐旅游的开发和"海盐之都"品牌的打造，不仅仅是个别政府部门和几个企业的事情，而是全社会共同传承的责任。目前，在文化产业领域基本达成如下共识：公共事务不能简单地由政府包办，而要以能够最优地实现公共目标为标准确定公共治理和公共服务的主体，假如有利于公共目标的实现，非政府性社会组织也应进入公共事务治理领域。潍坊海盐旅游资源的开发，也同样离不开高校、科研院所等社会团体、社会组织、社会大众的参与。在这一过程中，应该广泛吸纳全社会意见，做到群策群力，各展所长，鼓励社会公众、社会团体通过科研调查、志愿宣传、普及知识等方式向社会与群众提供优质和便捷的公共服务，以更好地帮助政府实现潍坊海盐旅游资源的顺利开发。同时，应该与高校和科研院所等

---

① 郑成文：《论文化事业的市场化和制度化转换》，《经济研究参考》1999 年第 31 期。

社会团体建立长期的合作关系，将学术界、研究机构、大专院校、企事业单位、民间组织等社会团体、社会组织动员起来，开创独具特色的产学研联姻之路，借助社会团体的科研力量为公司发展提供了动力引擎。这种社会参与机制不是权宜之计而是必由之路。因此，应该建立健全这种全社会参与机制，使之制度化、规范化、长期化，真正做到社会公众依法、自愿、主动参与潍坊海盐旅游资源的开发并在参与中共享成果。

（二）改变传统观念和做法，提升盐的品位

要使盐资源实现高品位的规划和开发，提高认识是首要一环。例如，对海盐资源，我们的传统认识有三个方面：一是对食盐的开发认识不足。"是盐就可以吃"的说法至今还在不少地区流传着，而且食盐加工的力度，无论从哪一个角度讲，都显得苍白无力。20世纪60年代我们仅知道对盐进行粉洗，今天我们又仅知道对盐进行加碘，加碘就合格了，就万事大吉了，殊不知，人体除了需摄入碘元素之外，其他诸如铁、锌、钙、氧等元素都是人体需要元素和补充的，都是食盐加工业的发展方向。二是对食盐的广告宣传不力。盐不仅是一种调料，它作为一种文化现象，是人类创造的物质财富和精神财富的一部分，因此我们说，宣传、广而告之很重要。不能认为它是专卖就不去考究，那些至今在厨房的调料盒里只摆着一种盐的人家，以及至今还不知道麻盐、辣盐、椒盐、香精盐、健康盐、医用盐的人，是我们广告不力的最好的佐证。三是对食盐的包装档次不高。简单的食盐包装已经把我们的盐文化的品位降至几乎为零，人们甚至忘记盐文化也是一种文化，因为它在超市里都是用简单的塑料袋包装的、摆在货柜最下边的铁栏子里的，实在让我们无法想象，那些装潢考究的各种酒类，那些精美款式的茶礼盒，或置于高高的柜上，或设专卖柜台，下里巴人和阳春白雪，让做盐人三日不能安眠于榻。①

---

①　参见张宜亮《关于对盐文化继承和创新的几点思考》，《苏盐科技》2002年第1期，第42—43页。

山东海盐在开发方面做得很不够，与人们对盐的上述认识以及认识的不到位有绝对关系。所以，要想使海盐资源得以充分利用和开发，提升人们的认识深度是必须首先做到的。

（三）树立"海盐之都"的旅游形象，重视形象工程建设

随着旅游业的快速发展，人们越来越明显地认识到，旅游地的主题旅游形象将成为吸引旅游者最关键的因素。形象塑造已成为旅游地占领制高点的关键。因此，对于旅游目的地来说就应千方百计地树立自己的市场形象，以吸引广大的客源市场。[①] 自贡在这方面做得很好。作为名副其实的盐都，自贡大力塑造旅游主体形象，从盐文化的角度提炼自贡的主题旅游形象。特别是将其旅游形象传播给潜在市场，使其产生对自贡盐文化旅游的良好印象。潍坊可以借鉴自贡的经验，更好地树立主题旅游形象。

为此，潍坊可以考虑将海盐文化符号彰显于可能宣传的各个场所。对那些能吸引人们眼球的海盐文化符号，如遗址图、盐业传说与人物、盐业祭祀、盐产崇拜等现象，不妨将其作为一个个主题元素，绘制成壁画或者其他惹人注意的方式进行宣传：在城市的主干道边，在通往滨海的大街小巷，甚至在绿化带、广场、重要路段结合处等，或者在重要标志物等的建设中融入盐业民俗符号，使民众能够时时、事事、处处与盐业民俗接触，在脑海中留下深刻印象。[②]

（四）建立健全海盐文化旅游方面的人才管理和激励机制

前文已经提到，潍坊发展海盐文化旅游，人才是一个掣肘的因素。发展海盐旅游应该特别重视人的要素，多措并举培养和吸引高素质人才。要突破制约潍坊海盐旅游发展的人才"瓶颈"，积极吸纳和培育专业人才。要做到这一点，一方面通过制定和完善人才引进的优惠政策，加大人才引进力度，有计划、有针对性地引进一批有文化素养、懂旅游、会管理的创新型、复合型的人才来充实和优

---

① 参见吴晓东《自贡盐文化旅游发展策略》，《西南民族大学学报》（人文社科版）第 26 卷，第 236 页。

② 参见万锐《关于潍坊地区盐业民俗变迁及其发展现状的探究》，《民风》（上半月）2013 年第 2 期。

化行业人才大军；另一方面还要建立有利于吸引人才的良性机制，吸引和鼓励优秀人才来潍坊创业，形成强大的人才群，这是解决现阶段潍坊地区盐旅游文化人才短缺燃眉之急的捷径。人才战略更需要立足长远，建立相关的人才培养机制，为潍坊海盐和海洋文化产业可持续发展积蓄人力资本。这就需要通过教育机构或者是网络等多渠道，开办各种层次和内容的培训班，扩大人才培训的广度并加大力度，为潍坊培养多层次、多类型的盐文化旅游人才。

当然，人才战略的另一关键在于对人才的使用，因此要建立健全人才管理和激励机制。首先，要建立合理的人才流动机制，鼓励和支持人才的合理流动，做到人尽其用，确保人才资源的最佳配置。这需要打破旧有人事编制的束缚，全面推行聘任制、签约制，积极推广海盐人才的代理制度，为人才的合理流动创造客观条件。应当建立专业人才市场，在人才市场中广纳人才，而人才也能通过流动找到适合自身发展的环境。这是企业和人才进行双向选择的最佳途径，既促成人才分配，又能满足企业要求。其次，要完善人才的激励机制，最大限度地实现人才的自我价值和社会价值。要根据效益第一、提高人才积极性的原则，使人才的付出与回报、效益与收入相挂钩。建立年薪制、奖励工资制、承包工资制等灵活多样的收入分配制度。对于做出突出贡献的海盐文化旅游人才，特别是拥有技艺的非物质传承人，要给予精神奖励和物质支持，并将人才奖励规范化和制度化。①

规划方面，除了上述谈到的几点，还需要注意的是，可以搭海洋资源开发的便车，深入挖掘盐文化资源。因为 21 世纪全球对海洋极为关注，中国开发海洋资源不仅有必要性，而且有极强的重要性。不少有识之士指出，盐文化资源的开发必须与走向海洋结合起来。例如，寿光的盐化工就将自己的未来之路指向了海洋。寿光作为全国最大的海盐生产基地，大力发展盐业具有相当的文化积淀和

---

① 参见潍坊市滨海经济技术开发区、潍坊学院海盐文化研究基地《滨海（潍坊）盐业文化资源调查》（内部刊物），相应部分。

技术积累，其很早就确立了北渔、中粮、南菜的发展格局。如果将盐业的开发局限于单纯的原盐生产是错误的，对海盐的开发、对原盐的生产乃至近年来对卤水精细化工产业技术的应用都将指向一个共同的靶子，那就是对海洋的开发和利用。宿沙氏"煮海为盐"发现的并不只是一种单一的化学成分，更唤起了后人以盐业开发为代表的海岱文明。宿沙氏可谓海洋资源开发的鼻祖，海洋文化的起源，海洋考古的依据，也是展示山东海洋发展风貌的最好载体。

第五节　潍坊海盐旅游资源的开发策略

综合方方面面的资料和实地的调研，我们认为，潍坊海盐旅游资源的开发，可以从海盐遗址的开发、特色饮食和多品种盐的开发、非物质文化旅游资源的开发三个大的方面展开阐释。

一　海盐遗址的开发

目前，国内外盐业遗址的开发模式主要有两种：一是建设专题博物馆。其中，一类是以建筑类盐业遗产作为载体建设的盐业博物馆。如法国阿尔克—塞南皇家盐场的一处旧址被改建为勒杜博物馆，西秦会馆被改建为自贡市盐业历史博物馆，山西池神庙被改建为河东盐业博物馆。这些博物馆馆舍本身就是具有重要价值的盐业遗产。另一类是以新建建筑作为馆舍的盐业博物馆，如台湾盐博物馆、浙江岱山的中国盐业博物馆、黄骅的河北海盐博物馆、江苏盐城的中国海盐博物馆等。这类博物馆以收藏盐业文物、展示盐业文化为基本职能。二是建设遗址博物馆。这类博物馆以盐业遗址为载体建设而成。

波兰维利奇卡盐矿是一个从 13 世纪起开采的盐矿，矿井下有房间、礼拜堂、盐湖等，宛如一座地下城市。波兰利用维利奇卡盐矿遗址建成了世界著名的游览胜地。自贡井盐生产遗迹燊海井是世界上第一口人工开凿的超千米深井，是中国古代钻井工艺成熟的标志、世界科技发展史上的重要里程碑。自贡市对燊海井进行了复原性维修，再现了燊海井19世纪的历史风貌，使燊海井成为独具特色的旅游景区。① 结合潍坊的具体实际，沿海地区在遗址的开发方面可以重点考虑建设遗址公园和海盐文化保护区。

（一）包括海盐博物馆的盐业遗址公园的建设

目前在打造海盐文化旅游产品的过程中，亟待进行的就是海盐文化博物馆的建设。海盐文化博物馆，既可以建设大型的室内博物馆，也可以建设系列馆，它包括大型室内馆，也包括在盐业遗址基础上的小型馆（当然可以是露天的），大小型博物馆的设计和规划要科学、严谨，最好能使小型博物馆像围绕在大型博物馆周围的一系列卫星一样（也可以设计成一串项链上的大小不等的珍珠）。从全国看，我国有以下著名盐博物馆：四川自贡盐业历史博物馆；山西运城盐池神庙历史博物馆；浙江岱山盐业历史博物馆；河北沧州盐业历史博物馆。作为最早建立的专业博物馆之一，自贡盐业历史博物馆征集和收藏的盐业文物记载着我国几千年的盐业文明，是我国盐业曾领先世界的载体。② 山西运城盐池神庙历史博物馆则是古代祭祀池神的重要场所。后两座盐业馆属于海盐历史博物馆。岱山盐业博物馆的整体建筑造型采用海盐晶体结构。该博物馆分实物展览厅、盐雕展览厅、工艺展览厅、临时展览厅，图片实物部分陈列着煮盐、板晒、滩晒工艺演变过程中的盐业各种工具和文字、图片、实物。海盐生产工艺部分可让游客亲自参与15分钟快速制盐的过程。盐雕工艺部分以图片、实物形式向观众展示了我国4000多年的制盐史。而河北沧州盐业历史博物馆犹如一座天然博物馆。除此之外，盐文化博物馆还有：江苏盐城的中国海盐博物馆。该馆于2008年11月18日建成并对外开放，系统反映了我国海盐发展史，展示介绍海盐文化的研究成果，收藏陈列我国海盐历史的文物和资料。位于浙江象山县的新桥镇也正在建设盐文化博物馆。

从整个山东的情况看，非常需要建设一个省级海盐博物馆，正

---

① 参见田永德《山东盐业遗产价值评估及保护》，《中国文物报》2012年5月11日第7版。

② 参见张银河《中国盐文化史》，大象出版社2009年版，第501页。

在规划建设的包括海盐博物馆的山东盐业遗址公园应该能够完成这一重责。这是为保护和弘扬盐业历史文化，寿光以双王城盐业遗址为核心，筹划建设占地 400 亩的山东盐业遗址公园。①

1. 建设山东盐业遗址公园的必要性

第一，是弘扬山东悠久而辉煌的盐业历史文化，展示现代盐业经济实力的需要。山东是世界海盐的发祥地。据中国盐业总公司编纂、1997 年人民出版社出版的《中国盐业史》记载："世界制盐莫先于中国，中国制盐莫先于山东"。山东是盐宗宿沙氏的故乡。《世本·作篇》记载："夙沙氏始煮海为盐。"《北堂书钞盐条》注引《鲁连子》记载："夙沙瞿子善煮盐，使煮淘沙，虽十宿不能得。"上古时期，居住在山东沿海的宿沙部落最早"煮海为盐"，首开人类海盐历史之先河，宿沙氏被尊为"盐宗"。山东省有记载的制盐历史最早可追溯到公元前 21 世纪的夏朝初期，距今至少已有 4100 年了。据《尚书·禹贡》记载，这里"海滨广泻，厥田斥卤……厥贡盐绤"。公元前 11 世纪，西周初期姜尚治齐，鉴于"负海潟卤，少五谷而人民寡"乃兴渔盐之利；至春秋时期，管仲相齐，首创盐铁论，实行"官山府海之策""筏薪煮盐，计口授食"，使齐国日渐强盛。之后历朝历代的山东一直是我国海盐的主产区之一。

2008 年山东寿光境内发现的双王城盐业遗址则从考古学上证明了山东是中国海盐的发源地。作为 2008 年度全国"十大"考古发现之一的双王城制盐遗址群，是目前发现的中国历史最久、规模最大、数量最多、分布最密集、保存最完好的古代制盐遗址。双王城盐业遗址的发现，确定了双王城及其附近一带为商周时期制盐中心的地位。山东盐业书写了悠久而辉煌的历史和灿烂的文明，是全国乃至世界盐业的宝贵财富，亟待挖掘和弘扬。

山东是当今全国最大的海盐主产区，年产海盐 2200 万吨，占全国海盐总产量的 2/3 以上，是全国海盐的生产中心、技术研发中

---

① 该部分参考了《山东盐业遗址公园项目可行性研究报告》。

心、信息交流中心。近年来，以海盐为依托，大力发展了盐化工业，山东盐业在全国乃至世界盐业占有举足轻重的地位，国内其他产盐省份如河北、江苏、浙江、四川，虽然产盐量小、历史短，但均已建成了盐业博物馆，天津市也正在建设盐业博物馆。因此，无论是从弘扬山东悠久而辉煌的盐业历史文化角度，还是展示现代盐业经济实力的角度来看，建设山东盐业遗址公园都非常迫切和必要。

第二，是发掘和保护双王城盐业遗址的需要。被评为 2008 年全国考古十大发现之一的双王城盐业遗址群，位于正在建设当中的国家南水北调东段工程双王城水库及周边 30 平方公里范围内。它是目前发现的世界上规模最大、历史最久的古代制盐遗址群（2010年 4 月在寿光召开的黄河三角洲盐业考古国际学术研讨会认定）。双王城盐业遗址群的发现与发掘，为海盐博物馆的建立提供了无可比拟的实物基础。目前盐业课题是考古学上的前沿课题之一。双王城盐业遗址在全国乃至世界上都是非常重要的考古发现，其发掘取得重大成果。它解决了商代山东北部沿海地带的制盐流程问题，为商王朝以国家力量在此制盐提供了重要佐证。双王城遗址发掘出了井、池、灶、沟、房、大型工作间等一系列遗迹，发掘出了大量盔形器等商周时期的制盐工具。由于遗址位于双王城水库规划设计区域内，因此，在该水库建设过程中，如何进行保护的问题就被提上日程。经过各级专家的研究与论证，认为在双王城水库盐业遗址区建设盐业博物馆实际可行，是保护遗址最好的方案。该博物馆建成以后将是山东第一座盐业主题博物馆。盐业遗址公园建成后将成为中国第一个盐业主题公园。

第三，是发展蓝色海洋文化产业的需要。2009 年，随着省里推出半岛蓝色经济区建设，中央把黄河三角洲生态经济区上升为国家战略层面，成为国家区域协调发展的重要组成部分。依托独特的历史文化资源发展特色海洋文化旅游产业是建设半岛蓝色经济区和黄三角生态经济区的重要内容之一。我们应紧紧抓住这一千载难逢的机遇，深度挖掘 4000 多年的盐业历史文化、海洋民俗文化，以在双王城商周盐业遗址建设的山东海盐博物馆为中心，整合附近的巨淀湖万亩芦苇湿地、林海生态博览园（国家4A级景区）、小清河北岸10万亩滨海芦苇湿地、双王城水库、现代盐田油田风光的旅游资源，以及现存的官台盐学碑、盐志碑等文化遗迹和"汉武帝躬耕巨淀湖"、盐宗宿沙氏"煮海为盐"、盐马古道等历史传说，建设独具特色滨海盐文化生态旅游景区，打响山东滨海海盐文化旅游品牌，建设全国重要的盐文化旅游示范区。因此，在双王城商周盐业遗址建设山东盐业遗址公园是整合周边盐历史文化资源，带动特色海洋旅游经济发展的迫切需要。

2. 双王城建设山东盐业遗址公园的条件

山东盐业遗址公园的选址建议定在寿光市羊口镇区域内，位于规划建成的双王城水库北侧的商周盐田遗址群内，南临荣乌高速寿光西路口，北靠辛沙公路，东连林海生态博览园，直通寿光大西环。在寿光建设山东盐业遗址公园具有无可比拟的优越条件。

一是2008年全国考古十大发现之一的双王城盐业遗址群位于寿光境内。双王城盐业遗址群是目前发现的世界上规模最大、历史最久的古代制盐遗址群。为建设盐业博物馆提供了理想的实物基础。建设盐业遗址公园也是保护遗址的需要，可以更好地发挥遗址的社会和经济效益。

二是寿光盐业历史悠久，海盐历史遗存及人文轶事众多。现存寿光境内记载制盐历史和制盐工艺的元朝元祐年间的《官台盐志》碑、盐学碑，记载海盐运销的盐道碑，明清以后的盐马古道、运盐集散地公积运，储存管理的西坨台、龙车台、胡子岭、提卤水井的方井旺等盐业遗迹众多。史料方面，从盐宗夙沙氏在现寿光境内煮海为盐的传说（据山东大学考古系王青教授发表的《夙沙氏、胶鬲与山东北部海盐业的起源》研究成果证实），到《尚书·禹贡》记载"厥贡盐绨"，再到姜子牙封齐"兴渔盐之利"，从管仲首创盐铁专营到齐桓公富国强兵，称霸诸侯，从被列入非物质文化遗产的寿光古法制盐工艺的煮、煎、熬到现代的滩晒，进化发展体系完整，历朝历代相沿不断。寿光一直是全国海盐生产、管理、运销的中心之一，构成了一部完整的世界海盐发展史，积淀了厚重的海盐文化底蕴，为兴建盐业遗址公园提供了理想的文化氛围。

2009年9月4—7日，寿光盐务局作为世界唯一市县级特邀代表，参加了世界盐业大会，在大会上正式发表了《寿光海盐生产起源与发展》的论文，其研究成果得到了与会人员的一致肯定，进一步确立了寿光是世界海盐发祥地的地位。双王城考古专家们一致认为："双王城被证实为古代最大的制盐中心，就是一代盐宗——夙沙氏出自寿光最有力的证明。"

三是寿光是山东的海盐主产区。中国盐业协会理事长董志华在潍坊召开的全国盐业产销工作会上形象地说："全国盐业看山东，山东盐业看潍坊，潍坊盐业看寿光"，足以说明寿光盐业在全省乃至全国盐业的地位。寿光目前是全国的海盐生产中心、储备调节中心、价格形成中心、现代物流中心、信息汇聚中心，现有盐田150万公亩，寿光盐业及盐业企业在寿光境内外开发的原盐产能达到1000万吨/年以上，占全国海盐产能的1/3。寿光盐业无论是在生产规模上还是生产技术上，乃至市场营销、管理方面都走在了全省、全国海盐行业的前列，在全国海盐行业占有举足轻重的地位。

四是交通便利，周边历史文化旅游资源众多。拟建山东省海盐博物馆的双王城盐业遗址紧靠寿光大西环路，分别距荣乌高速2公里、辛沙路2公里、羊口港10公里，交通便利。附近有林海生态博览园（国家4A级景区）、巨淀湖万亩芦苇湿地、双王城水库、小清河北岸10万亩滨海芦苇湿地、现代盐田油田风光、滨海风电等众多旅游资源，以及现存的官台盐业碑、盐道碑等文化遗迹。可整合成独具特色的以盐历史文化为主题的大滨海生态旅游景点群。

五是寿光经济发达，文化历史悠久，在国内外享有较高的知名度。寿光市地处山东半岛中北部，渤海莱州湾南畔，距青岛、济南各150公里，海岸线长56公里，总面积2072平方公里，人口102万。汉字鼻祖仓颉在这里创造了象形文字，世界上第一部农学巨著《齐民要术》的作者贾思勰就出生于此。寿光是中国蔬菜之乡，是国家卫生城市、中国优秀旅游城市、国家环保模范城市和国家园林城市。现有国家4A级景区2处，3A级景区1处。享誉海内外的国际蔬菜博览会已成功举办11届，累计参观人数达1100.2万人。寿光是全国百强县，经济实力位居全省前列，2009年，实现财政总收入45亿元，地方财政收入25亿元。这些都为建设山东盐业遗址公园提供了很好的基础。

3. 山东遗址公园的预期效益和内容

效益：首先是良好的经济效益。在寿光建设山东盐业遗址公园具有良好的经济效益。2009年，随着省里推出半岛蓝色经济区建设，中央把黄河三角洲生态经济区上升为国家战略，成为国家区域协调发展的重要组成部分。无论是半岛蓝色经济还是黄河三角洲生态经济的发展，作为旅游业的第三产业都会迎来其发展的黄金时期。双王城盐业遗址南临巨淀湖、东临林海生态博览园、北临大片的树林、盐田，空气清新、天空蔚蓝、虫鸣鸟趣，是自然的天堂。新建成的盐业博物馆将与临近的林海生态博览园、羊口清河旅游度假区、海鲜美食游，巨淀湖红色旅游等成片发展，可打造成黄河三角洲独具特色的生态历史文化旅游景区，成为山东又一特色鲜明的重要旅游参观点，可带动周边及整个黄河三角洲地区旅游经济的发展，同时具有良好的社会效益。在寿光双王城盐业遗址建设山东盐业遗址公园，保护迄今发现的人类最早的、规模最大的古代海盐制盐遗址群，展示山东悠久的制盐历史和发达的现代制盐水平，弘扬山东悠久而辉煌的盐业历史文化，具有十分重要而深远的意义。山东盐业遗址公园将成为重要的历史文化教育基地和文化交流平台，在这里，人们可以领略到古今中外的制盐历史文化，同时为开展国内外盐业考古和现代制盐技术交流提供平台。寿光有盐区人口40万人，加上周边昌邑、寒亭、莱州、东营、滨州等盐区人口达数百万人，这些人群的生产生活世世代代与盐息息相关，长期以来总结制盐历史文化建设盐业遗址公园的愿望非常迫切。因此，无论从保护遗址的角度，弘扬盐业历史文化的角度，宣传教育文化交流的角度，还是适应盐区群众需要的角度来看，建设山东盐业遗址公园都具有十分突出的社会效益。

内容：通过深入发掘山东历代海盐生产的工艺流程同时综合国内外各地盐生产，建成一个图文并茂、古代原盐生产场景再现与现代科技相结合的公园式博物馆。具体打算如下：

第一，重点展示山东盐业在全国的历史地位，展示中国盐业起源和商周时期盐业生产的全部生产过程与当时的社会背景，从海盐生产的各方面再现"煮海为盐"生产工艺的演进和发展，体现古代劳动人民的智慧和创造才能。简要介绍世界盐业考古的主要成果，世界各地主要产盐区、盐业遗址的分布概况，以及各种不同制盐方法。

第二，利用实物和图片展示不同的历史时期我国盐业生产和发展的变迁，不同时期制盐的不同方法，产量和关系国计民生的系列问题。包括不同时期盐工的生活方式、食物来源，不同历史时期的环境变化和盐业运输，等等。

第三，商周盐业遗址原貌展示，依照现已发掘的遗址现场，建设独立景点，原址保护，如果双王城水库设计覆盖遗址，初步设想在水库内预留小岛，丰富水库的文化内涵。

第四，整体规划拟以遗址公园为主展区，主要包括商周盐田复原区、制盐工艺技术发展历程区、人文逸事厅、文物展示厅、现代盐业风貌厅、盐业知识传播厅等。外设广场、盐田风光、盐宗盐神雕塑和盐业壁画。以周边文化遗存为辅助区，主要包括长廊官台碑、盐道碑、盐马古道、公积运、西坨台、方井旺等，各厅拟采用现代高科技手段，注重人与声、光影物意的近距离融合，产生巨大的时空效应，穿越时光隧道，连接古今文明，感悟盐业的今天，思考盐业的明天。

潍坊拥有3000多年的海盐历史，积累了丰厚的海盐文化，可以参照已经建成和正在兴建的盐博物馆，特别是海盐历史博物馆的方方面面，在旅游的具体开发中建设具有潍坊地域特色的海盐历史博物馆，通过三维、全景化、半景化、动漫、模型、雕塑等多种形式及光、电、声多媒体技术的运用；构建和展示从"宿沙氏煮海为盐"以来的制盐历史沿革、盐业化工（今天海化属于500强企业）以及盐与人类神话相关内容。内容一定要注重知识性、趣味性、参与性，做成艺术品位高、信息含量大、特色突出的高级别博物馆。这不仅能弘扬潍坊的海盐文化，更重要的是抢救、保护和挖掘古代生产民俗。同时也可以在此开展乡土教育、爱国主义教育。

按照这样的思路来营建盐文化博物馆，既能实现对古盐业遗址的有力保护，也是海盐文化旅游的重要方式。

（二）建设海盐文化保护区

要实现海盐文化旅游资源的可持续利用，建立海盐文化博物馆并不足够，还需要建立海盐文化（生态）保护区。黄小驹等人认为，文化生态保护区是指在一个自然、文化生态区域中，有形的物质文化遗产和无形的非物质文化遗产相互依存，这些遗产是与人们的自然生态和文化环境紧密联系的。[①] 林敏（2009）曾指出，所谓文化生态保护区，指的是在一定的区域中，通过采取得力和合适的措施保护文化遗产、优化文化遗产所处环境，从而构建人与遗产协调发展、和谐相处的文化空间。[②] 因为，文化遗产的保护，脱离不了文化生态的保护，从小处来看，就是其生存的语境，包括自然环境和社会环境。具体来说，文化生态保护是当代人通过文化生态环境的改善和优化，使包括文化遗产在内的文化整体得以延续和发展，也是强调一种整体性的保护，即在良好的文化生态环境内促进文化遗产的保护，从而使它们都处于一种良性的发展状态中。[③]

今天我们看到的和能够利用的制盐遗址等海盐文化资源是珍贵的"遗产"，海盐文化旅游从根本上来说就是利用这些文化遗产发展遗产旅游。客观来说，从遗址保护的角度看，我国目前的遗址保护取得了一定的成绩，但仍存在明显问题，尤其是：遗址保护（当然包括海盐遗址保护）的重要性还没有得到应有的重视，遗址资源

---

① 参见黄小驹、陈至立《加强文化生态保护　提高文化遗产保护水平》，http://culture. sinoth. com/Doc/web/2007/4/3/1179. htm，2007 年 4 月 3 日。

② 参见林敏《杭州市非物质文化遗产生态保护区建设的几点思考》，《浙江工艺美术》2009 年第 4 期，第 125—130 页。

③ 参见杨娟《平衡与失衡：舟山海岛文化遗产生态保护研究——以舟山黄龙岛为例》，硕士学位论文，浙江海洋学院，2013 年，第 44 页。

的保护与利用资金不够充分，方式较为单一；规划工作滞后；公众参与程度低。

海盐遗址、海盐民俗等海盐文化的保护涉及文物保护、生态环境、旅游等多方面，海盐文化要保护好，就需要建设海盐文化保护区。在建设海盐文化保护区的过程中，要考虑主题景区的规划和搭建。盐业主题景区是指以盐业遗址等文化资源和自然风光为基础，在科学规划基础上建设的集休闲、娱乐、服务诸功能于一体的现代旅游目的地。台湾七股盐山观光游览区就是典型的盐业主题景区。台南七股乡原是台湾的晒盐重镇，2002 年台湾全面结束晒盐后，台盐公司利用盐田、盐堆景观开发建设了盐业特色旅游景区。该景区春节期间游客量最高纪录达 130 万人次。①

在海盐文化保护区内，可以考虑建设"活态遗产"保护区。盐业"活态遗产"主要是指传统制盐技艺，其保护开发不能博物馆化，而必须以传承人的保护为中心，以生产性保护为主要手段，以建立合理的补偿机制为根本途径。目前，传统制盐技艺的保护开发工作刚刚起步，各地大多对传统制盐技艺传承区采取一定保护措施，同时开展旅游推介，试图通过打造旅游景点，提高社区群众生活水平，促进区域经济发展，实现传统制盐技艺的传承和发展。②

特别需要注意的是，在海盐文化区的整体规划和建设中，要在始终遵循"修旧如旧"的原则下，保护和尽力恢复其历史原貌。对保护区内的违章建筑及一些与主题景观毫无联系、毫无品位的建筑要坚决移除。只有这样才能尽可能延长海盐文化资源的生命周期。建立海盐文化保护区，可以将历史文化资源转化为旅游资源，并以此为突破和契机，带动潍坊滨海的交通运输业、服务业、市政建设及其他产业的发展。从精神文明建设的角度看，这也是延续和弘扬盐区人们团结拼搏、艰苦创业精神的重要一环。

从长远眼光来看，要想把保护区建设好，就必须处理好保护与利

---

① 参见田永德《山东盐业遗产价值评估及保护》，《中国文物报》2012 年 5 月 11 日第 7 版，第 1 页。

② 同上。

用的关系，使保护区内各项事业得到协调发展。如果仅仅是"保护"，很难实现"可持续"，因为海盐遗址占地面积广阔，每年需要投入大量资金。在这种情况下，开发就显得格外重要，如何在保护基础上开发利用这些海盐文化遗产，是当今亟须解决的重要课题。

从实践上来说，在海盐文化保护区的规划中，一定要坚持高起点、创特色。结合第二代和第三代旅游的实际需求，在"特色"上下功夫，在"参与性和康乐性"上动脑筋。如在海盐文化保护区内，特别是在遗址保存完好、文物建筑群集中的区域，搭建现场博物馆，把分散文物集中起来统一展示，并开辟专区来恢复传统的海盐生产方式，增加一些现场感强、游客参与度高的项目。如如何获得卤水及如何煎盐、晒盐等，使游客获得现场感知，同时实现博物馆的旅游教育和旅游体验功能。所产食用盐可以出售给游客，也可以流通于市场。这样，就可以增强遗址的"原真"性和观众的参与性，如将售卖食盐所得用于遗址保护和文化区的维修建设，就会减轻政府的负担，最大限度地降低投资成本。

（三）推送海盐有关的旅游产品、设计特色旅游线路

在市场经济条件下，一种文化，只有其具体的文化产品进入广大的文化消费者手里时，才能很好地扩大文化的受众范围和影响力。同样，要对潍坊海盐旅游资源进行产业化开发，就要充分发挥海盐文化资源优势，突出盐文化特色，整体策划，整合资源，彰显创意、生态、时尚等元素，大力发展盐文化创意、文化博览、数字传输等，构建全国盐文化创意高地。2009 年省委文件（鲁发〔2009〕15 号）明确提出：推动文化与旅游融合，重点开发滨海休闲度假、海岛观光、原生态湿地、海滨城市旅游、邮轮与游艇旅游、海洋文化体验等高端旅游产品，系统提升产业层次，构建以滨海城市、度假区、度假酒店为主体的温带海滨度假连绵带，形成全国最大的休闲度假半岛，打造山东"蓝色旅游"品牌。

潍坊作为山东海洋文化重镇，在此种大背景下，尤其需要重视潍坊海盐旅游产品的开发和设计。以遗址为重要载体，让海盐文化的具体文化产品进入文化消费市场，蕴含其中的文化因素也随之传播

到受众者那里，进而会对受众产生潜移默化的影响，这会在很大程度上加深文化消费者对于潍坊海盐文化的了解、欣赏和重视。在政府的支持和指导下，相关企业应该借打造"海盐之都"的有利时机，尽快形成一批主题鲜明、交通便利、服务配套、环境优美的海盐文化旅游景点、旅游线路，建设和完善如"北海渔盐民俗文化馆""潍坊海盐博物馆"等一批海盐旅游景区景点。借鉴潍坊风筝节、潍坊萝卜节的成功经验和文化氛围，搭顺风车，广泛宣传和打造诸如"潍坊盐神节""潍坊渔盐文化节"等旅游节庆活动，并集中精力设计和开发一批精品旅游线路，开通具有潍坊特色的渔家乐项目——"潍坊渔盐民俗游"，在传统的吃渔家饭、干渔家活的基础上，结合潍坊本地的渔盐文化，加入潍坊本土元素，做出渔家乐精品。

充分利用潍坊滨海经济技术开发区、昌邑、寿光三地高规格的盐业遗址，打破行政区划限制，打造"潍坊海盐遗迹游"精品线路，并在此基础上设计出适合游客亲身参与的仿古制盐体验游项目。充分利用滨海新区的山东海化集团和寿光的菜央子盐场等有实力海盐化工企业，开展"潍坊海盐工业游"和"潍坊海盐产品购物游"，依托有意向的企业和外来资本，利用海盐的健身康体效能，打造诸如"东方死海"之类的高盐游泳区和其他康体保健项目，开展"潍坊盐浴康体游"。通过上述举措，提高潍坊精品海盐文化项目和文化产品的知名度，真正通过精品文化项目，打造潍坊"海盐之都"的城市新品牌。海洋旅游文化产品也需要遵循商品市场的营销规律，通过品牌策略扩大社会影响与经济规模，在市场竞争中抢得先机。要有品牌意识，大力实施和推广品牌战略，加大宣传力度，用品牌塑造产品形象和企业形象。要创新品牌。要选准重点和切入点，发挥自身的优势和特色，形成具有独特鲜明的渗透力、影响力的新文化品牌。对已形成的文化品牌要精心维护，大力宣传，始终把质量作为打造品牌的根基和生命，在管理质量和服务质量上下功夫，强化品牌形象。①

---

① 参见潍坊市滨海经济技术开发区、潍坊学院海盐文化研究基地《滨海（潍坊）盐业文化资源调查》（内部刊物），相应部分。

二 特色饮食和多品种盐的开发

在物质形态的盐文化旅游资源中，除了遗址旅游资源的开发，潍坊还需要做，目前也已经处于进行中的，就是盐文化特色饮食和多品种盐的开发。

（一）开发盐文化特色饮食

盐是"百味之祖"，是饮食文化的基础。一般来说，盐区人员流动大，资金雄厚，其饮食更丰富、奇绝。如四川自贡借助井盐，发明了"火边子牛肉""水煮牛肉""李氏泡菜"等特色饮食。这些饮食颇具旅游吸引力。

对潍坊来说，在海盐文化旅游资源的开发中，也同样需要对传统的饮食文化进行现代意义上的解读，深入挖掘饮食中的盐文化，开发特色饮食，设立盐商菜馆、盐工饭馆，以及开发各种特色小吃，以饮食文化旅游产品构建旅游地形象，使游客在味觉、触觉、视觉与嗅觉上得到全身心的享受和满足。这在满足了旅游者口福的同时能使当地居民积极参与其中，提升当地居民参与旅游开发的有效途径。因为现代旅游开发进程同样需要"参与"，"参与式"开发要求社区这一利益相关者的介入，文化旅游资源的开发必须注意这点。开发特色饮食，为社区居民提供工作机会和岗位，既兼顾开发商的利益，又能增加当地居民的收入，从而实现"旅游扶贫"。

需要注意的是，在开发海盐饮食问题上，潍坊应该特别注意"特色"和"品牌"建设。品牌是无形的资产、有价的财富，更是走向广阔市场的绿卡。在这方面，潍坊可以学习四川自贡盐帮菜的经验，打造具有竞争力的品牌：植根于巴蜀地域文化特色基础上的自贡盐帮菜在创设品牌、特色上下了不少功夫，形成了很多名店，如"天德园""快园""好园"等。随着时间的推移，这些名店成了口碑相传的老字号。

（二）开发多品种盐

在潍坊海盐旅游资源的开发中，多品种盐的开发一定不可忽视。利用传统的和先进的技术进行多品种盐的生产与开发，一是作为旅游纪念品，二是可以服务本地和外地的人，三是增加海盐产区的经济收入。

1. 开发多品种盐的必要性

从概念上来说，对多品种盐，国际上通常使用的是它的广义概念。广义的多品种盐是指以盐为载体，通过添加适量微量元素、辅料或通过特殊工艺处理制成的具有特殊功能或用途的盐产品。与普通食用盐不同，品种盐更加注重营养的均衡摄入，功能性更加突出，弥补了由于地域、饮食习惯等方面原因造成的维生素、钙以及铁、锌等微量元素的不足，不仅科学有效，而且经济实用，被国内外营养专家公认的"食盐补给"是最佳方法。①

盐的品种目前有许多，国外发达国家如美国、日本、韩国、澳大利亚等在品种盐的开发方面较为超前。无论是配方、工艺技术、产品质量、包装等方面均处于世界领先水平。国外品种盐多达上千种，美国有营养盐、佐料盐、健康盐、蒜味盐等数百种产品。日本是食盐品种最多的国家，目前在市场上投放的食盐品种达 2000 种以上。多品种盐消费总量占食盐消费总量的50%。② 又如台湾省台盐公司，致力于服务消费，不断研究开发推出诸如健康低钠盐、沐浴盐、藻精饮料、斯马鲁拿饮料、碱性牙膏、盐皂、泡舒蔬菜洗涤盐等系列化新的生活用盐产品，深受消费者喜爱。但目前国内食用类多品种盐的所有品种也不到 200 种，做得较好的中盐研发和储备了 125 个品种。各省食用类品种盐销售一般仅占食用盐的百分之零点几，好的省份也不过 2%—4%。③ 这远远落后于发达国家的水平。

---

① 戴克洋、陈磊：《加快江苏食用类多品种盐研发存在问题及对策》，《苏盐科技》2011 年第 1 期，第 16 页。

② 参见《中盐总公司赴日考察团赴日本考察盐业报告》，《中国盐业》2009 年，第 114 页。

③ 参见戴克洋、陈磊《加快江苏食用类多品种盐研发存在问题及对策》，《苏盐科技》2011 年第 1 期，第 17 页。

此外，多品种盐产品的附加值比较高，我国是从20世纪80年代开始生产多品种盐，目前多品种盐总共有70多种。中国盐业总公司代表国家行业管理部门研究制定了各类强化营养盐的行业质量标准，1997年，制定和颁布了《关于加强多品种食盐管理的若干规定》，从而使多品种盐开始广泛地在中国生产、销售。虽经过多年的努力，我国的多品种盐占食盐总销售量只有3%的水平。而一些含钙、锌类营养品和保健品的价格昂贵，买者甚多，然而对于含锌、钙营养盐的选用，消费者却较少关注（近些年略有改变）。随着生活水平的提高，从营养角度、消费者角度、经济效益等方面看，需要开发多品种盐。[①]

2. 多品种盐的开发

在多品种盐的开发中，首先考虑的就是营养食盐的进一步开发。我国目前开发较多的多元微量元素多品种营养食盐主要是低钠盐、铁强化营养盐、硒强化营养盐、核黄素强化营养盐、钙强化营养盐、锌强化营养盐、磷酸盐强化营养盐、复合营养盐等多个品种。

其中，人们对前三种的关注较多，也大致能够了解其效用，如低钠盐有利于调节人体内钠、钾、镁离子的平衡，尤其适宜于高血压、心脑血管疾病患者；硒强化营养盐作用与维生素E相似，硒主要以亚硒酸钠的形式添加到食盐中，等等。但对后面的几种就知之甚少了。其主要原因，还是由于我们开发得不够。核黄素强化营养盐中核黄素是维持身体健康和视网膜正常功能必需的元素，缺乏者会降低对疾病的抵抗力，产生口角溃疡、舌炎等。钙强化营养盐则是人体补钙的一条良好途径。锌对人体的重要性更不必赘言，开发锌强化营养盐极为必要。复合营养盐由于添加了碘、硒、钙、钾等元素，在保持食盐的咸度和调味性能的基础上还能预防很多种疾病的发生。

---

① 参见刘东红《多品种盐的研究与开发现状及构想》，《盐业与化工》2009年第6期，第30页。

其次还要考虑和进行开展食品工业专用盐、调味盐系列、畜牧、水产用盐系列，果蔬洗涤用盐系列，沐浴用盐和日用化妆品用盐系列，环保型融雪盐及水处理用盐的开发。食品工业专用盐、调味盐以食用加碘盐为主料；畜牧、水产用盐系列以盐为载体，将牲畜、水产品所需各种矿物质微量元素经科学配比而成。日本试验表明，在牲畜饲料中按日粮添加 0.2%—0.25% 的食盐，可以使饲料在消化道中的蠕动推进速度减慢，使饲料被消化吸收得更充分，饲料的可消化率从一般的 45%—65% 提高到 68%—75%。与对照组相比，同样饲料的增重率提高 22%—28%。[①] 果蔬洗涤用盐系列可消除农药余毒，杀死寄生虫卵。沐浴用盐和日用化妆品用盐则是利用了盐的抑菌、灭菌、防腐功能。淡盐水可以治红眼病，盐水洗鼻子可以治好鼻炎，等等。环保型融雪盐由于卤盐类融雪剂具有使用方便、价格适中等优点，在北方已经展开批量使用。水处理用盐主要用于锅炉软化水、人民生活饮用水。随着人民生活水平的提高，其需求量将逐渐增大。[②]

近年来，随着经济的发展和生活水平的不断提高，人们对品种盐的需求越来越多，近年寿光的文化博览会上，台盐公司的产品极为畅销就是一个很好的说明。人们在对盐品种的要求上也越来越多元化。不同的人群对品种盐有着不同的需求，多品种产品的附加值非常高，研究开发新的品种盐产品，不仅可以满足不同消费群体的要求，还可以为企业带来良好的经济效益和社会效益。这对企业的发展和国家的稳定都有重要的意义。

三　非物质文化旅游资源的开发

海盐遗存的保护和开发，除了盐业遗址的开发，海盐非物质文化旅游资源的开发也是一个相当重要的方面。

---

① 参见朱寿新《关于多品种盐市场开发的思考》，《中国井矿盐》2003 年第 34 (2) 期。

② 参见刘东红《多品种盐的研究与开发现状及构想》，《盐业与化工》2009 年第 6 期，第 29—30 页。

针对海盐非物质文化旅游资源，可以学习盐城的优秀经验，做出针对性的策略。盐城对此主要做了如下工作：一是开展普查工作，发掘非物质文化资源。目前，盐城已专门制定了《盐城市非物质文化遗产名录项目申报评定管理暂行办法》，全面启动非物质文化遗产的普查行动，其口头传说、表述（包括作为非物质文化遗产媒介的语言、表演艺术）、社会风俗、礼仪、节庆、有关盐的知识和实践以及传统的手工艺技能，都在普查范围之内。二是转变传统观念，强调非物质文化传承。把盐城非物质文化遗产旅游视为可持续旅游，强化生态旅游的观念。尤其应强化盐城非物质文化的保护意识，自觉树立经济建设与文化保护一体化的观念。目前盐城已在积极准备建立非物质文化遗产传承基地，将建立民间老艺人命名制度，得到命名的老艺人可以得到"传承人补贴"，开设培训班定期授课带弟子。同时，还应在盐城小学、初中、高中等各级教育中增加有关非物质文化内容的乡土课程等。三是完善立法体系，健全保护制度。四是打造盐城特色品牌。将非物质文化注入盐城旅游文化之中，创新盐城旅游品牌，让所有来到盐城的人，体会到盐城"草根"的快乐，品味到富有浓郁盐城乡土气息的非物质文化，使"草根"艺术成为盐城独具特色的文化品牌。① 潍坊在参考盐城等城市经验的基础上，逐步走上海盐非物质文化旅游资源的开发之路。在这里，我们主要论述一下潍坊已经着手开展的非物质文化旅游资源的开发。

（一）对列入国家"非遗"的卤水制盐技艺的传承和开发

这里，我们主要以国家级"非遗"——寿光卤水制盐技艺为例，谈一下海盐非物质文化遗产的保护和开发。

1. 卤水制盐技艺

2014 年 7 月 16 日，文化部办公厅公示了第四批国家级非物质文化遗产代表性项目名录，寿光卤水制盐技艺赫然在列。

---

① 参见陈传亚《盐城非物质文化遗产旅游开发研究》，硕士学位论文，南京农业大学，2010 年，第 37—39 页。

　　卤水制盐技艺是以地下卤水为原料，利用滩涂，结合日光和风力暴晒、蒸发，制取饱和卤水，进而结晶制取原盐的传统手工技艺（见下图），主要分布在莱州湾沿岸，尤其是寿光一带。考古已经证明，寿光北部沿海地区是中国古代著名的盐业生产基地或者说制盐中心。据历史文献记载，寿光制盐至今已有 4000 多年的历史，历经商周时期的煮盐、汉代的煎盐、元明时期的熬盐、清初至今的晒盐等发展阶段。清初，寿光官台场为重要盐产地之一，雍正、乾隆时实行"恤灶惠商"，盐滩发展到 292 副，年产盐 7500 吨。1908年，盐滩发展到 405 副，年产盐 5 万吨。到 1949 年，盐田达 1153副，年产原盐 9 万吨。新中国成立后，寿光卤水制盐技艺不断完善和发展，结晶池由平晒改为塑膜苫盖。原盐生产由季节性产盐变为一年四季产盐，年产原盐 500 万吨。寿光卤水制盐自先秦时期汲地下卤水到现在的抽取地下卤水晒盐，取卤—蒸发—结晶成盐，其打井、修滩、取卤、制卤、结晶等技艺工序，都是靠人长期以来的实践经验和感观把握进行，口口相授、代代相传。从事盐业生产的人们特别注重对天气变化的精准观察，并在实践中总结、积累了许多天气谚语，便于分析掌握天气形势，组织原盐生产。

寿光某盐场工人正在用传统方式制盐

（《海水淡化的多赢尝试》，《齐鲁晚报》2012 年 5 月 11 日 B03 版）

2. 山东默锐盐盟对卤水制盐技艺的传承

　　山东默锐盐盟化工有限公司是潍坊市"非遗"传承示范基地之

一，主要负责卤水制盐与盐文化的传承。

该公司专门负责卤水制盐技艺保护工作的负责人介绍，2009 年在北京举行的世界盐业大会上，寿光被确认为"世界海盐生产发祥地"。2012 年，中国盐业协会授予寿光"中国海盐之都"荣誉称号。寿光地区独具特色的地下卤水制盐技艺属于国家级保护技艺，卤水制盐经过几千年的传承和发展，已经成为重要的非物质文化遗产，保护传承迫在眉睫。随着时代的变迁和劳作模式的转变，卤水制盐传统技艺越来越被人们所淡忘，卤水制盐全凭人的经验和感观掌握，富有经验的老盐工有的已谢世，有的年事已高，年轻人不愿意继续从事这项技艺，使得这项技艺的保护传承工作迫在眉睫。特别是近年来，随着科技的进步和现代工业的发展，机械化劳作逐渐代替手工的传统技艺，再加上工业用地日渐广阔，占用大量的盐田滩涂，滩田面积越来越小，这一宝贵的传统制盐技艺目前存在比较严重的传承危机。

山东默锐盐盟化工有限公司董事长杨树仁，是当前寿光卤水制盐技艺的主要代表性传承人。据杨先生介绍，"保护卤水制盐技艺，并使之得到传承、发展，不致失传，是历史赋予我们的责任"。他大学毕业后即跟随在盐场工作的父亲从事原盐生产，在熟知卤水制盐技艺的各个工序基础上，他与老工人共同规范了修滩、制卤、结晶管理技艺等制盐方法，编写了《卤水制盐技艺》。在杨树仁看来，制盐历经几千年，可视为中国古代沿海制盐技艺的活化石，寿光曾是商王朝的制盐中心，也是国家食盐官营的起源地，对研究我国制盐历史、制盐技艺与国家政治经济发展意义重大；而地下卤水制盐技艺流程较为复杂，操作要求高，是卤水与自然气象的奇妙结合，蕴含着丰富的科学价值，是世界制盐工艺的奇葩。杨树仁称，与此同时，地下卤水制盐的原理和技艺流程，体现了历代盐工的精湛技艺与杰出的文化创造精神，与制盐技艺有关的行业规矩、谚语短谣以及故事传说，体现了传统道德与乐观精神。可以看出，盐的制作技艺不仅是一项特殊的生产活动，还是重要的经济、政治和文化活动。为保护卤水制盐技艺，默锐公司建立传承基地和卤水制盐技艺馆，广泛收徒，口传身教，积极支持、参与非物质文化遗产的挖掘，成立"中华盐宗夙沙氏科技文化研究会"，弘扬中国海盐文化。同时，墨锐公司预计投入资金700万元，用于卤水制盐技艺的调查、挖掘、征集、建档、保护，建设卤盐技艺文化馆、卤水制盐技艺培训中心等。

在这里，有必要提及一点：政府应该积极鼓励墨锐这样的海盐文化企业的成长。因为此类的文化企业不仅是市场的主体，更在产业的竞争中担任着重要的角色，因此积极培育大型文化企业，才能带动整个海盐旅游文化产业的规模化经营。在这一过程中，一定要坚持政府引导，市场运作，科学规划，合理布局。选择一批成长性好、竞争力强的盐文化企业或集团重点发展。加大政策扶持力度，推动跨地区、跨行业联合或重组，尽快壮大企业规模，提高集约化经营水平，促进资源整合和结构调整，形成集团化、集约化的经营模式和管理模式。鼓励和引导有条件的海洋旅游文化企业面向资本市场融资，实现低成本扩张，将企业进一步做大做强。要充分调动中小企业的积极性，形成以大型企业为龙头，中小型企业协调发展、优势互补的海洋旅游文化产业集群。

（二）节庆习俗旅游资源的开发

对盐业遗存的保护和开发中，盐业民俗的保护和开发也是一个相当重要的层面。这里以民俗会节旅游为例，抛砖引玉地谈一下盐节庆习俗旅游资源的保护和开发。

首先，在"海盐之都"品牌的打造过程中，一定要注重历史文化积淀的挖掘，从3000年的海盐文化中挖掘海盐民俗。只有这样，才可能使民俗事象（例如海盐盐神崇拜等）显性化和表象化，才能把海盐民俗外化为现实的旅游产品。这方面目前能够做的，就是凭借滨海渔盐文化节，倾力打造"会""节"和会节旅游。

作为社群活动的独特形态，会节包括众多与节气时令和生产生活有关的祝祷、祭祀、纪念、敬仰、迎送等习俗活动。① 在全国各

---

① 参见程龙刚《自贡盐文化遗产保护与利用研究》，《中国名城》2011年第8期，第48页。

地盐区，围绕盐的会节很多，有的起源于祭祀神灵，有的起源于盐业生产，还有的起源于文化需求。源于神灵祭祀的，如对关羽的祭祀和崇拜。源于盐业生产的，绞篊节就很有代表性。^① 凌空飞起的绞篊，不仅给当地带来了盐业的发展，而且给当地人们带来了欢庆喜乐的会节，逐渐发展为当地凝聚着地方风情和民族特色、官民同乐的大文化活动。源于文化需求的，如自贡灯会。其年节灯会从唐宋时期萌芽，规模逐渐扩大，特别是清中叶以后自贡被誉为中国盐都，年节灯会也就成为该地区集盐文化之大成的会节。今天，饮誉四海的盐都自贡获得了"南国灯城"的美称，声誉日隆，并赢得了"天下第一灯"的美名。

借鉴和参考各地的盐会节，潍坊可以好好利用发展起来的滨海渔盐文化节将会节旅游进一步提升。该文化节的地点即是北海渔盐文化民俗馆（这是国内首家渔盐文化民俗馆）。这里举办的"二月二龙抬头节"和"盐神节"均已列入潍坊市非物质文化遗产重点保护项目。在未来的会节旅游中，可以考虑以渔盐文化节为龙头，逐渐发展时间上前后呼应、内容互补的其他会节。这样，作为"非遗"的海盐文化旅游资源就能够还原到民俗活动的动态结构里去。也就是说，会节为此类资源提供了一个活动的平台和展示的空间，让它们在其中"复活"。这样就能够更好地迎合大旅游时代旅游的体验性和参与性要求。

总之，潍坊海盐旅游资源的开发已经和正在政府的主导下，贯穿保护和开发并举的可持续理念，从遗址、技艺、节庆习俗等方面展开合理的开发，让我们共同期待"海盐之都"旅游开发的无穷魅力。

---

① 四川巫溪大宁盐泉的龙池所出卤水，需从河的北岸向南岸煎烧，南宋时发送了飞越两岸上空的篊绳悬吊输卤来解决输卤问题，这种篊绳被称为"绞篊"。之所以称为"绞篊"，是因为篊的粗藤是用篊条绞织而成，粗大、重长，要将其安装到位的施工难度极大，非用绞车拖拽不可，故称为绞篊。篊篊解决了卤水过河的难题，但篊篊易坏，需一年更换一次，更换时间后来固定为每年的农历十月初一，到这一天，县官要到场与民同庆，井民则要敲锣打鼓、鸣放鞭炮、唱歌舞蹈，呈现一派热闹非凡的喜庆场面，这种一年一度的换篊庆典活动称为绞篊节。

结　语

　　盐不仅是人类生活不可或缺的必需品，从更广阔意义上考察，它是战略资源，能在一定程度上决定国运的兴衰。尤其是当我们超越物质层面而从精神视角审视的时候，发现它更是一种重要的文化事象。前人已经对这一文化事象进行了多方位的考察和研究，为我们的研究提供了很好的基石。除感恩之外，我们觉得还很有必要对盐文化进行深入的、多层面的挖掘和思考，尤其是在国家大力号召保护文化遗产的当下。

　　本书采用旅游学、文化学、历史学、社会学、地理学等多学科交叉的前沿理论，把握最新的研究成果与研究动态，以实地考察为基础，结合大量的文献分析，充分运用文献分析法、田野调查法、个案研究法、系统研究法、计量分析法等方法，选择山东海盐作为研究对象，旨在调研山东盐业遗址及海盐文化旅游资源，以期对盐业遗址进行较为深入的说明和思考，并在深入分析盐业遗址等物质文化旅游资源和海盐非物质文化旅游资源的保护、利用现状的基础上，对其开发提出切合实际的、操作性强的建议，努力推进"山东海疆历史文化廊道"和"海上丝绸之路"的建设，为落实国家"一带一路"和山东蓝黄经济区发展战略尽上自己的绵薄之力。

　　通过文献分析，结合尽可能的实地调查，我们的主要收获和结论是：

　　第一，山东沿海，尤其是潍坊滨海是海盐文化的发祥地，海盐物质文化资源和非物质文化资源都非常丰富。

　　从盐的种类看，山东是重要的盐业生产基地，这是早就公认的事实。但山东沿海广阔，包括潍坊、东营、滨州、莱州、青岛等不同范围。通过对盐业遗址及旅游资源的调查及文献研究，其中，根据最新的盐业考古资料和实地调研，我们确认潍坊盐业生产历史最悠远。《太平御览·世本》所载"宿沙氏煮海为盐"是对中国海盐制作最早的记载，被尊为"海盐之神"的宿沙氏的领土即在潍坊的寿光境内。这说明山东的盐业，尤其是潍坊地区的盐业从原始社会时期已经开始，有了盐业，海盐文化的各种符号，如地名、信仰、饮食习惯等相继出现。

即使仅从产业的角度看，这里的盐业也的确经历了悠久的历程：《尚书·禹贡》的记载说明，夏朝这里的盐业已经初具规模，商代的多个都城都离产盐地青州不远。西周时山东的海盐仍然是贡品，春秋时期的齐国依靠盐利迅速走上了富强之路，成为五霸之首。战国时期虽然有燕国的海盐和河东地区的池盐，但是均无法与齐盐抗衡。此后历朝历代都仍然重视和发展盐业，直到今天，潍坊亦正努力打造"海盐之都"。

以潍坊为代表的山东海盐文化不仅历史悠久，而且资源极为丰富。尤其是渤海莱州湾畔。不仅有物质形态的海盐文化资源，如海盐生产场地、器物、运销点、盐政管理官署建筑、碑刻、古墓葬等，现在仍有不少遗迹可觅或形体可观的文物；还包括非物质形态的海盐文化资源：神话传说、传统技艺、海盐生产的变革、运销形式的发展、管理政策的变化以及通过文字、口传等方式流传至今的重要历史事件、重要历史资料、哲学思想观念、文艺作品、民俗风情等。可以说，海盐文化的精神遗存更多的是通过非物质文化的形式流传下来的。如果从旅游开发的视角考察，包括将盐信仰、盐生产生活习俗、地名文化等非物质形态的文化资源和遗址、盐场等物质形态的资源结合在一起，将潍坊打造为颇具特色的"海盐之都"。在"海盐之都"的打造中，尤其是将非物质形态的这些盐资源外化或者显性化，打造成颇有吸引力的旅游产品，则是我们现在亟待解决和处理的问题，也是现实之急需。

值得特别提及的是，丰富的海盐文化资源中，潍坊盐业民俗丰富多彩，具有鲜明特色。民俗在一定意义上更能够反映一个地区人民群众的价值取向和审美趣味。潍坊悠久的制盐历史成就了其源远流长的制盐体制、管理制度，以及衍生出来的海盐传说、民俗、节庆活动，共同形成了丰富多彩的潍坊海盐文化和海盐精神，这些都已经成为研究海盐文化的重要事象。直到今天，潍坊盐业民俗仍有广泛的群众基础，其鲜明的文化特质和独具特色精神基因流淌在昌潍大地上。

　　除了历史悠久、资源丰富，潍坊海盐文化资源的品级较高，并且分布集中。2003年发现的双王城盐业遗址群面积之广、规模之大、数量之多、分布之密集、保存之完好，在全国乃至全球都是非常罕见的。正因如此，该遗址群创下"三宗最"：国内发现最早的海盐制造遗址；最早的海水制盐沉淀和蒸发池；规模最大的盐井、盐池群和盐灶等制盐设施。2009年在潍坊滨海经济技术开发区又发现了4处由109个古代盐业遗址组成的大规模盐业遗址群（其中东周遗址86个）。① 考古学家表示，目前发现的东周盐业遗址群，数量之多、规模之大在国内罕见。央子盐业遗址群作为"黄河三角洲"盐业遗址群的主要部分已入选山东省第三次文物普查"十二大新发现"。② 如此密集地发现高等级的盐业资源，更进一步证明了潍坊盐业文化的地位，为以潍坊为代表的山东海盐文化旅游的开发提供了条件。

　　第二，山东盐业遗址的进一步发掘、整理，尤其是从旅游开发的角度得以利用，则是笔者的深深期待。

　　我们主要利用行政地域的范畴对山东主要的海盐遗址进行了调研和整理。特别整理了潍坊地区寿光的双王城、大荒北央、官台遗址群、王家庄遗址群、单家庄遗址群，潍坊市滨海经济技术开发区的央子遗址群（包括韩家庙子、固堤场、烽台、西利渔等）；昌邑的东利渔、唐央与廒里遗址群；东营的广饶南河崖、东马楼、东北

---

① 参见张俊洋、殷英梅《潍坊海盐文化遗产旅游开发研究》，《盐业史研究》2011年第3期。
② 《北海的渔盐文化》，潍坊文明网，2013年3月22日。

坞盐业遗址群和黄河三角洲的其他东周时期遗址；滨州的海盐遗址主要包括沾化杨家、阳信李屋、滨城区遗址等。同时，我们还对山东，尤其是潍坊地区的盐村、盐场、盐业企业等进行了考察和陈述。

这些以盐业遗址为代表的海盐文化旅游资源如何进行可持续性的保护和利用，一直是本书思考和着力解决的问题。盐业遗址的保护，我们选择了烽台作为个案，对其保护规划进行了尽可能详细的阐述；而对遗址的利用和开发，我们则以双王城遗址为基础的盐业遗址公园的建设为例着力进行了分析。很大意义上，我们期待和盼望这些物质文化资源和非物质文化资源能够得到尽可能多的挖掘、保护、利用和开发，让其文化内涵无论在今天、在明天都能够得以展示光彩。

还需要提及的是，山东的这些海盐文化资源所在的区域，正好都处于"十三五"规划内"山东海疆历史文化廊道"的区域范围内。包含黄河三角洲盐业遗产保护与展示工程在内的海疆历史文化廊道这一廊道建设，将整合文化遗产资源，推进山东"海上丝绸之路"的保护申遗工作。

第三，利用最新资料和方法对山东盐业遗址进行了尽可能的说明和思考。

首先，对盔形器出土量大及盔形器作为煮盐工具这一效能进行了系统的阐述和思考，并对其盛盐量等问题进行了说明。其次，利用最新的调查资料和文献分析，结合对比法和计量法等方法，对海盐生产流程、煮盐时间和每盐灶的产量进行了阐释。再次，对无法避开的"渠展之盐"进行了阐析。尤其是对"渠展"的位置除了追溯学术界的已有成果，还对最新研究进行了较为详细的描述。同时，将齐国的"渠展之盐"的价值、生产进程产运销等问题进行了分析，以期窥视山东海盐对地域经济及社会的影响。最后，还思考了盐业遗址考古现状以及山东出产海盐的优势和条件等问题。这些是我们对盐业遗址进行的总结和思考，恳望这些思考能够推进山东盐业考古的进展和山东海盐文化研究的深入。

第四，以潍坊为个案，从旅游开发的视角对山东海盐文化资源进行了规划和设计，提出了可操作的原则和具体策略。

潍坊开发海盐旅游资源，基于其丰厚的积淀和条件，而且有极大的现实必要性：不仅能够为城市发展提供精神支持，而且能够提升区域形象和城市品位，还能够促进潍坊文化产业的发展。但在目前，潍坊海盐旅游资源受"公地困局"现象和体制落后的制约，保护和开发程度均较低，产业化开发难度大，受众面小，文化旅游人才缺乏，并且缺乏行之有效的品牌运营。

针对这一现状，潍坊海盐旅游资源要开发，一定要坚持以下原则：政府主导、保护与开发相结合、可持续开发以及全局性统一管理原则。在这些原则的指导下，遵循以下开发规划：打造三位一体的驱动模式，改变传统观念、提升盐的品位，树立"海盐之都"的旅游形象以及重视区域合作等。

有了合理的原则和遵循的规划，本书提出了如下可行性策略：对物质形态的盐文化资源，除了前面提到的盐业遗址公园的建设，还特别提到海盐文化保护区的建设以及海盐旅游产品的推送、特色旅游线路的设计等方法。对非物质文化资源的开发，则从卤水制盐技艺的传承和开发和节庆习俗旅游资源的开发两个大的方面去说明。对前者，主要介绍了卤水制盐技艺以及山东默锐盐盟对卤水制盐技艺的传承；对后者，从进一步打造民俗会节旅游、开发盐文化特色饮食、开发多品种盐等角度对节庆习俗旅游资源提出了开发策略。

呈现到读者面前的这本书，如果能够为山东海盐遗址的进一步发掘、整理，为遗址等海盐旅游资源的挖掘、整理、保护、利用及开发提供些许启迪，那将是对笔者最好的慰藉和鼓励。

参考文献

一　中文部分

邹迎曦：《大丰市盐文化资源调研报告》，《盐城工学院学报》（社
　会科学版）2006 年第 4 期。

邹迎曦：《盐垦研究》，中国文化出版社 2008 年版。

宗苗淼：《多处夏商遗址辉耀沧州历史》，《燕赵都市报》2008
　年 9 月 9 日。

庄振业等：《渤海南岸 6000 年来的岸线演变》，《青岛海洋大学学
　报》1991 年第 21 卷第 2 期。

庄维民：《近代山东市场经济的变迁》，中华书局 2000 年版。

朱荣艳：《维吾尔族盐文化浅析》，《广西民族大学学报》（哲学社
　会科学版）2008 年第 2 期。

朱猛：《历史文化名镇保护规划中的特色文化保护与传承——以重
　庆市巫溪县宁厂古镇盐文化为例》，《重庆建筑》2006 年第 6 期。

朱继平、王青、燕生东等：《鲁北地区商周时期的海盐业》，《中国
　科学技术大学学报》第 35 卷第 1 期，2005 年。

周萌：《西秦会馆——盐业盛世的精神、文化流淌》，《盐文化研究
　论丛》第三辑，巴蜀书社 2008 年版。

周鸿承：《博物馆视野下的中国酱盐文化及其保护策略——以首座
　中国酱文化博物馆的建立为例》，《中国调味品》2009 年第
　12 期。

钟年：《民间故事：谁在讲谁在听？——以廪君、盐神故事为例》，

《民间文化》2001 年第 1 期。

钟敬文编：《民俗学概论》，上海文艺出版社 1998 年版。

中国社会科学院考古研究所河南一队、商丘地区文物管理委员会：《河南柘城孟庄商代遗址》，《考古学报》1982 年第 1 期。

中国社会科学院考古研究所编著：《中国考古学·两周卷》，中国社会科学出版社 2004 年版。

中国海湾志编辑委员会：《中国海湾志》第 3 分册《山东半岛北部和东部海湾》，海洋出版社 1991 年版。

中国人民政治协商会议天津市汉沽区委员会：《汉沽：中国海盐文化摇篮》，内部资料。

郑杰祥：《商代地理概论》，中州古籍出版社 1994 年版。

赵希涛、王绍鸿：《中国全新世海面变化及其与气候变迁和海岸演化的关系》，施雅风主编《中国全新世大暖期气候与环境》，海洋出版社 1992 年版。

赵世瑜：《狂欢与日常——明清以来的庙会与民间社会》，生活·读书·新知三联书店 2002 年版。

赵平安：《战国文字中的盐字及相关问题研究》，《考古》2004 年第 8 期。

赵丽丽、南剑飞：《自贡盐文化遗产保护现状、问题及对策研究》，《盐业史研究》2010 年第 1 期。

赵可夫等主编：《中国盐生植物》，科学出版社 1999 年版。

赵金霞：《南河下盐文化旅游开发初探》，《扬州职业大学学报》2003 年第 2 期。

赵伯蒂：《圣人与盐——浅谈古代先贤与盐的不解之缘》，《盐文化研究论丛》第一辑，巴蜀书社 2006 年版。

赵爱民：《两淮盐商文化遗迹旅游开发整合研究——以扬州为例》，《盐业史研究》2011 年第 3 期。

张祖鲁：《渤海莱州湾南岸滨海平原的黄土》，《海洋学报》1995 年第 7 卷第 3 期。

张银河编：《中国盐业人物》，中国文史出版社 2006 年版。

张银河：《中国盐业神话传说探析》，《盐文化研究论丛》第 1 辑，巴蜀书社 2006 年版。

张银河：《中国盐文化史》，大象出版社 2009 年版。

张学梅：《依托盐文化旅游助推盐区社会主义新农村建设》，《中国集体经济》2009 年第 12 期。

张学海：《张学海考古论集》，学苑出版社 1999 年版。

张学海：《论四十年来山东先秦考古的基本收获》，《海岱考古》第 1 辑，山东大学出版社 1989 年版。

张小也：《清代私盐问题研究》，社会科学文献出版社 2001 年版。

张汝：《乐山盐业旅游文化资源研究》，《天府新论》2009 年第 4 期。

张汝：《乐山盐业旅游文化资源的历史探究》，《盐文化研究论丛》第三辑，巴蜀书社 2008 年版。

张林泉主编：《中国鲁北盐区遥感调查研究》，山东科学技术出版社 1989 年版。

张连利等编：《山东淄博文物精粹》，山东画报出版社 2002 年版。

张弘：《四川盐文化资源保护评析与旅游产业开发》，《成都大学学报》（社会科学版）2011 年第 4 期。

张弘：《基于资源保护基础上的自贡盐文化旅游开发研究》，《阿坝师范高等专科学校学报》2011 年第 4 期。

张光直：《聚落形态考古》，《考古学专题六讲》，文物出版社 1986 年版。

詹玲：《自贡：一座盐巴塑造的城市》，《盐业史研究》2010 年第 1 期。

曾仰丰：《中国盐政史》，台北"商务印书馆"1978 年版。

曾仰丰：《中国盐政史》，上海书店 1984 年版（据商务印书馆 1937 年版复印）。

曾仰丰：《中国盐政史》，商务印书馆 1998 年版。

曾凡英编：《盐文化研究论丛》第 1 辑，巴蜀书社 2006 年版。

曾凡英编：《盐文化研究论丛》第 5 辑，巴蜀书社 2011 年版。

曾凡英编：《盐文化研究论丛》第 6 辑，四川人民出版社 2013 年版。

曾凡英：《再论盐文化》，《盐业史研究》1998 年第 1 期。

曾凡英：《盐业与自贡城市发展》，《盐业史研究》1994 年第 3 期。

曾凡英：《盐文化的理论与历史地位》，《自贡师专学报》（综合版）1998 年第 2 期。

岳洪彬：《殷墟青铜礼器研究》，中国社会科学出版社 2006 年版。

袁霜凌：《自贡工业遗产旅游研究》，硕士学位论文，四川师范大学，2006 年。

喻学才等：《盐的未来：关于淮盐遗产保护与旅游发展结合的探讨》，《盐业史研究》2011 年第 3 期。

于云汉编：《海盐文化研究》第 1 辑，中国海洋大学出版社 2014 年版。

于仁伯等：《山东省盐业管理条例释义》，山东人民出版社 2001 年版。

于嘉芳：《牢盆与沛水——关于齐国的制盐技术》，《故宫文物月刊》19（7）。

于海根：《中国海盐文化与盐城城市精神》，《盐业史研究》2009 年第 1 期。

于海根：《论海盐文化在重塑盐城形象中的地位》，《江苏地方志》2004 年第 1 期。

于海根：《充分发掘方志资料资源，精心打造地域文化品牌》，《江苏地方志》2008 年第 4 期。

游建军、康珺：《井盐节庆文化与自贡城市文化建设的探讨》，《四川理工学院学报》（社会科学版）2009 年第 6 期。

游建军、康珺：《井盐文化：自贡城市文化软实力建设的核心》，《四川理工学院学报》（社会科学版）2011 年第 6 期。

尹秀民：《广饶文物概况》，内蒙古人民出版社 2001 年版。

叶涛、吴存浩：《民俗学导论》，山东教育出版社 2002 年版。

杨庆礼：《黄骅县志》，海潮出版社 1990 年版。

杨强：《运城盐池旅游资源评价及开发策略》，《盐文化研究论丛》
第 2 辑，巴蜀书社 2007 年版。

杨强：《池神庙的变迁与河东盐池的生产》，《运城学院学报》2009
年第 3 期。

杨怀仁等：《黄河三角洲地区第四纪海进与岸线变迁》，《海洋地质
与第四纪地质》1990 年第 10 卷第 3 期。

杨娟：《平衡与失衡：舟山海岛文化遗产生态保护研究——以舟山
黄龙岛为例》，硕士学位论文，浙江海洋学院，2013 年。

杨红：《自贡盐文化旅游营销环境综合分析》，《攀枝花学院学报》
（综合版）2010 年第 2 期。

杨红：《自贡盐文化旅游市场细分及定位分析》，《经营管理者》
2010 年第 5 期。

杨红、曾凡英：《自贡盐文化旅游营销综合策略》，《盐文化研究论
丛》第五辑，巴蜀书社 2010 年版。

燕生东：《渤海南岸地区先秦盐业考古方法及主要收获》，《东方考
古》第 7 集，科学出版社 2010 年版。

燕生东：《山东阳信李屋商代遗存考古发掘及其意义》，北京大学
震旦古代文明研究中心编《古代文明研究通讯》总第 20 期。

燕生东：《山东寿光双王城西周早期盐业遗址群的发现与意义》，
北京大学震旦古代文明研究中心编《古代文明研究通讯》总第
24 期，2005 年。

燕生东：《山东地区早期盐业的文献叙述》，《中原文物》2009 年第
2 期。

燕生东：《全新世大暖期华北平原环境、文化与海岱地区》，周昆
叔、莫多闻等主编《环境考古研究》第 3 辑，北京大学出版社
2006 年版。

燕生东：《关于判定聚落面积、等级问题的思考》，《中国文物报》
2007 年 2 月 16 日第 7 版。

燕生东、赵岭：《山东李屋商代制盐遗存的意义》，《中国文物报》
2004 年 6 月 11 日第 7 版。

燕生东、袁庆华等：《山东寿光双王城发现大型商周盐业遗址群》，《中国文物报》2005年2月2日。

燕生东、魏成敏等：《桓台西南部龙山、晚商时期的聚落》，《东方考古》第2集，科学出版社2006年版。

燕生东、王琦：《泗水流域的商代——史学与考古学的多重建构》，《东方考古》第4集，科学出版社2008年版。

燕生东、田永德、赵金、王德明：《渤海南岸地区发现的东周时期制盐遗存》，《中国国家博物馆馆刊》2011年第9期。

燕生东、兰玉富：《2007年鲁北沿海地区先秦盐业考古工作的主要收获》，北京大学震旦古代文明研究中心编《古代文明研究通讯》总第36期，2008年。

燕生东、党浩等：《山东寿光双王城盐业遗址群》，《中国文物报》2009年2月17日；中国十大考古新发现展示材料。

燕生东、常叙政等：《山东阳信李屋发现商代生产海盐的村落遗址》，《中国文物报》2004年3月5日第1版。

燕生东：《商周时期渤海南岸地区的盐业》，文物出版社2013年版。

盐山县地方志编纂委员会：《盐山县志》，南开大学出版社1991年版。

薛卫荣：《运城盐业生产的池神崇拜》，《运城学院学报》2010年第1期。

许清海等：《25000年以来渤海湾西岸古环境探讨》，《植物生态学与地植物学学报》第17卷第1期，1993年。

许青海等：《河北平原全新世温暖期的证据和特征》，施雅风主编《中国全新世大暖期气候与环境》，海洋出版社1992年版。

徐天进：《周公庙遗址的考古所获及反思》，北京大学震旦古代文明研究中心编《古代文明研究通讯》总第29期，2006年。

徐基：《山东商代考古研究的新进展》，《三代文明研究》（一），科学出版社1999年版。

夏建中：《文化人类学理论学派：文化研究的历史》，中国人民大学出版社1997年版。

奚敏、王雪萍:《基于区域合作的淮安盐文化旅游开发》,《盐业史研究》2011年第4期。

武峰:《浙江盐业民俗初探——以舟山与宁波两地为考察中心》,《浙江海洋学院学报》2008年第4期。

吴晓东:《自贡盐文化旅游资源开发构想》,《四川师范学院学报》(自然科学版) 2001年第2期。

吴晓东:《自贡盐文化旅游发展策略》,《西南民族大学学报》(人文社科版) 2005年第9期。

吴克嘉:《挖掘和彰显泰州盐文化旅游资源,融入苏中盐文化旅游圈》,《盐业史研究》2011年第3期。

吴斌、支果、曾凡英:《中国盐业契约论》,西南交通大学出版社2007年版。

无棣县盐务局编著《无棣县盐业志》,山东省地图出版社2003年版。

巫鸿:《从地形变化和地理分布观察山东地区古文化的发展》,苏秉琦主编《考古学文化论集》,文物出版社1987年版。

乌丙安:《中国民间信仰》,上海人民出版社1996年版。

魏成敏、燕生东等:《博兴县寨卞商周时期遗址》,《中国考古学年鉴·2003年》,文物出版社2004年版。

潍坊市博物馆:《山东潍坊地区商周遗址调查》,《考古》1993年第9期。

潍坊市博物馆(曹元启等):《坊子区院上遗址发现商代青铜器》,《海岱考古》第1辑,山东大学出版社1989年版。

王勇红:《论河东盐文化在当代的作用》,《中国名城》2011年第8期。

王迅:《东夷文化与淮夷文化研究》,北京大学出版社1994年版。

王文广、张军、李义峰:《沿海大开发背景下海盐文化的形象设计》,《盐城工学院学报》(社会科学版) 2011年第3期。

王思礼:《惠民专区几处古代文化遗址》,《文物》1960年第3期。

王善荣等:《山东章丘明水镇出土青铜提梁卣》,《考古与文物》

2004 年增刊。

王赛时:《山东海疆文化研究》,齐鲁书社 2006 年版。

王青等:《山东东营南河崖西周煮盐遗址考古获得重要发现》,《中国文物报》2008 年。

王青、朱继平:《山东北部商周时期海盐生产的几个问题》,《文物》2006 年第 4 期。

王青、朱继平:《山东北部商周时期盔形器的用途与产地新探索》,《考古》2006 第 4 期。

王青:《淋煎法海盐生产技术的考古学探索》,《盐业史研究》2007 年第 1 期。

王青、朱继平、史本恒:《山东北部全新世的人地关系演变:以海岸变迁和海盐生产为例》,《第四纪研究》26(4)。

王青:《〈管子〉所载海盐生产的考古学新证》,《东岳论丛》26(6)。

王铭铭:《社会人类学与中国研究》,生活·读书·新知三联书店 1997 年版。

王娟:《民俗学概论》,北京大学出版社 2002 年版。

王建华:《盐城盐文化旅游资源的开发探索》,《中国商贸》2010 年第 2 期。

王建国:《山东广饶县草桥遗址发现西周陶器》,《考古》1996 年第 5 期。

王宏等:《环渤海海岸带 14C 数据集》(Ⅰ、Ⅱ),《第四纪研究》2004 年第 24 卷第 6 期、2005 年第 25 卷第 2 期。

王国栋:《鲁北平原第四纪古地理的演变》,《海洋地质与第四纪地质》1989 年第 9 卷第 2 期。

王恩田:《山东商代考古与商史诸问题》,张光明等主编《夏商周文明研究——97 山东桓台中国殷商文明国际学术讨论会》,中国文联出版社 1999 年版。

汪崇筼:《明清徽商经营淮盐考略》,巴蜀书社 2008 年版。

田秋野、周维亮编著:《中华盐业史》,台北"商务印书馆"1979

年版。

田斌:《中国盐税与盐政》,江苏省政府印刷局1929年版。

唐仁粤主编:《中国盐业史·地方编》,人民出版社1997年版。

唐际根:《中商文化研究》,《考古学报》1999年第4期。

谭其骧:《〈山经〉河水下游及其支流考》《西汉以前的黄河下游河
  道》,《长水集》,人民出版社1987年版。

孙玥:《中国民间信仰中的盐崇拜》,《温州师范学院学报》(哲学
  社科版)2006年第6期。

孙亚明:《创新开发井盐文化旅游,建设社会主义新农村——以云
  南黑井古镇为例》,《商场现代化》2009年第8期。

孙亚明、田亚莲:《楚雄州盐文化资源调研》,《盐业史研究》2011
  年第4期。

孙淮生等:《山东阳谷、东阿县古文化遗址调查》,《华夏考古》
  1996年第4期。

孙炳元:《海盐文化与盐城》,《盐城师范学院学报》(人文社会科
  学版)2005年第2期。

宋艳波、燕生东等:《鲁北殷墟时期遗址出土的动物遗存》,《海岱
  考古》第4辑,科学出版社2011年版。

宋艳波、燕生东等:《桓台唐山、前埠遗址出土的动物遗存》,《东
  方考古》第6集,科学出版社2009年版。

宋艳波、燕生东:《鲁北地区商代晚期遗址出土的动物遗存》,北
  京大学震旦古代文明研究中心编《古代文明研究通讯》总第35
  期,2007年。

宋艳波、王青等:《山东广饶南河崖遗址2008年出土动物遗存分
  析》,《东方考古》第7集,科学出版社2010年版。

宋良曦:《中国盐业与地方会节》,《盐业史研究》2002年第4期。

宋良曦:《中国盐业的行业偶像与神祇》,《盐业史研究》1998年第
  2期。

宋良曦:《中国盐文化的内涵与研究状况》,《盐文化研究论丛》第
  3辑,巴蜀书社2008年版。

宋达泉：《中国海岸带土壤》，海洋出版社 1996 年版。

四川省文物考古研究所、北京大学考古文博学院等：《中坝遗址的盐业考古研究》，《四川文物》2007 年第 1 期。

舒瑜：《微"盐"大义——云南诺邓盐业的历史人类学考察》，世界图书出版公司北京分公司 2010 年版。

寿光县博物馆：《寿光县古遗址调查报告》，《海岱考古》第 1 辑，山东大学出版社 1989 年版。

史念海：《论〈禹贡〉的导河和春秋战国时期的黄河》，《陕西师范大学学报》（哲学社会科学版）1978 年第 1 期。

史立本等编：《地下水更新技术与黄河三角洲区域治理》，山东大学出版社 2000 年版。

石军等：《浅谈盐文化促自贡灯会旅游发展》，《现代商业》2009 年第 35 期。

石军：《浅谈自贡仙市古镇旅游》，《商业文化》（学术版）2009 年第 11 期。

石家河考古队（赵辉、张弛）：《石家河遗址群调查报告》，《南方民族考古》第 5 辑，1992 年。

盛炜：《盐井文化体验旅游开发策略研究——以遂宁卓筒井古镇为例》，《技术与市场》2010 年第 10 期。

沈成宏：《盐文化与盐城精神》，《江苏省社会主义学院学报》2009 年第 6 期。

邵望平：《商王朝东土的夷商融合》，山东大学东方考古研究中心编《东方考古》第 4 集，科学出版社 2008 年版。

山口县立获美术馆·浦上纪念馆、山东省文化厅等编：《黄河の酒神展》（图录），山口县立获美术馆·浦上纪念馆，1999 年。

孙丹（责任编辑）：《山东潍坊发现大型东周盐业遗址群》，《中国文物报》2010 年 6 月 18 日第 4 版。

山东文物事业管理局编：《山东文物精萃》，山东美术出版社 1996 年版。

山东省沾化县地方史志编纂委员会编：《沾化县志》，齐鲁书社

1995 年版。

山东省盐务局编著：《山东省盐业志》，齐鲁书社 1992 年版。

山东省无棣县史志编纂委员会编：《无棣县志》，齐鲁书社 1994
　年版。

山东省文物考古研究所等：《青州市苏埠屯商代墓发掘报告》，《海
　岱考古》第 1 辑，山东大学出版社 1989 年版。

山东省文物考古研究所等：《山东邹平县古文化遗址调查简报》，
　《华夏考古》1994 年第 3 期。

山东省文物考古研究所等：《山东姚官庄遗址发掘报告》，《文物资
　料丛刊》第 5 辑，文物出版社 1981 年版。

山东省文物考古研究所等：《山东潍坊会泉庄遗址发掘报告》，《山
　东省高速公路考古报告集（1997）》，科学出版社 2000 年版。

山东省文物考古研究所等：《山东广饶新石器时代遗址调查》，《考
　古》1985 年第 9 期。

山东省文物考古研究所等：《青州市凤凰台遗址发掘》，张学海主
　编《海岱考古》第 1 辑，山东大学出版社 1989 年版。

山东省文物考古研究所：《山东章丘市王推官庄遗址发掘报告》，
　《华夏考古》1996 年第 4 期。

山东省文物考古研究所：《山东高青县陈庄西周遗址》，《考古》
　2010 年第 8 期。

山东省文物考古研究所：《山东高青县陈庄西周遗存发掘简报》，
　《考古》2011 年第 2 期。

山东省文物考古研究所、北京大学中国考古学研究中心等：《山东
　寿光市双王城盐业遗址 2008 年的发掘》，《考古》2010 年第
　3 期。

山东省文物考古研究所、北京大学中国考古学研究中心等：《山东
　阳信县李屋遗址商代遗存发掘简报》，《考古》2010 年第 3 期。

山东省文物管理处等：《山东文物选集·普查部分》，文物出版社
　1959 年版。

山东省潍坊市寒亭区史志编纂委员会编：《寒亭区志》，齐鲁书社

1992 年版。

山东省土壤肥料工作组:《山东土壤》,中国农业出版社 1994 年版。

山东省寿光县地方史志编纂委员会编:《寿光县志》,中国大百科
　全书出版社上海分社 1992 年版。

山东省寿光市羊口镇镇志编委会:《羊口镇志》,山东潍坊新闻出
　版局 1998 年版。

山东省庆云县县志编委会:《庆云县志》第 5 卷文化篇,内部发行,
　1988 年第 2 版。

山东省利津县文物管理所:《山东四处东周陶窑遗址的调查》,《考
　古学集刊》第 11 集,中国大百科全书出版社 1997 年版。

山东省利津县地方史志编纂委员会编:《利津县志》,东方出版社
　1990 年版。

山东省惠民县地方史志编纂委员会编:《惠民县志》,齐鲁书社
　1997 年版。

山东省广饶县地方史志编纂委员会编:《广饶县志》,中华书局
　1995 年版。

山东省东营市地方史志编纂委员会编:《东营市县志》,齐鲁书社
　2000 年版。

山东省地方史志编纂委员会编:《山东省志·自然地理志》,山东
　人民出版社 1996 年版。

山东省地方史志编纂委员会编:《山东省志·地质矿产志》,山东
　人民出版社 1993 年版。

山东省德州市文物管理室:《山东乐陵、庆云古遗址调查简报》,
　《华夏考古》2000 年第 1 期。

山东省昌邑县志编纂委员会编:《昌邑县志》,内部发行,1987 年。

山东省测绘局编制:《山东省地图册》,山东省地图出版社 1998
　年版。

山东省博兴县史志编纂委员会编:《博兴县志》,齐鲁书社 1993
　年版。

山东省博物馆编:《山东金文集成》,齐鲁书社 2007 年版。

山东省博物馆编:《山东益都苏埠屯第一号奴隶殉葬墓》,《文物》
　　1972 年第 8 期。

山东惠民县文化馆:《山东惠民县发现商代青铜器》,《考古》1974
　　年第 3 期。

山东大学历史系考古专业教研室等:《山东邹平丁公遗址试掘简
　　报》,《考古》1989 年第 6 期。

山东大学历史系考古专业等:《山东邹平县古文化遗址调查》,《考
　　古》1989 年第 5 期。

山东大学历史系考古专业:《山东邹平丁公遗址第二、三次发掘简
　　报》,《考古》1992 年第 6 期。

山东大学历史文化学院、山东省文物考古研究所:《济南大辛庄遗
　　址 139 号商代墓葬》,《考古》2010 年第 10 期。

山东大学东方考古研究中心等:《济南市大辛庄商代居址与墓葬》,
　　《考古》2004 年第 7 期。

山东大学东方考古研究中心:《大辛庄遗址 1984 年秋试掘报告》,
　　《东方考古》第 4 集,科学出版社 2008 年版。

山东大学东方考古研究中心、寿光市博物馆:《山东寿光市大荒北
　　央西周遗址的发掘》,《考古》2005 年第 12 期。

山东大学东方考古研究中心、寿光市博物馆:《山东寿光市北部沿
　　海环境考古报告》,《华夏考古》2005 年第 4 期。

山东滨州市文物管理处等:《山东阳信县古文化遗址调查》,《华夏
　　考古》2002 年第 4 期。

容庚编著,张振林、马国权摹补:《金文编》,中华书局 2005 年版。

荣子录:《马跑泉的传说》,尹秀民主编《文博研究集粹》,东营市
　　新闻出版局 1995 年版。

任亚珊等:《1993—1997 年邢台葛家庄先商遗址、两周贵族墓地考
　　古工作的主要收获》,《三代文明研究》(一),科学出版社 1999
　　年版。

任相宏:《泰沂山脉北侧商文化遗存之管见》,张光明等主编《夏
　　商周文明研究——97 山东桓台中国殷商文明国际学术讨论会》,

中国文联出版社 1999 年版。

任相宏、张光明等主编：《淄川考古——北沈马遗址发掘报告暨淄川考古研究》，齐鲁书社 2006 年版。

任相宏、曹艳芳等：《淄川北沈马遗址的发掘与研究》，任相宏、张光明等主编《淄川考古》，齐鲁书社 2006 年版。

青州市博物馆（夏名采）：《青州市赵铺遗址的清理》，张学海主编《海岱考古》第 1 辑，山东大学出版社 1989 年版。

齐文涛：《概述近年来山东出土的商周青铜器》，《文物》1972 年第 5 期。

祁延霈：《山东益都苏埠屯出土铜器调查记》，《中国考古学报》第 2 册，1947 年。

祁培：《先秦齐地盐业的形成与演变》，硕士学位论文，华东师范大学，2014 年。

朴载福：《中国先秦时期的卜法研究——从考古资料探讨卜用甲骨的特征与内容》，博士学位论文，北京大学，2008 年。

平阴县博物馆筹备处：《山东平阴洪范商墓清理简报》，《文物》1992 年第 4 期。

彭泽益、王仁远编：《中国盐业史国际学术讨论会论文集》，四川人民出版社 1991 年版。

孟繁清等：《蒙元时期环渤海地区社会经济发展研究》，天津教育出版社 2003 年版。

吕世忠：《先秦时期山东的盐业》，《盐业史研究》1998 年第 3 期。

吕世忠：《齐国的盐业》，《管子学刊》1997 年第 4 期。

卢瑞芳：《沧州商周以前古文化遗址的发掘与认识》，三代文明研究编辑委员会编《三代文明研究》（一），科学出版社 1999 年版。

刘雨：《商周族氏铭文考释举例》，《故宫博物院学术文库·金文论集》，紫禁城出版社 2008 年版。

刘彦群：《盐文化与旅游开发》，《盐业史研究》2005 年第 2 期。

刘彦群：《我国西南古盐镇旅游开发刍议》，《四川理工学院学报》

（社会科学版）2006 年第 2 期。

刘彦群：《罗城古盐镇旅游开发与新农村建设探析》，《盐业史研究》2007 年第 4 期。

刘彦群：《川滇黔古盐道与旅游开发研究》，《盐业史研究》2005 年第 4 期。

刘绪：《2004 年度夏商周考古重大发现点评》，北京大学震旦古代文明研究中心编《古代文明研究通讯》总第 26 期，2006 年。

刘新有等：《历史文化名镇旅游资源的开发与保护——以云南禄丰县黑井镇为例》，《保山师专学报》2006 年第 6 期。

刘树鹏：《海兴出土春秋时期"将军盔"》，《燕赵都市报》2006 年 5 月 10 日。

刘起釪：《卜辞的河与〈禹贡〉大伾》，《古史续编》，中国社会科学出版社 1991 年版。

刘莉、陈星灿：《城：夏商时期对自然资源的控制问题》，《东南文化》2000 年第 3 期。

刘经华：《中国早期盐务现代化——民国初期盐务改革研究》，中国科学技术出版社 2002 年版。

刘东红：《多品种盐的研究与开发现状及构想》，《盐业与化工》2009 年第 6 期。

凌申：《盐业与盐城的历史变迁》，《盐业史研究》1997 年第 2 期。

凌申：《盐城市草堰古盐文化保护区建设刍议》，《盐业史研究》2005 年第 2 期。

凌申：《苏北盐业古镇的保护与旅游开发》，《小城镇建设》2003 年第 3 期。

临淄文物志编辑组编：《临淄文物志》，中国友谊出版公司 1990 年版。

林敏：《杭州市非物质文化遗产生态保护区建设的几点思考》，《浙江工艺美术》2009 年第 4 期。

利津县地方史志编纂委员会编：《利津县志》（1986—2002），中华书局 2006 年版。

李学训：《昌乐县后于刘龙山文化至汉代遗址》，《中国考古学年鉴·1991》，文物出版社 1992 年版。

李学勤：《重论夷方》，《走出疑古时代》（修订本），辽宁大学出版社 1997 年版。

李学勤、刘庆柱等：《山东高青县陈庄西周遗址笔谈》，《考古》2001 年第 2 期。

李晓峰、杨冬梅：《济南刘家庄商代青铜器》，《东南文化》2001 年第 3 期。

李小波、祁黄雄：《古盐业遗址与三峡旅游——兼论工业遗产旅游的特点与开发》，《四川师范大学学报》（社会科学版）2003 年第 6 期。

李文漪等：《河北东部全新世温暖期植被与环境》，《植物学报》第 27 卷第 6 期，1985 年。

李伟：《东台海盐文化旅游资源的挖掘疏理及开发构想》，《盐业史研究》2006 年第 3 期。

李水城：《中日古代盐业产业的比较观察：以莱州湾为例》，《考古学研究》（6），科学出版社 2006 年版。

李水城：《中国的盐业考古及其潜力》，《世界文化的东亚视角——全球化进程中的东方文明》，北京大学出版社 2007 年版。

李水城：《盐业考古：一个可为的新的研究领域》，《南方文物》2008 年第 1 期。

李水城：《近年来中国盐业考古领域的新进展》，《盐业史研究——巴渝盐业专辑》2003 年第 1 期。

李水城、燕生东：《山东广饶南河崖发现大规模盐业遗址群》，《中国文物报》2008 年 4 月 23 日第 2 版。

李水城、罗泰主编：《中国盐业考古——长江上游古代盐业与景观考古学研究》第 1 集，科学出版社 2006 年版。

李水城、兰玉富等：《鲁北——胶东盐业考古调查记》，《华夏考古》2009 年第 1 期。

李水城、兰玉富等：《莱州湾地区古代盐业考古调查》，《盐业史研究》2003 年第 1 期。

李水城、兰玉富、王辉、胡明明：《莱州湾地区古代盐业考古调
　　查》，《盐业史研究》2003 年第 1 期。

李绍全等：《黄河三角洲上的贝壳堤》，《海洋地质与第四纪地质》
　　1987 年第 7 卷增刊。

李荣升等：《山东海洋资源与环境》，海洋出版社 2002 年版。

李乔：《中国行业神崇拜》，中国华侨出版公司 1990 年版。

李平毅等：《地域文化视野下的自贡仙市古镇景观设计特色分析》，
　　《盐文化研究论丛》第 5 辑，巴蜀书社 2010 年版。

李开岭：《山东禹城、齐河县古遗址调查简报》，《考古》1996 年第
　　4 期。

李加林、龚小红：《盐城湿地生态旅游资源特征及其开发策划》，
　　《宁波大学学报》（理工版）2007 年第 2 期。

李道高等：《莱州湾南岸平原浅埋古河道带研究》，《海洋地质与第
　　四纪地质》2000 年第 20 卷第 1 期。

李道高：《山东半岛滨海平原全新统研究》，《海洋学报》1995 年第
　　17 卷第 6 期。

李爱贞等：《莱州湾地区干湿气候研究》，山东省地图出版社 1997
　　年版。

黎翔凤：《管子校注》，中华书局 2004 年版。

冷家骥：《中国盐业述要》，北京文岚簃印书局 1939 年版。

劳榦：《论齐国的始封和迁徙及其相关问题》，《食货月刊》1984 年
　　第 14 期 7、8 月合刊。

蓝秋霞：《山东地区西周陶器研究》，硕士学位论文，山东大学，
　　2004 年。

赖斌、杨丽娟：《盐文化主题旅游产品的市场价值挖掘与深度开发
　　研究——以大英死海、自贡盐都为例》，《人文地理》2009 年
　　第1 期。

荆志淳等编：《多维视域——商王朝与中国早期文明研究》，科学出
　　版社 2009 年版。

靳桂云：《山东高青县陈庄西周遗址笔谈》，《考古》2011 年 2 期。

［日］近藤义郎：《陶器制盐的研究》，陈伯桢译，《盐业史研究》
　　2003 年第 1 期。

金泽：《中国民间信仰》，浙江教育出版社 1995 年版。

蒋静一：《中国盐政问题》，正中书局 1936 年版。

江苏省文物工作队：《江苏新海连市大村遗址勘查记》，《考古》
　　1961 年第 6 期。

江苏省地方志编纂委员会：《江苏省志·盐志》，江苏科学技术出
　　版社 1997 年版。

江美华：《莱州湾南岸全新世古气候与古湖泊研究》，硕士学位论
　　文，北京大学，2004 年。

任相宏、张光明等主编：《淄川考古》，齐鲁书社 2006 年版。

贾效孔主编：《寿光考古与文物》，中国文史出版社 2005 年版。

济青公路文物考古队宁家埠分队：《章丘宁家埠遗址发掘报告》，
　　《济青高级公路章丘段考古发掘报告集》，齐鲁书社 1982 年版。

吉成名：《宋代食盐产地研究》，巴蜀书社 2009 年版。

黄淑聘、龚佩华：《文化人类学理论与方法研究》，广东高等教育
　　出版社 1998 年版。

黄健：《关于保护与开发自贡井盐文化遗产的一些设想》，《盐业史
　　研究》2011 年第 3 期。

黄骅县地方志编纂委员会：《黄骅县志》，海潮出版社 1990 年版。

黄川田修：《齐国始封地考——山东苏埠屯遗址的性质》，蓝秋霞
　　译，《文物春秋》2005 年第 4 期。

黄俶成：《盐文化遗产保护与开发的历史责任》，《盐业史研究》
　　2011 年第 3 期。

胡卫东：《潍坊地区商周墓葬出土青铜器述略》，戴维政主编《文
　　博研究》第 2 辑，文物出版社 2002 年版。

胡建树：《东方盐文化论丛》，中国文化出版社 2008 年版。

胡继民：《盐·巴人·神》，《湖北民族学院学报》1997 年第 2 期。

胡秉华：《山东史前文化遗迹与海岸、湖泊变迁及相关问题》，《中

国考古学会第九次年会论文集·1993年》，文物出版社1997
年版。

侯仁之：《淄博市主要城镇的起源和发展》，《历史地理学的理论与
实践》，上海人民出版社1984年版。

侯虹：《自贡盐业文化旅游景区开发建设思考》，《盐业史研究》
2005年第2期。

洪贤兴：《海洋盐文化》，中国大地出版社2007年版。

河北省文物研究所、隆尧县文物保管所：《隆尧县双碑遗址发掘报
告》，河北省文物研究所编《河北省考古文集》，东方出版社
1998年版。

河北省地方志编纂委员会编：《河北省志》第3卷《自然地理志》，
河北科学技术出版社1993年版。

河北省地方志编纂委员会：《河北省志》第26卷《盐志》，中国书
籍出版社1996年版。

何维凝编著：《新中国盐业政策》，正蒙书局1947年版。

何清等：《诗意之盐：唐代盐诗辑释》，巴蜀书社2011年版。

韩有松等：《中国北方沿海第四纪地下卤水》，科学出版社1994
年版。

韩明：《山东长清、桓台发现商代青铜器》，《文物》1982年第
1期。

韩嘉谷：《渤海湾西岸考古调查和海岸线变迁研究》，《一万年来渤
海西岸环境变迁对古文化发展的影响》，《北方考古研究》（四），
中州古籍出版社1997年版。

海兴县地方志编纂委员会编：《海兴县志》，方志出版社2002年版。

国家文物局主编：《中国文物地图集——山东分册》（上、下册），
中国地图出版社2008年版。

郭正忠主编：《中国盐业史·古代编》，人民出版社1997年版。

郭于华编：《仪式与社会变迁》，社会科学文献出版社2000年版。

郭永盛：《历史上山东湖泊的变迁》，《海洋湖沼通报》1990年第
3期。

郭妍利：《也论苏埠屯墓地的性质》，中国社会科学院考古研究所夏商周考古研究室编《三代考古》（三），科学出版社 2009 年版。

郭广岚：《自贡西秦会馆木雕赏析》（1—14），《盐业史研究》1996 年第 2 期至 2001 年第 3 期。

广饶县盐务局编：《广饶县盐业志》，济南出版社 1994 年版。

广饶县博物馆：《山东广饶西杜疃遗址调查》，《考古与文物》1995 年第 1 期。

光明等：《桓台史家遗址发掘获重大考古成果》，《中国文物报》1997 年 5 月 18 日。

关文斌：《文明初曙——近代天津盐商与社会》，天津人民出版社 1999 年版。

顾颉刚：《周公东征和东方各族的迁徙》，《文史》第 27 辑，中华书局 1986 年版。

谷雨：《盐与考古学文化及其遗址的关系》，《盐业史研究》1990 年第 1 期。

葛雪梅、徐贵耀：《海盐文化在盐城发展史上的影响探析》，《盐城工学院学报》（社会科学版）2011 年第 3 期。

郜向平：《商系墓葬研究》，博士学位论文，北京大学，2007 年。

高广仁、邵望平：《海岱文化与齐鲁文明》第六章，"商代东土的方国文明"，江苏教育出版社 2005 年版。

傅罗文（Rowan Flad）等：《中国早期盐业生产的考古和化学证据》，袁振东译，《法国汉学》丛书编辑委员会编《考古发掘与历史复原》，《法国汉学》第 11 辑，中华书局 2006 年版。

冯时：《古文字所见之商周盐政》，《南方文物》2008 年第 1 期。

方建英：《运城盐湖文化及旅游价值探寻》，《山西财政税务专科学校学报》2007 年第 1 期。

方辉：《商周时期鲁北地区海盐业的考古学研究》，《考古》2004 年第 4 期。

方辉：《商王朝经略东方的考古学观察》，荆志淳等编《多维视域——商王朝与中国早期文明研究》，科学出版社 2009 年版。

方辉：《对区域系统调查法的几点认识与思考》，《考古》2002 年第 5 期。

方辉：《从考古发现谈商代末年的征夷方》，《东方考古》第 1 集，科学出版社 2004 年版。

方辉：《商周时期鲁北地区海盐业的考古学研究》，《考古》2004 年第 4 期。

董晓萍：《田野民俗志》，北京师范大学出版社 2006 年版。

董晓萍：《民俗学导游》，中国工人出版社 1995 年版。

乌丙安：《中国民俗学》（新版），辽宁大学出版社 2004 年版。

丁长清、唐仁粤：《中国盐业史·近代、当代编》，人民出版社 1999 年版。

戴克洋、陈磊：《加快江苏食用类多品种盐研发存在问题及对策》，《苏盐科技》2011 年第 1 期。

崔剑锋、燕生东等：《山东寿光市双王城遗址古代制盐工艺的几个问题》，《考古》2010 年第 3 期。

出土文物展览工作组编：《文化大革命期间出土文物》第 1 辑，文物出版社 1972 年版。

程起骏：《打造盐湖文化旅游品牌景点的意见》，《柴达木开发研究》2005 年第 5 期。

程龙刚：《自贡，盐味十足的历史文化名城》，《中国文化遗产》2010 年第 3 期。

程龙刚：《自贡盐文化遗产保护与利用研究》，《中国名城》2011 年第 8 期。

程诚、程可石：《浅谈东台草煎盐文化遗存的保护和利用》，《盐文化研究论丛》第 4 辑，巴蜀书社 2009 年版。

陈雪香、方辉：《从济南大辛庄遗址浮选结果看商代农业经济》，《东方考古》第 4 集，科学出版社 2008 年版。

陈星生：《井盐文化与自贡的城市精神》，《四川理工学院学报》（社会科学版）2006 年第 5 期。

陈曦、王海：《SWOT 模型分析在历史街区保护与开发中的应用——以自贡老街为例》，《安徽文学（下半月）》2008 年第 2 期。

陈淑卿：《山东地区商文化编年与类型研究》，《华夏考古》2003 年第 1 期。

陈省方、周倬：《中国盐务改革史》，（南京）首都国民印务局 1935 年版。

陈然等编：《中国盐史论著目录索引》，中国社会科学出版社 1990 年版。

陈昆麟等：《山东茌平李孝堂遗址的调查》，《华夏考古》1997 年第 4 期。

陈昆麟等：《聊城茌平古文化遗址调查简报》，《考古与文物》1998 年第 1 期。

陈锋：《清代盐政与盐税》，中州古籍出版社 1988 年版。

陈芳芳：《没落的民间记忆——甘肃省礼县盐官镇盐神庙及其庙会考察研究》，《民俗研究》2009 年第 4 期。

陈传亚：《盐城非物质文化遗产旅游开发研究》，硕士学位论文，南京农业大学，2010 年。

陈伯桢：《中国早期盐的使用及其社会意义的转变》，《新史学》第 17 卷第 4 期，2006 年 12 月。

陈伯桢：《中国盐业考古的回顾与展望》，《南方文物》2008 年第 1 期。

陈伯桢：《由早期陶器制盐遗址与遗物的共同特性看渝东早期盐业生产》，《盐业史研究》2003 年第 1 期。

常叙政主编：（滨州地区文物志编委会编）《滨州地区文物志》，山东友谊书社 1992 年版。

常兴照、宁荫堂：《山东章丘出土青铜器述要兼谈相关问题》，《文物》1989 年第 6 期。

昌邑县盐业公司编志办公室：《昌邑县盐业志》，内部发行，1986 年。

柴继光：《中国盐文化》，新华出版社1991年版。

曹元启：《试论西周至战国时代的盔形器》，《北方文物》1996年第3期。

沧州市文物局：《沧州文物古迹》，科学出版社2007年版。

沧州市文物保护管理所、沧县文化馆：《河北沧县倪杨屯商代遗址调查简报》，《考古》1993年第2期。

沧州地区文管所：《孟村回族自治县高窑庄遗址调查简报》，《文物春秋》1993年第3期。

滨州市文物管理处：《滨州市第三次全国文物普查资料汇编》，内部资料，2010年。

滨城文物管理所、北京大学中国考古学研究中心：《山东滨州市滨城区五处古遗址的调查》，《华夏考古》2009年第1期。

北京大学考古实习队、烟台市博物馆：《烟台芝水遗址发掘报告》，《胶东考古》，文物出版社2000年版。

班固：《汉书·地理志》，中华书局1995年版。

阿布拉江·默罕默德：《维吾尔族有关盐风俗的文化阐释》，《喀什师范学院学报》2008年第4期。

叶涛、周少明编：《民间信仰与区域社会》，广西师范大学出版社2010年版。

刘德法：《生命的盐》，中国文史出版社2006年版。

《中盐总公司赴日考察团赴日本考察盐业报告》，《中国盐业》2009年。

《寿光县盐业志》编写组：《寿光县盐业志》，内部发行，1987年。

《寿光市双王城盐业遗址》，山东省文物考古研究所编《考古年报》2010年。

《管子》，燕山出版社1995年版。

《辞海》，上海辞书出版社1985年版。

《沧州市志》编纂委员会编：《沧州市志》，方志出版社2006年版。

钟长永：《中国盐业历史》，四川人民出版社2001年版。

李明明、吴慧：《中国盐法史》，台北文津出版社1997年版。

［美］马克·科尔兰斯基（Mark Kurlansky）：《盐》（*Salt—A World History*），夏兰良等译，机械工业出版社 2005 年版。

［法］皮埃尔·拉斯洛：《盐：生命的食粮》，吴自选等译，百花文艺出版社 2004 年版。

潍坊滨海经济技术开发区门户网站有关内容。

二　外文部分

Chen Pochan, "Salt Production and Distribution from the Neolithic Period to the Han Dynasty in the Eastern Sichuan Basin, China", Unpublished PH. D. Dissertation, University of California, 2004.

Daniel Potts, "On Salt and Salt Gathering in Ancient Mesopotamia", *Journal of the Economic and Social History of the Orient*, Vol. 27, No. 3, 1984.

Eduardo Williams, "The Ethnoarchaeology of Salt Production at Lake Cuitzeo, Michoacán, Mexico", *Latin American Antiquity*, Vol. 10, No. 4., Dec, 1999.

Ian W. Brown, *Salt and the Eastern North American Indian: An Archaeological Study*, Peabody Museum: Harvard University, 1980.

Jeffrey R. Parsons, *The Last Saltmakers of Nexquipayac, Mexico—An Archaeological Ethnography*, Ann Arbor: Michigan, 2001.

J. Jefferson MacKinnon, Susan M. Kepecs, "Prehispanic Saltmaking in Belize: New Evidence", *American Antiquity*, Vol. 54, No. 3, Jul, 1989.

K. W. de Brisay, K. A. Evans, eds., *Salt: The Study of an Ancient Industry*, Colhester, 1975.

Rowan K Flad, "Specialized Salt Production and Changing Social Structure at the Prehistoric site of Zhongba in Eastern Sichuan Basin, Chian", Unpublished PH. D. Dissertation, University of California, 2004.

Tao-chang, "The Production of Salt in China, 1644 – 1911", *Annals of the Association of American Geographers*, Vol. 66, No. 4, December, 1976.

Lin Min, "Conquest, Concord, and Consumption: Becoming Shang in Eastern China", Unpublished PH. D. Dissertation, University of Michigan, 2008.